Tobias Seibel, Katja E. Rickert

Teamdynamik entwickeln, begleiten, gestalten

Ein Workbook für Trainer, Coachs und Facilitators

managerSeminare Verlags GmbH – Edition Training aktuell

Tobias Seibel, Katja E. Rickert
Teamdynamik entwickeln, begleiten, gestalten
Ein Workbook für Trainer, Coachs und Facilitators

4. Auflage 2024
Endenicher Str. 41, D-53115 Bonn
Tel.: 0228-977910
info@managerseminare.de
www.managerseminare.de/shop

ISBN: 978-3-95891-054-6

Herausgeber der Edition Training aktuell:
Ralf Muskatewitz, Jürgen Graf, Nicole Bußmann

Zeichnungen: Tobias Seibel
Lektorat und Satz: Vera Sleeking
Covergrafik: Tobias Seibel
Druck: Memminger MedienCentrum, Memmingen

Inhalt und Umschlag des Buchs wurden gedruckt auf Circle Silk Premium White. Das Papier erfüllt die Auflagen der Umweltzeichen „Blauer Engel (RAL-UZ 72)“ und des „EU-Umweltzeichen (ECO-Label)“. Die mit dem Druck verbundenen CO_2-Emissionen werden vom Verlag kompensiert und fließen in unterschiedliche Aufforstungsprojekte zum Klimaschutz. Nähere Informationen finden Sie unter: www.managerseminare.de/verlag/umwelt

Inhalt

Bevor es losgeht ... 7

1. Unser teamdynamischer Ansatz ... 11

Teamdynamische Prozesse im Überblick ... 13

Teamdynamische Workshops und Nachhaltigkeit ... 15

Die Methoden aus diesem Buch ... 22

Basisinteraktionen ... 24

- Die Runde ... 27
- Das Seitengespräch ... 29
- Die Kleingruppenarbeit ... 31
- Das Fishbowl-Format ... 33
- Konzentrische Kreise ... 37
- Skalierung ... 39

2. Workshopeinstieg ... 41

In diesem Kapitel ... 43

Orientierung geben ... 44

- Agenda ... 47
- Zielvertrag ... 51
- Workshopkultur ... 53
- Wandplakate ... 57

Kennenlernen arrangieren ... 58

- Inspiration ... 61
- Die Zeitungsanzeige ... 63
- Hypothetisieren ... 65
- 5 Dinge, die mich ausmachen ... 67
- Mein Lebensfaden ... 69
- UNO-Kennenlernen ... 71

7 x ICH ... 73
Die Ü-Ei-Vorstellung ... 75
Meine Apps ... 77

Ressourcen aktivieren ... 78

Spekulieren Sie ... 81
Unsere Erfolge ... 83
Straße der Ressourcen ... 85

Fokussierung ermöglichen ... 88

Was ist mir heute wichtig? ... 91
Systemische Erwartungsabfrage ... 93
Das Kartenrennen ... 95
Was brauchen Sie? ... 97
Workshopgedanken ... 99
Potenzialreflexion ... 101
Seit dem letzten Workshop … ... 105

3. Erfahrungsorientierter Prozess ... 109

In diesem Kapitel ... 111

Turning-up integrieren ... 112

Was macht ein gutes Team aus? ... 117
Teamregeln ... 121

Teamaktionen durchführen ... 124

Blind Walk ... 131
Das Stern-Projekt ... 135
Der Stein der Teamweisheit ... 137
The Walk ... 141
The last bottle of water ... 145
Der heiße Draht ... 149
Wolfspfad ... 151
Kraft und Vertrauen ... 155
Acid River ... 157
Das Teamhaus ... 161
Kugelbahnlabyrinth ... 163
Das Katapult ... 167
Teamwege ... 173

Reflexion gestalten – Transfer ziehen ... 176

Die Elementereflexion ... 183
Theaterreflexion ... 187

Berge und Täler 191
Teamgeist 195
Naturkunst 199
4 Perspektiven 203
Stärken – auf den Punkt gebracht 205
Unsere Zusammenarbeit 209

4. Themenorientierter Prozess 213

In diesem Kapitel 215
Themen sammeln, strukturieren und priorisieren 216
Gestaltwerkstatt 221
Veränderungsprozesse 227
Positive Erfahrungen 229
Ideenwerkstatt 233
Klarheit 237
Steine auf dem Weg 241
Die SOFT-Analyse 243
Teamenergie 247
Das Teamrad 249
Themen besprechen, konkretisieren und entscheiden 252
Responsibility for success 257
Rotationsdynamo 261
Strategieaufstellung 265
Walt-Disney-Methode 269
Themen überprüfen und abschließen 276
Entscheidungscheck 279
Perspektivencheck 281
Umsetzbarkeitscheck 285

5. Prozessunterstützer 287

In diesem Kapitel 289
Feedback zelebrieren 290
Kleingruppenfeedback 295
Flipchartfeedback 299
Musikinstrumente 301
Schokoladenfeedback 305
Mein Geschenk an Sie 309
Erwartungsfeedback 311

Lebendisierer nutzen ... 314

Alle, die 317
Tischtennisevent ... 319
Bandschlingenrennen ... 321
Hip hip hurra ... 323

6. Workshopausstieg ... 325

In diesem Kapitel ... 327

Revue passieren lassen ... 328

Unser Workshop ... 331
Phantasiereise ... 335

Transfer und Abschluss komponieren ... 338

Glückwunschkarte ... 341
Abschlusszeitung ... 343
Die Briefbrücke ... 345
Teamschnappschuss ... 347
Talking by Walking ... 349
Marktplatzabschluss ... 351
Sweet last words ... 353
5er-Auswertung ... 355
Erkenntnisse und Highlights ... 357
Baum der Erkenntnis ... 359
Abschluss-SMS ... 361
Take two ... 363

Dankeschön ... 365
Stichwortverzeichnis ... 366

Download-Ressourcen sind in diesem Buch mit dem nebenstehenden Pfeil gekennzeichnet. Den Link zu den Download-Ressourcen finden Sie in der inneren Umschlagklappe.

Bevor es losgeht

Während unserer mehr als 20-jährigen Tätigkeit als Trainer bzw. Trainerin haben wir uns immer wieder mit der folgenden Fragestellung befasst: „Wie können wir Teamworkshops optimal gestalten, damit wir Teilnehmer, Teams und Unternehmen bestmöglich auf ihrem Weg begleiten und unterstützen können?" Geleitet von dieser Frage ist im Laufe der Zeit ein Prozessansatz mit vielseitigen Methoden entstanden, den wir in unseren teamdynamischen Workshops erfolgreich einsetzen und den Sie, liebe Leserinnen und Leser, nun in diesem Buch wiederfinden.

Der Blick durch die Trainerbrille

„Man kann einen Menschen nichts lehren,
man kann ihm nur helfen, es in sich selbst zu entdecken."
– Galileo Galilei

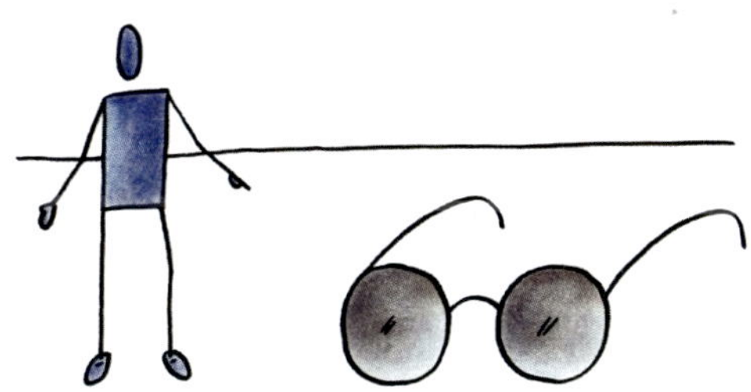

Die Arbeit mit Menschen und Teams erfordert vielseitige Kompetenzen. Trainer, Coachs und Facilitators sind zugleich Psychologen, Entertainer, Abenteurer, Seelentröster, Animateure, Löwenbändiger und Künstler in einer Person. Für uns wird jede dieser Rollen von der Grundhaltung der Begleiterin und des Begleiters getragen. Das obige Zitat von Galileo Galilei bringt es sehr stimmig auf den Punkt: Alles, was es braucht, liegt im Menschen und damit auch im Team selbst. Dies gelingt, indem der Begleiter einen passenden Rahmen schafft, Freiraum gibt, Begegnung arrangiert und Themen zusammenbringt. Für uns ist das die Basis, um die eigene Arbeit zu gestalten und Entwicklung zu ermöglichen.

Die in diesem Buch beschriebene handlungs- und praxisorientierte Methodik basiert auf der Haltung des Begleiters und schafft Erfahrungsräume, durch die (Entwicklungs-)Themen erlebbar, besprechbar und lösbar werden.

Die Bedeutung von Teamdynamik

Uns hat seit dem ersten Studiensemester die Teamdynamik nicht mehr losgelassen und ist zu einem wichtigen Bestandteil unserer Arbeit in allen Bereichen der Personal- und Organisationsentwicklung geworden.

Denn die Teamdynamik spielt über Teamworkshops hinaus in jedem Seminar und jedem Entwicklungsprozess einer Organisation eine wichtige Rolle. Die Fähigkeit, Gruppen zusammenzubringen und gemeinsames Arbeiten zu ermöglichen, ist das Fundament jedes erfolgreichen Lernens und jedes gelungenen Veränderungsprozesses.

Es beeindruckt uns immer wieder, welche Wirkung Teamtrainings haben können. In der Reflexionsrunde einer Feedbackübung sagte der Vertriebsleiter eines Pharmaunternehmens: *„Dass man in 4 Minuten lösen kann, was man schon über Jahre miteinander herumschleppt, bewegt mich sehr."* Dieses Zitat zeigt, welche Möglichkeiten in einer Teamentwicklungsmaßnahme stecken. Ein teamdynamischer Workshop ermöglicht, im Fluss des Alltags ein Stück weit innezuhalten und gemeinsam auf die Arbeit und die Beziehungen im Team zu blicken. Der in diesem Buch beschriebene Ansatz ermöglicht Weiterentwicklung, wo sie gebraucht wird. Das Team kann den Workshop als Chance nutzen, seine Arbeits- und Lebenswelt nachhaltig zu verbessern und zu erweitern.

Das Ziel

Ziel dieses Buches ist es, Ihnen eine Vielzahl von Methoden, Impulsen und Tipps für Ihre Arbeit mit Teams an die Hand zu geben. Dabei ist uns besonders wichtig, dass diese leicht und schnell verständlich sind. Dies wird durch Kurzbeschreibungen, Anleitungsvorschläge und Visualisierungsideen für Ihre Praxis erreicht. So steht Ihnen ein möglichst großes Repertoire für Ihre Arbeit zur Verfügung.

Jeder von uns weiß, dass eine Anleitung aus einem Buch lediglich ein Hilfsmittel für die praktische Arbeit sein kann. Die Arbeit mit Menschen ist zum Glück nur bedingt planbar und zu vielschichtig, als dass sie in einer theoretischen Abhandlung darstellbar wäre. Jedes Team und jeder Teamprozess sind einzigartig. Daher müssen Methoden und Inhalte, die in der Workshopvorbereitung geplant wurden, immer wieder an aktuelle Situationen und Prozesse angepasst werden. Deshalb wünschen wir uns, dass Sie das Geschriebene nicht in Stein gemeißelt sehen. Es soll Sie dazu inspirieren, sich mit neuen Ideen und Methoden zu beschäftigen und neue Ansätze auszuprobieren.

Männer, Frauen und die Lesefreundlichkeit

Bei unserer täglichen Arbeit in Teamworkshops, Prozessberatungen, Seminaren, Moderationen und Coachings ist uns die persönliche Ansprache von Frauen und Männern sehr wichtig. Aufgrund der besseren Lesbarkeit haben wir uns im Rahmen dieses Buches dazu entschieden, die männliche Schreibweise zu verwenden. Die weibliche Form ist selbstverständlich immer mit eingeschlossen.

Die Visualisierungen

Die Visualisierungen in diesem Buch wurden mit viel Leidenschaft entwickelt. Alle Visualisierungen, die Sie in diesem Buch sehen, verwenden wir in der Form als Flipcharts in unseren Teamtrainings. Zu einigen der Methoden werden Ihnen auch zwei alternative Flipchart-Layouts vorgestellt. Bei den hier gezeigten Flipchart-Vorlagen wurden Ideen verwirklicht, die sowohl für Einsteiger als auch für Fortgeschrittene je nach Visualisierungsvermögen Möglichkeiten sowohl zur direkten Umsetzung als auch zum Üben bieten. Um seine eigenen Fähigkeiten der Visualisierung zu professionalisieren, ist – wie bei jedem Lernprozess – das Entscheidende: Es muss Ihnen Spaß machen und es muss fortwährend geübt werden!

Wie ist es zum Darstellungsprinzip dieses Buches gekommen? Aus der Arbeitspraxis heraus haben wir im Laufe der Jahre eine eigene Methodenkartei entwickelt. Jede Karteikarte ist hierbei mit jeweils einer Methodenbeschreibung und dem dazugehörigen Flipchart versehen. Durch diese Methodenkartei steht uns für die Workshopplanung und -durchführung ein schnell überschaubares und umsetzbares Portfolio zur Verfügung. Diese Form der Methodenkartei haben wir immer wieder in Trainerausbildungen vorgestellt und so viel positive Resonanz erhalten, dass wir diesen Ansatz auf das Buchkonzept transferiert haben.

Unser Wunsch

Das faszinierende an Büchern ist, dass sie es uns ermöglichen, in die Welten von anderen ein Stück weit einzutauchen. Mit diesem Buch möchten wir Ihnen Einblicke in unsere Sichtweisen und die konkrete Arbeit geben. Es stellt das Fundament und die Basis unserer täglichen Arbeit auf den Punkt gebracht dar. Wir würden uns wünschen, dass die teamdynamische Welt, wie wir sie erleben, Ihnen auf Ihrem Weg nutzt und Sie vieles aus diesem Buch in der Praxis anwenden. Wir laden Sie dazu ein, das Geschriebene als Ideenpool zu sehen. Greifen Sie sich die Dinge heraus, die zu Ihnen und Ihren Workshopteilnehmern passen, probieren Sie neue Ansätze aus und entwickeln Sie diese nach Ihren persönlichen Vorstellungen weiter.

Eine befreundete Geschäftsführerin hat einmal gesagt, dass sie sich als lebenslange Auszubildende sieht: Sie lerne noch immer jeden Tag Neues hinzu und sei nie fertig. Ebenso empfinden wir unsere Arbeit. Mit jeder Gruppe bzw. jedem Team, das wir begleiten, lernen wir weiter hinzu. Und das ist es, was unseren Beruf so einzigartig macht: Mit jedem neuen Teamprozess entwickeln auch wir uns weiter.

In diesem Sinne wünschen wir Ihnen viel Spaß beim Schmökern und freuen uns über Impulse, Ideen und Anregungen von Ihnen.

Herzliche Grüße
Ihre Katja E. Rickert und Ihr Tobias Seibel

1 Kapitel

Unser teamdynamischer Ansatz

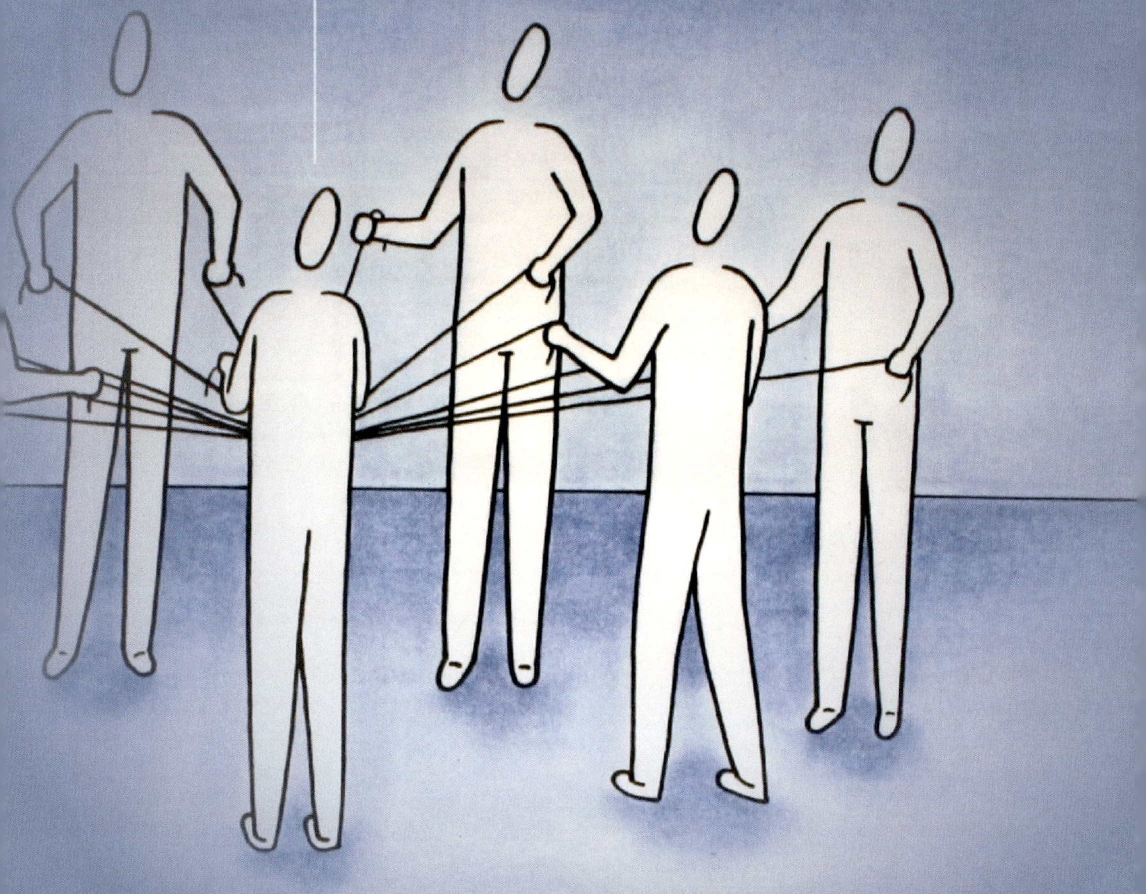

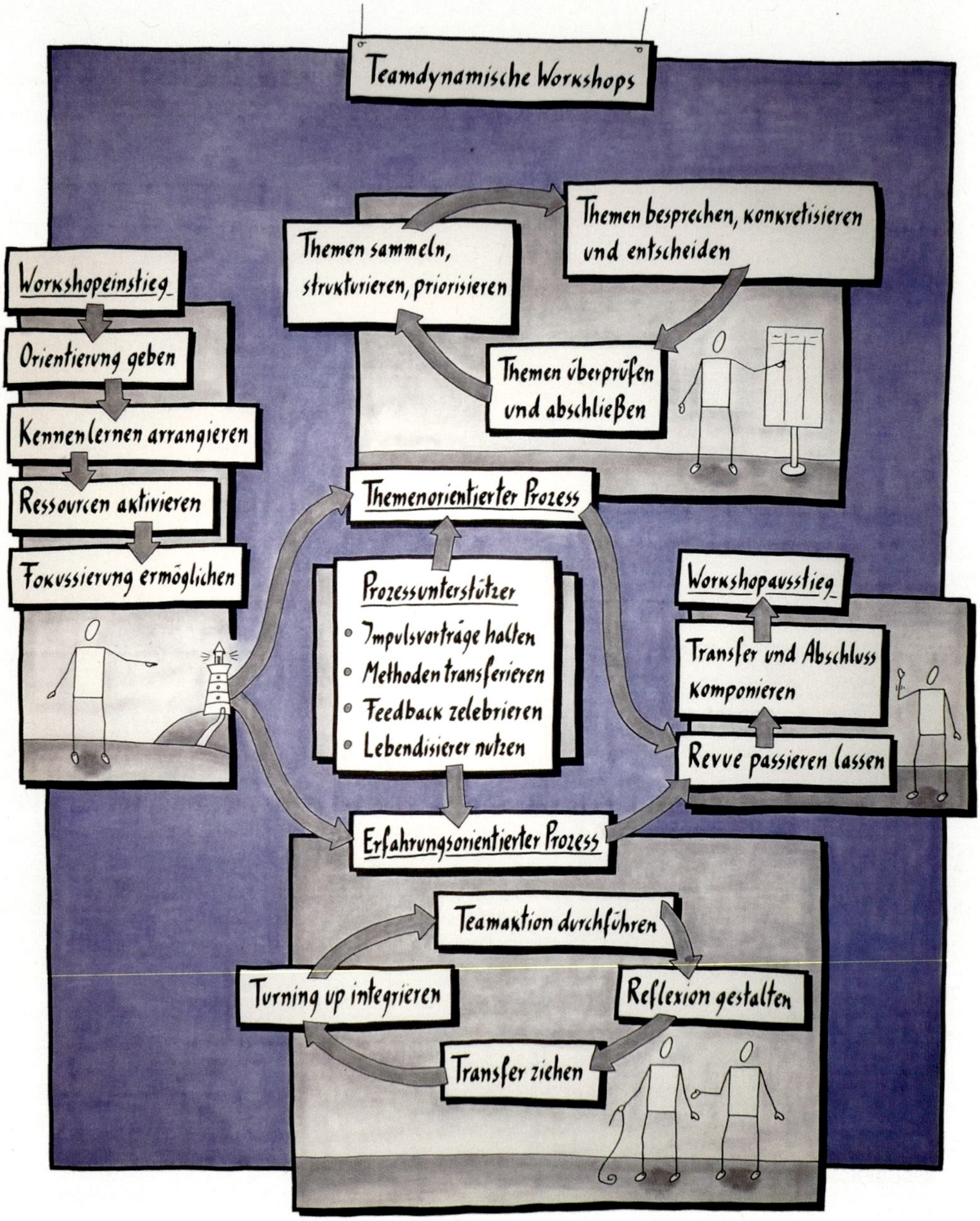
Teamdynamische Workshops
Workshopeinstieg
Orientierung geben
Kennenlernen arrangieren
Ressourcen aktivieren
Fokussierung ermöglichen
Themen sammeln, strukturieren, priorisieren
Themen besprechen, konkretisieren und entscheiden
Themen überprüfen und abschließen
Themenorientierter Prozess
Prozessunterstützer
Impulsvorträge halten
Methoden transferieren
Feedback zelebrieren
Lebendisierer nutzen
Workshopausstieg
Transfer und Abschluss komponieren
Revue passieren lassen
Erfahrungsorientierter Prozess
Teamaktion durchführen
Reflexion gestalten
Transfer ziehen
Turning up integrieren

Teamdynamische Prozesse im Überblick

Der Aufbau eines Teamworkshops kann mit dem eines Romans verglichen werden: Er besteht aus Einleitung, Hauptteil und Schluss. Während der Einleitung tauchen die Teilnehmer in eine neue Welt ein. Vor dem Hintergrund einer charakteristischen Atmosphäre und Umgebung werden die handelnden Personen vorgestellt. Mit der Einführung in die Kultur des sich eröffnenden Mikrokosmos bekommen die Teilnehmer ein erstes Bild vom Inhalt und dem, was zu erwarten ist. Dann erhöht sich der Spannungsbogen zum Hauptteil, der im besten Fall von fesselnden Ereignissen, dramaturgischer Abwechslung und unvorhergesehenen Einmaligkeiten geprägt ist. Zum Ende des Hauptteils zeichnet sich zunehmend der Höhepunkt des Werkes ab, bis sich die Dramaturgie nach einer finalen Begebenheit entspannt. Im Schlussteil gibt es Raum für Reflexionen und Quintessenzen. Es ist Zeit für den Ausklang und dafür, Abschied zu nehmen. Diese Gelegenheit nutzen Autoren gerne, um die Neugierde auf eine Fortsetzung zu wecken.

Ein Teamworkshop braucht ebenso wie ein Roman ein Gerüst, an dem sich der Trainer orientieren kann. Wir haben für Sie, liebe Leser, den „klassischen" Aufbau unserer Workshops auf dieses Buch übertragen und als inhaltliche Struktur genutzt. Diese Gliederung hat sich seit vielen Jahren in der Praxis bewährt. Falls Sie dabei sind, erste Erfahrungen als Trainer zu sammeln, nutzen Sie diese Struktur gerne als Basis für Ihre Arbeit. Für Trainer, die bereits ihren eigenen Arbeitsstil gefunden haben, bietet der Ablauf Anregungen und Reflexionsmöglichkeiten.

Der Workshopeinstieg

Zu Beginn eines Workshops steht der Trainer im Vordergrund. Er gibt Orientierung und schafft Struktur durch die Begrüßung, das Vorstellen der Agenda, das Abstimmen des Zielvertrages und die Erklärung zur Workshopkultur. Anschließend ermöglicht er Begegnungen unter den Teilnehmern durch eine passende Kennenlernmethode. Danach ist der beste Zeitpunkt, um eine positive Basis für den Workshop zu legen; durch das Hervorheben von Teamressourcen. Zuletzt steht die Fokussierung im Mittelpunkt: Es werden die Erwartungen und Themen erarbeitet, die für das Team wichtig sind und den weiteren Prozess bestimmen.

Der Workshophauptteil

Der Hauptteil ist in zwei verschiedene Prozesse unterteilt:

1. Themenorientierter Prozess (vgl. S. 213 ff.)
   Er beinhaltet ein strukturiertes Bearbeiten von Team- und Arbeitsthemen.

2. Erfahrungsorientierter Prozess (vgl. S. 109 ff.)
   Hier tritt das Team in Aktion. Die Teilnehmer führen Teamaktionen durch, reflektieren diese und transferieren ihre Erkenntnisse auf ihre Zusammenarbeit im Unternehmen.

Welcher Prozess das Hauptgewicht trägt, hängt vom Auftrag, den geäußerten Erwartungen der Teilnehmer und dem individuellen Workshopverlauf ab.

Prozessunterstützer

Die Prozessunterstützer sind ein Vortrags- und Methodenbündel, das insbesondere im Erfahrungsorientierten und Themenorientierten Prozess situativ eingesetzt werden kann. In diesem Buch werden aus diesem Portfolio die Themenschwerpunkte „Feedback geben“ (s. S. 290) und „Lebendisierer nutzen“ (s. S. 314) dargestellt.

Zu den Prozessunterstützern gehören ebenso Impulsvorträge. Hier ist vom Modell „Interessen- und Einflussbereich“, nach Stephen R. Covey bis hin zum agilen Projektmanagement vieles denkbar, das unter Berücksichtigung des Auftrags und der jeweiligen Teamsituation prozessfördernd sein kann.

Der Ausdruck „Methoden transferieren“ steht für die Anwendung von Übungen im Rahmen der Teamdynamik, die aus anderen Seminarkontexten kommen. Beispiele hierfür sind aktives Zuhören oder Methoden aus der lösungsorientierten Gesprächsführung. Sowohl auf die Impulsvorträge als auch die transferierten Methoden wird nicht explizit eingegangen, da dies den Rahmen des Buches sprengen würde.

Der Workshopausstieg

Zum Schluss findet ein allgemeiner Rückblick auf den gesamten Verlauf des Teamworkshops statt. Es folgen je nach eingesetzter Methode persönliche Feedbacks, der Austausch über die erlebten Workshopinhalte und der Brückenschlag zum Alltag. Eine finale Abschlussrunde beendet den Workshop.

Teamdynamische Workshops und Nachhaltigkeit

Der Wert eines teamdynamischen Workshops liegt in den Beziehungen, Prozessen und Strukturen, die sich durch ihn und über ihn hinaus positiv verändern. Wodurch wirkt ein Workshop aber nachhaltig? Im Folgenden haben wir einige Themen beschrieben, die aus unserer Erfahrung heraus die Nachhaltigkeit günstig beeinflussen:

1. Die Prozessorientierung
2. Die Rahmenbedingungen
3. Die Handlungsorientierung
4. Die Visualisierung

Die Prozessorientierung

Ist ein einmaliges, eintägiges Teamtraining nachhaltig genug? Natürlich ist eine solche Maßnahme besser als nichts. Für nachhaltige Ergebnisse braucht es aber häufig mehr. Die Form der Zusammenarbeit hat sich innerhalb des Kernteams in der Regel über Jahre oder manchmal auch Jahrzehnte hinweg entwickelt. Soll diese grundlegend verändert werden, ist ein längerer Prozess erforderlich.

Um die Nachhaltigkeit eines Teamworkshops zu erhöhen, muss er in einen Gesamtprozess eingebunden werden. Die Visualisierung auf S. 16 zeigt einen „Standardprozess“, wie wir ihn oft durchführen:

Wir beginnen den Prozess mit der Auftragsklärung, gefolgt von einem ersten, in der Regel zweitägigen, Teamworkshop. Danach folgt eine Schleife von Meilensteingespräch mit dem Auftraggeber und halb- oder ganztägigen Follow-up-Veranstaltungen mit dem Team. Erst wenn bestimmte Ziele bzw. Meilensteine erreicht wurden, wird diese Schleife beendet. Abgeschlossen wird der Prozess durch ein Auswertungsgespräch mit dem Auftraggeber.

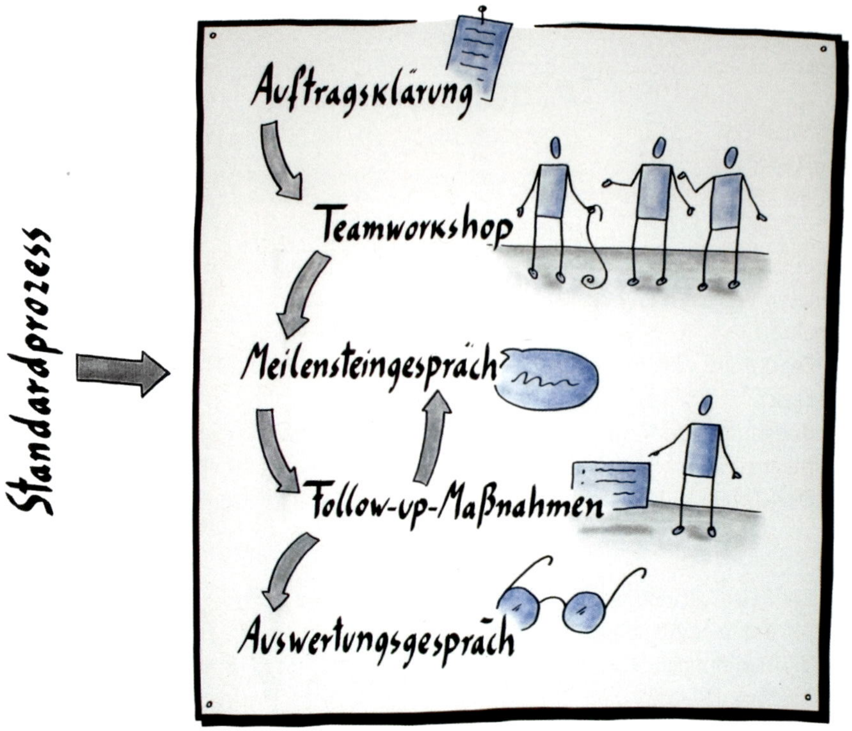

In der **Auftragsklärung** besprechen wir die Zielsetzung der Teammaßnahme und erhalten z.B. Informationen zum Unternehmen, zur Teamzusammensetzung, zu Konflikten innerhalb des Teams, zu Arbeitsschwerpunkten sowie zu Strukturen und Prozessabläufen. Das Gespräch kann per Telefonkonferenz oder vor Ort im Unternehmen durchgeführt werden. Ein Gespräch vor Ort bietet die Möglichkeit, das Unternehmen kennenzulernen, sowie die Stimmung, Kultur und das Miteinander live zu erleben. Dies hat den Vorteil, dass diese Eindrücke unmittelbar bei der Konzeptentwicklung berücksichtigt werden können. An dem Auftragsklärungsgespräch können unterschiedliche Personengruppen aus dem Unternehmen teilnehmen. Je nach Unternehmensgröße kann es die Geschäftsführung, der zuständige Personalentwickler, der Fachbereichsleiter, die Führungskraft des Teams mit einzelnen Teammitgliedern oder dem gesamten Team sein.

Als nächster Schritt folgen der **Teamworkshop** und im Anschluss das **Meilensteingespräch** mit dem Auftraggeber. In diesem Gespräch gibt der Trainer dem Auftraggeber eine Rückmeldung zum Verlauf des Teamworkshops. Dies beinhaltet die Informationsweitergabe der Inhalte des im Workshop entstandenen „Themenspeichers“ (vgl. S. 217) und der

„Liste offener Punkte" (s. S. 253) sowie die Klärung des weiteren Vorgehens. Im ersten Teamworkshop ergeben sich meistens neue Themen und Schwerpunkte, die in der ersten Auftragsklärung nicht berücksichtigt wurden und weiterer Bearbeitung bedürfen. Deshalb findet in der Regel nach diesem Meilensteingespräch ein zweiter Teamworkshop als **Follow-up** statt.

Wenn der Prozess abgeschlossen ist, folgt nach weiteren drei bis sechs Monaten das **Auswertungsgespräch**. Dieses Gespräch beinhaltet zwei Aspekte:

- Zum einem wird der Prozessverlauf gemeinsam mit dem Auftraggeber reflektiert und ausgewertet.
- Und zum anderen nutzen wir die Chance, eine Rückmeldung darüber zu erhalten, inwieweit sich Teamkultur, neue Prozesse und Strukturen etabliert und gefestigt haben.

Die Rahmenbedingungen

Ein wichtiges Prinzip unserer Arbeit lautet: Der Rahmen macht den Inhalt möglich. Eine einladende Umgebung, ein angenehm klimatisierter Seminarraum, ansprechende Zimmer und genussreiches Essen sind wichtige Grundbedingungen für das nachhaltige Gelingen eines Workshops. Sie sollten daher bewusst ausgesucht und gestaltet werden.

Für den Workshop liegt daher ein wichtiger Punkt in der Wahl des **Veranstaltungsortes**. Teamentwicklungen brauchen einen Mindestabstand von 20 Fahrminuten zum Unternehmen. Diese räumliche Distanz ermöglicht dem Team, sich voll und ganz auf den Teamworkshop konzentrieren und einlassen zu können und sich mit dem notwendigen emotionalen Abstand zum Arbeitsalltag näher kennenzulernen, auszutauschen sowie bestimmte Sachverhalte zu reflektieren. Findet der Teamworkshop im Unternehmen statt, sind die Teilnehmer zu nah an ihrem Arbeitssystem. Teilnehmer nutzen dann beispielsweise die Pausenzeiten, um E-Mails zu kontrollieren bzw. mit Kollegen außerhalb des Workshops offene Punkte zu klären. Dies ist für die eigentliche Zielerreichung kontraproduktiv, da die Pausenzeit nicht für den prozessfördernden informellen Austausch mit den anderen Teamkollegen verwendet wird.

Ein weiterer zentraler Punkt ist der Perspektivenwechsel, den die räumliche Entfernung ermöglicht. Raus aus den gewohnten Räumlichkeiten, rein in eine neue Umgebung: Dies bringt neue Sichtweisen mit sich und erweitert den Blickwinkel. Ein Beispiel: Wir haben über viele Jahre ein gruppendynamisches Ausbildungsseminar für Studenten der Hochschule Fulda in einem Bergdorf am Lago Maggiore durchgeführt. Beeindruckend war für uns immer wieder, wie sehr die lange Fahrt und die besondere Umgebung eine spürbar bessere Qualität in die Ausbildung gebracht haben. Im Vergleich zu Lehrveranstaltungen, die direkt an der Hochschule stattfanden, hat der besondere Rahmen zu einem größeren „Ertrag" für die Teilnehmenden geführt.

Wichtig zu beachten ist, dass die Wahl eines Seminarhotels oder Selbstversorgerhauses immer eine Wertschätzung und eine Form des Dankeschöns an das Team ausdrückt. Hier ist es demnach wichtig, nicht an der falschen Stelle zu sparen.

Die Handlungsorientierung

„Die Dinge, die wir wirklich wissen, sind nicht die Dinge, die wir gehört oder gelesen haben, vielmehr sind es die Dinge, die wir erlebt, erfahren und empfunden haben." – Calvin M. Woodward

Eine nachhaltige teamdynamische Workshopdramaturgie braucht Handlungsorientierung. Lernen und Entwicklung findet von klein auf über das Erleben statt. Und das reflektierte Erleben wird zur Erfahrung. Genau das ist der Ansatz des erfahrungsorientierten Prozesses (s. ab S. 109). Durch die Lernschleife der Teamaktion, der danach folgenden Reflexion und den abschließenden Transfer in den Berufsalltag wird der Lernprozess *reiz*voller und praxisnäher. Man spricht nicht einfach nur über die gemeinsame Teamarbeit, man erlebt, reflektiert und transferiert sie im Workshop. Dies bietet einen Rahmen, um nachhaltige Teamentwicklung zu initiieren.

Dave Meier beschreibt 2004 in seinem Buch „Accelerated Learning" den SAVI-Ansatz, der gut zu unserer Arbeit passt:

S = Somatisch	Beim Lernen sollen sich die Teilnehmer bewegen, etwas tun.
A = Auditiv	Sie sollen hören und sprechen.
V = Visuell	Sie lernen durch Beobachtung und innere Bilder (Kopfkino, Imagination).
I = Intellektuell	Sie lösen Probleme und reflektieren.

Im themenorientierten Prozess (siehe ab S. 213) liegt der Fokus im Sammeln, Strukturieren, Priorisieren und Besprechen von teamspezifischen Entwicklungsthemen (z.B. Konflikte , Optimierung von Prozessen und Strukturen). Hier steht im Vordergrund, Handlungsorientierung in den Prozess zu implementieren und dadurch nachhaltiges gutes Gelingen zu unterstützen. Das geschieht durch methodische Varianten, verschiedene Interaktionskombinationen, Besprechungen drinnen und draußen und dem Einsatz von Lebendisierern.

Die Visualisierung

Ein wichtiger Grundsatz in unseren Workshops ist das Visualisieren aller Methoden, Arbeitsaufträge, Verabredungen, Ergebnisse und Erkenntnisse auf Flipchart oder Pinnwand. Für die Teilnehmer tragen die Visualisierungen dazu bei, dem Teamworkshop noch besser folgen zu können. Durch größere Klarheit geben sie allen Beteiligten Sicherheit. Sie begleiten sowohl erfahrungsorientierte als auch themenorientierte Prozesse und sichern die Ergebnisse.

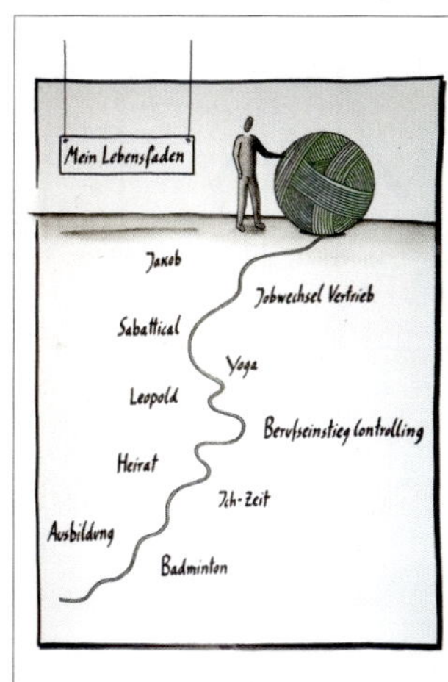

In diesem Buch sind die Visualisierungen zu sehen, die wir auf unseren Flipcharts verwenden. Visualisierungen, die an die Teilnehmer ausgeteilt werden, können Sie unter den Download-Ressourcen zu diesem Buch herunterladen und ausdrucken. Alle Download-Ressourcen sind durch das Pfeilsymbol gekennzeichnet. Zugreifen können Sie über den Link auf der inneren Umschlagklappe des Buches.

Fische im Wasser

Ein erfolgreicher Teamworkshop basiert auf der Bearbeitung von Themen, die die Teilnehmer bzw. das Team mitbringen. Eine wichtige Aufgabe des Trainers ist es, diesen Arbeitsauftrag zu erkennen und den Prozess danach auszurichten. Folgende Metapher verdeutlicht diesen Ansatz:

Stellen Sie sich vor, alle bewussten und unbewussten Teamthemen schwimmen wie große und kleine Fische durch den Workshopraum. Sie als Trainer haben die Angel in der Hand und versuchen, den größten Fisch für Ihre Teilnehmer an Land zu ziehen.

Ein Teamworkshop ist genau dann prozessorientiert und effektiv, wenn der Trainer mit seiner Workshopgestaltung dem Team ermöglicht, an den vorherrschenden Themen bzw. Problemstellungen (Fischen) zu arbeiten. Die Rahmenbedingungen entstehen in der Regel bereits während der Auftragsklärung mit dem jeweiligen Unternehmen. Innerhalb dieser Bedingungen konkretisieren sich die eigentlichen Anliegen der Teilnehmer in der Orientierungsphase des Workshops und münden in einem themen- bzw. erfahrungsorientierten Prozess.

Falls sich im Workshop grundlegende Themen (Fische) zeigen, die nicht durch den ursprünglich vereinbarten Arbeitsauftrag mit dem Unternehmen abgedeckt sind, ist es wichtig, Rücksprache mit dem Ansprechpartner aus dem Auftragsgespräch zu halten. Falls dieser an dem Ursprungsauftrag festhält, gilt es mit ihm zu besprechen, wo das Thema in naher Zukunft einen Rahmen findet. Nachdem der Trainer diese Perspektive mit dem Team besprochen hat, vermerkt er das Thema im „Themenspeicher“ (s. S. 217). Im Anschluss kann in der Regel der Workshop zufriedenstellend weitergeführt werden, da die Teilnehmer das Gefühl haben, dass ihre Belange ernst genommen werden.

Sollen nun die grundlegenden Themen bearbeitet werden, dann braucht es vor allem einen großen Methodenkoffer, um die zu Team und Anliegen passende Übung anbieten zu können.

Die Methoden aus diesem Buch

Die von uns vorgestellten Methoden sind nach dem Baukastenprinzip angeordnet: Für jede Workshopphase finden Sie eine vielseitige Auswahl, aus der Sie Ihr perfektes Konzept zusammenstellen können. Die Beschreibung der Methoden erfolgt nach folgender Struktur:

- **Kurzbeschreibung im Index**
  Zu Beginn jedes Unterkapitels finden Sie Kurzbeschreibungen, mit denen die enthaltenen Methoden in ein oder zwei Sätzen vorgestellt werden. Dies soll dazu beitragen, dass Sie schnell erfassen können, worum es geht.

- **Aufbau**
  Auf der Toolseite beschreibt der Aufbau zunächst systematisch und detailliert das methodische Vorgehen.

- **Intro**
  Im Intro wird beispielhaft aufgeführt, wie die Übung den Workshopteilnehmern vermittelt werden kann. Es dient dazu, die Methoden noch besser zu verstehen. Sie können die Formulierungen gerne als Anregungen für Ihre eigenen Anleitungen nutzen.

- **Hintergründe**
  Die Hintergründe enthalten Informationen über Zielsetzung und Einsatzmöglichkeiten der Methoden sowie Erklärungen zu bestimmten Übungsdetails.

- **Tipps**
  Unter Tipps geben wir Ihnen zusätzliche Hinweise zur Durchführung und zeigen Ihnen zum Teil weitere Varianten auf.

- **Material**
  Bei Material finden Sie das benötigte Equipment aufgelistet, das Sie zur Durchführung benötigen.

Je nach Methode können zudem noch eventuelle Vorbereitungsmaßnahmen oder weiterführende Quellenliteratur angegeben sein. In einigen Methodenbeschreibungen finden Sie auf dem Flipchart oder unter „Aufbau" außerdem **Zeitvorgaben**, die sich für die entsprechende Übung bewährt haben. Wenn kein Zeitrahmen angegeben sein sollte, dann ist er stark von dem Team (Teamgröße, Altersstruktur, Branche) und den Rahmenbedingungen (Seminarraum, Naturbeschaffenheit, Tageszeit) abhängig und muss situationsabhängig bemessen werden.

In diesem Zusammenhang ein Tipp: Die zur Verfügung stehende Zeit kann an jedem Flipchart während der Übungserklärung durch eine zusätzliche Moderationskarte visualisiert werden. Durch dieses Vorgehen ist der Trainer flexibler in der Zeitgestaltung.

Download-Ressourcen

Bei einigen der Methoden ist es sinnvoll, Arbeitsblätter zu verteilen. Dazu bietet Ihnen dieses Buch Download-Ressourcen an, die durch das nebenstehende Pfeilsymbol gekennzeichnet sind. Wenn Sie den in der inneren Umschlaggklappe angegebenen Link in Ihre Browserzeile eingeben und der Download-Routine folgen, können Sie das Material einfach herunterladen und ausdrucken.

Basisinteraktionen

Auf den folgenden Seiten beschreiben wir die gängigsten Basisinteraktionen, auf die wir uns in diesem Buch immer wieder beziehen. Es sind verschiedene Kommunikationsformen, die der Trainer je nach dem aktuellen Gruppenprozess einsetzen kann. Der Fokus der Basisinteraktionen liegt immer darauf, die passende Interaktionsform für den aktuellen Prozess zur Verfügung stellen zu können.

Kristallisiert sich zum Beispiel heraus, dass es notwendig ist, Verbesserungsvorschläge zur Zusammenarbeit in einer Abteilung zu erarbeiten, dann ist es in der Regel sinnvoller, den Prozess zunächst mit einer Arbeit in Kleingruppen zu beginnen. Der Austausch in der Gesamtgruppe erfolgt dann erst im Anschluss. Dieses Vorgehen führt zu einem qualitativ hochwertigeren Ergebnis mit mehr Substanz und Meinungsvielfalt, da es den meisten Teilnehmern in einer kleineren Gruppe leichter fällt, sich einzubringen. Gleichzeitig wirkt sich die Kleingruppenarbeit positiv auf der Beziehungsebene aus. Sie fördert bei den Teammitgliedern z.B. das gegenseitige Verstehen, das Aufeinanderein- und -zugehen und natürlich das weitergehende Kennenlernen.

Der Fokus aller Basisinteraktionen liegt immer darauf, dass der Einzelne mehr zu Wort kommt. Nur so können die Impulse aller Teammitglieder in den Workshop einfließen.

Index

Die Runde
Die Teammitglieder sitzen im Stuhlkreis und äußern sich reihum zu einem vorgegebenen Thema .... S. 27

Das Seitengespräch
In Seitengesprächen tauschen sich die Teilnehmer zu zweit über ein Thema aus .... S. 29

Die Kleingruppenarbeit
Die Teilnehmenden bearbeiten in Kleingruppen ein vorgegebenes Thema. .... S. 31

Das Fishbowl-Format
Durch das Fishbowl-Format können Themen in größeren Gruppen mithilfe von einem aktiven Innen- und einem beobachtenden Außenkreis bearbeitet werden. .... S. 33

Konzentrische Kreise
In der Formation eines Innen- und Außenkreises tauschen sich die Teilnehmenden mit wechselnden Gesprächspartnern unter vier Augen aus. .... S. 37

Skalierung
Die Teilnehmer bewerten eine Fragestellung, indem sie sich auf einer vorgegebenen Skala positionieren. .... S. 39

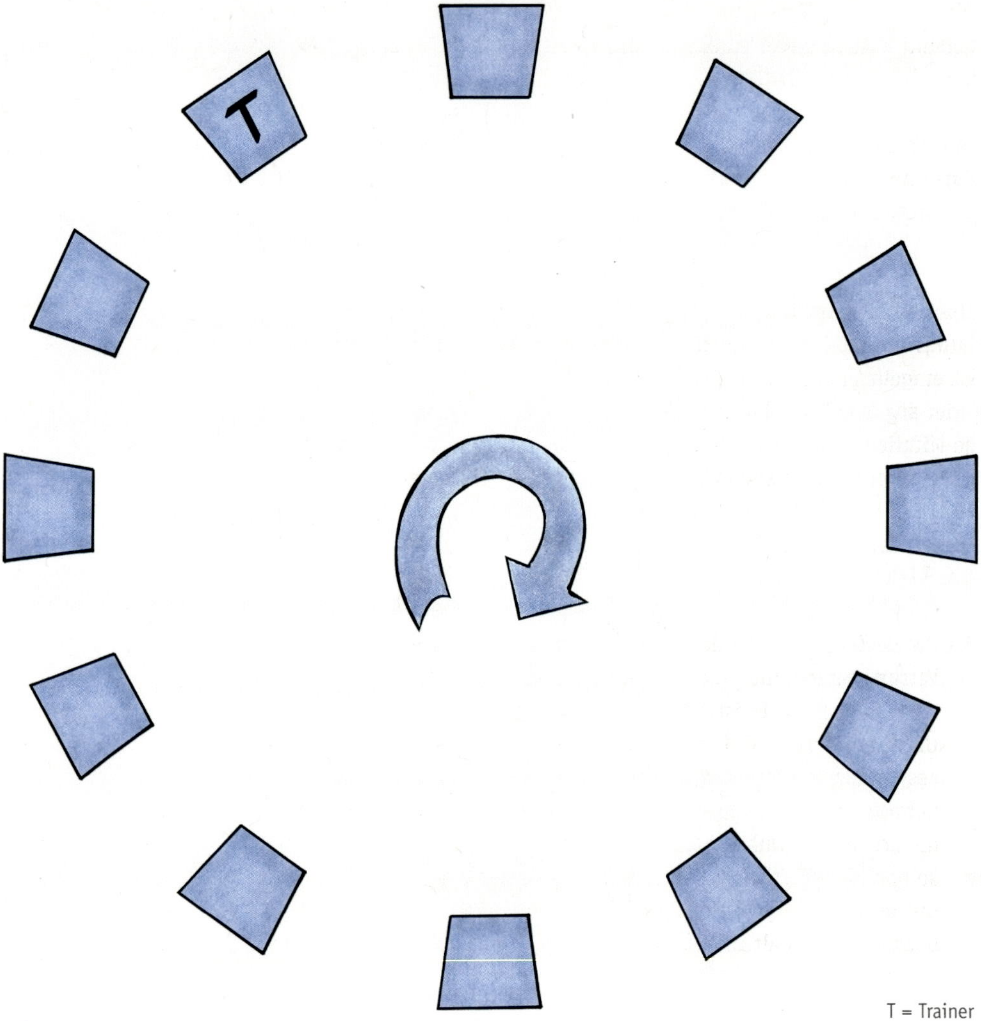

T = Trainer

Die Runde

Aufbau

Die Teilnehmer bekommen im Stuhlkreis die Aufgabe, sich im Uhrzeigersinn nacheinander zu einem vorgegebenen Thema zu äußern. Damit jeder Teilnehmer zu Wort kommen kann und jeder Aspekt ausreichend Gehör findet, wird in der Runde keine inhaltliche Diskussion zugelassen. Es geht in dieser Methode darum, dass die Meinung eines jeden Einzelnen seinen Platz bekommt. Auf dieser Basis wird dann weitergearbeitet.

Hintergründe

„Die Runde" ermöglicht es, einen schnellen Überblick über das Meinungs- und Gefühlsspektrum des Teams zu erhalten. Jeder Teilnehmer ist eingeladen, seine Ansichten zu der Fragestellung einzubringen und jeder aus dem Team hört zu. Das ist insbesondere hilfreich, wenn einige Mitglieder sich in allgemeinen Diskussionen zurückhalten. Oft haben genau diese Personen Impulse für das Team, die bisher noch nicht zur Sprache kamen. Wenn sich jeder Teilnehmer nur in ein paar kurzen Sätzen äußern soll, wird die Runde zum Blitzlicht.

Tipps

- Da die Teilnehmer in der Regel an das anknüpfen, was die erste Person in der Runde sagt, ist es wichtig, eine stimmige „Vorlage" zu ermöglichen. Es ist z.B. möglich, dass der Trainer selbst bei der Übung mitmacht und startet. Ist dies aufgrund des Gruppenprozesses nicht stimmig, sollte jemand aus dem Team beginnen, der aufgrund der bisherigen Erfahrungen mit hoher Wahrscheinlichkeit die „richtige Schublade" für die nachfolgenden Statements öffnet.
- Je nach Fragestellung, kann es sinnvoll sein, dass der Trainer die unterschiedlichen Statements, Themen oder Wünsche auf Moderationskarten festhält. Hierdurch können diese für den weiteren Workshopverlauf besser genutzt werden.

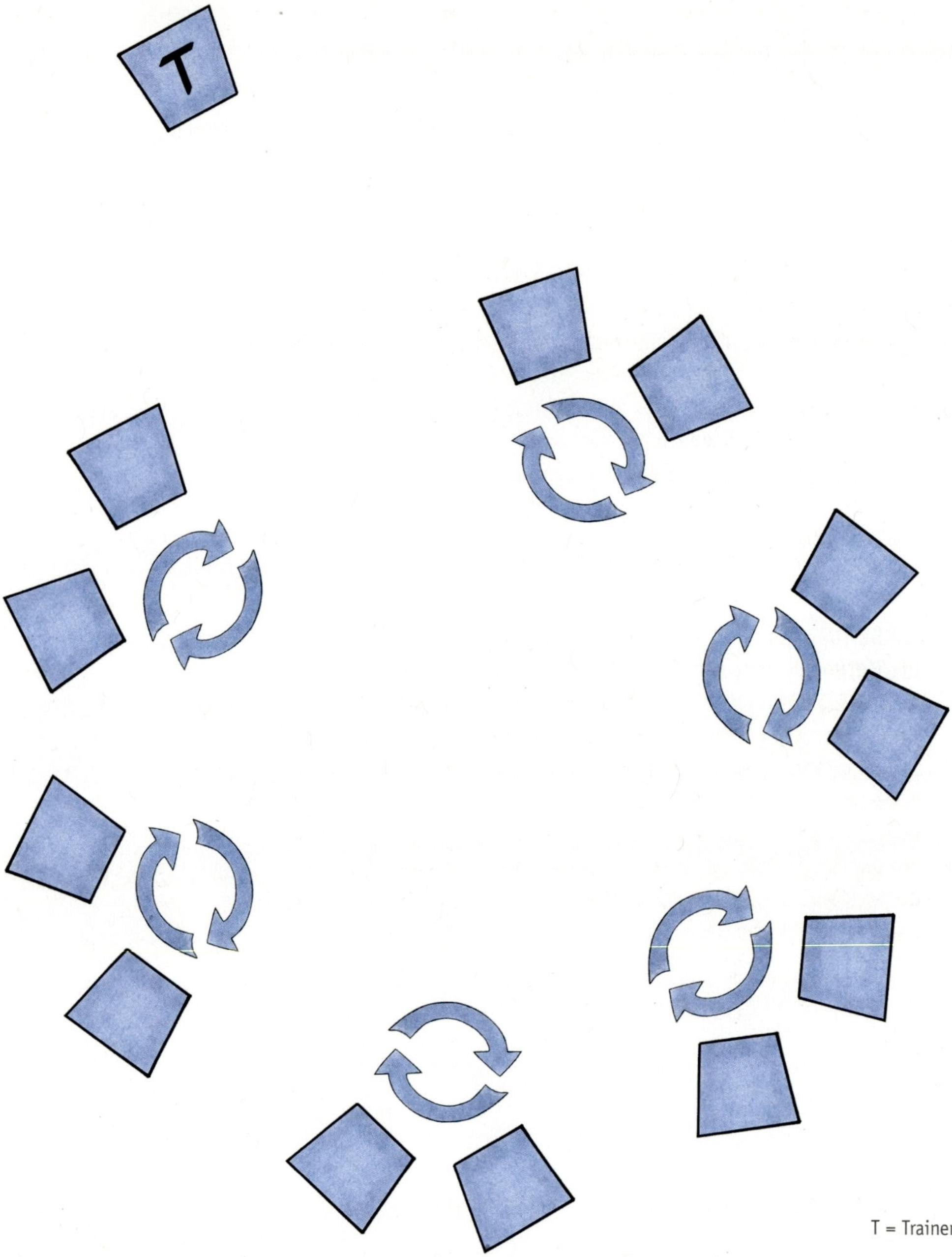

T = Trainer

Das Seitengespräch

Aufbau

Ausgehend von einem Stuhlkreis werden die nebeneinander sitzenden Teilnehmer reihum in Paare eingeteilt und bekommen den Auftrag, ihre Stühle so zu drehen, dass sie im rechten Winkel zueinander stehen. Anschließend werden die Teilnehmer gebeten, sich zu zweit über ein bestimmtes Thema auszutauschen. In der Regel wird an die Seitengespräche eine Runde angeschlossen.

Hintergründe

Der Vorteil dieser Methode ist, dass die Teilnehmer sich zu zweit über ein Thema austauschen können, bevor dieses im Plenum diskutiert wird. Dieses Vorgehen gibt Sicherheit und ermöglicht eine erste Resonanz im kleinen Rahmen. Gerade Teilnehmer, die nicht so oft Workshops erleben, können durch Seitengespräche in der Anfangsphase unterstützt werden, vor der Gesamtgruppe zu sprechen.

Die Anordnung der Stühle im rechten Winkel schafft eine angenehme Gesprächsatmosphäre. Die Teilnehmer sind sich nahe, haben dabei aber noch ausreichend Distanz zueinander.

Tipps

- Die Methode bietet sich besonders an, wenn im Workshop informelle Seitengespräche entstehen. Dann kann es sinnvoll sein, dass der Trainer dies aufgreift und Seitengespräche zu einem gegebenen Thema für alle ermöglicht.
- Je nach Fragestellung kann eine zweite Runde durchgeführt werden. Die Teilnehmer wenden sich dann ihrem anderen Nachbarn zu.
- Wird die Methode mehrmals im Teamworkshop angewendet, kann der Trainer für neue Austauschpartner und vielleicht neue Perspektiven sorgen, indem er die Teilnehmer bittet, sich einen Platz mit neuen Nachbarn zu suchen, bevor er die Paare einteilt.
- Bei einer ungeraden Teilnehmeranzahl wird eine Dreiergruppe gebildet oder der Trainer beteiligt sich an der Übung, je nach Fragestellung.

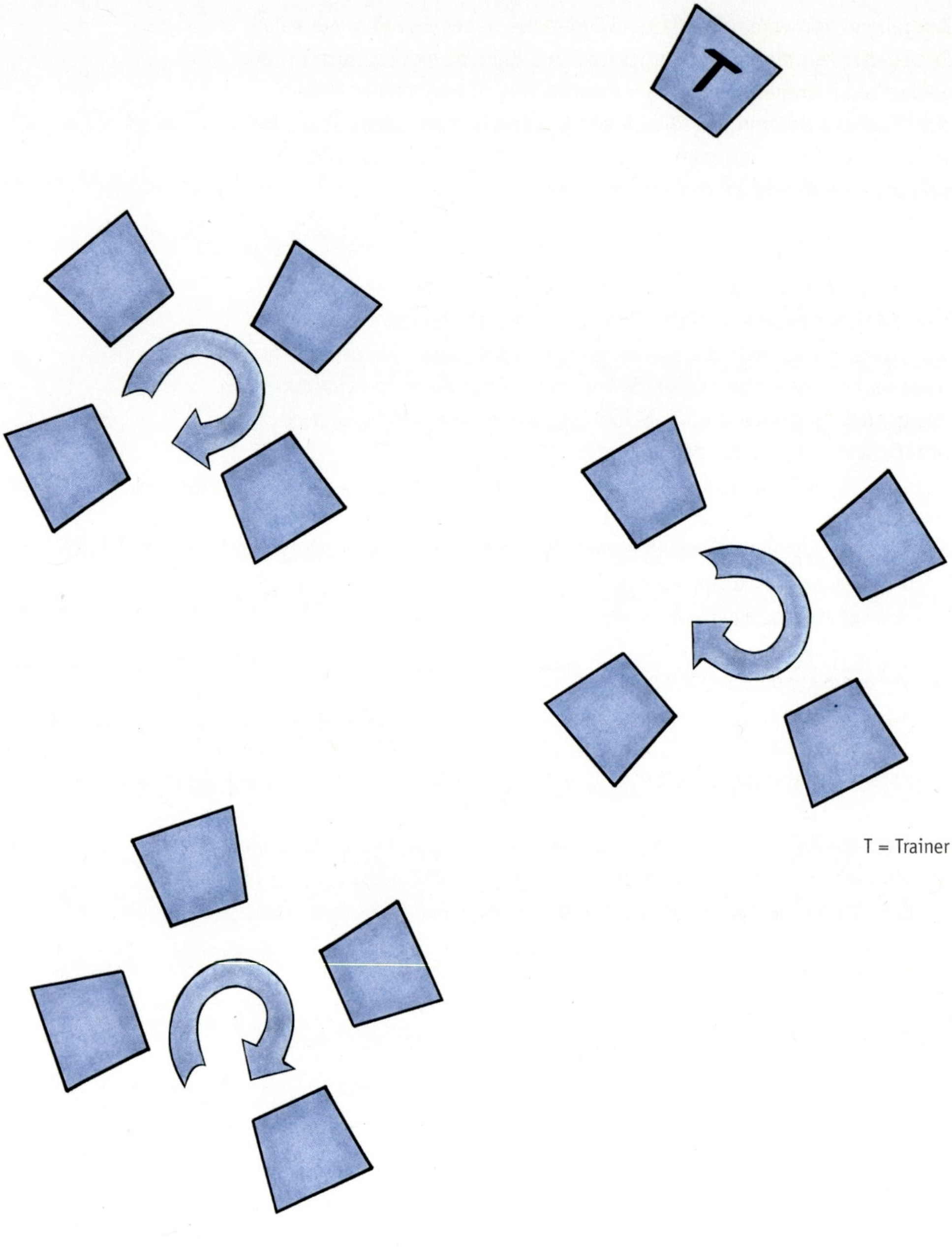

T = Trainer

Die Kleingruppenarbeit

Aufbau

Die Teilnehmer werden in Kleingruppen von drei bis maximal sechs Personen eingeteilt. Die optimale Gruppengröße besteht in der Regel aus vier Teilnehmern. Innerhalb der Kleingruppe werden z.B. verschiedene Themen diskutiert sowie Lösungsideen und Erkenntnisse für den weiteren Umgang mit einem Sachverhalt erarbeitet. Die Kleingruppen präsentieren ihre Ergebnisse anschließend im Plenum.

Hintergründe

Kleingruppenarbeit ist besonders effektiv, wenn es um Meinungsbildung, Informationsgewinnung oder Brainstorming geht. Der Vorteil dieser Methode ist, dass alle Personen beteiligt sind und ihre Sichtweisen mit einbringen. Sie bietet eine sichere und angenehme Gesprächsatmosphäre vor allem für Teilnehmer, die sich in kleinen Gruppenkonstellationen wohler fühlen.

Tipps

- In der Anfangsphase eines Teamworkshops sollten die Kleingruppen von dem Trainer eingeteilt werden. Dies fördert den Beziehungsaufbau unter den Teammitgliedern.
- Um einen möglichst großen Effekt sowohl auf der Inhalts- als auch auf der Beziehungsebene zu erreichen, sollten die Kleingruppen im Workshopverlauf immer wieder neu zusammengesetzt werden bzw. die Teilnehmer aufgefordert werden, neue Gruppenkonstellationen zu bilden.
- Bei einer komplexen Thematik werden bessere Ergebnisse in den Kleingruppen erreicht, wenn diese einen Moderator festlegen, der die Prozesssteuerung und Visualisierung übernimmt. Zusätzlich ist es immer hilfreich, jemanden ernennen zu lassen, der auf die Zeit achtet.
- Während der Austauschphase der Kleingruppe sollte der Trainer von Kleingruppe zu Kleingruppe gehen, um sicherzustellen, dass die Fragestellung verstanden wurde. Bei dieser Gelegenheit kann er z.B. auch durch Frageimpulse eine stockende Diskussion anregen.

T = Trainer

Das Fishbowl-Format

Aufbau

Die Teilnehmer bilden mit ihren Stühlen einen in sich geschlossenen Innen- und einen Außenkreis. Die Personen des Innenkreises tauschen sich dann über eine Fragestellung oder Thematik aus. Der Trainer übernimmt dabei die Rolle des Moderators. Die Teilnehmer im Außenkreis hören ausschließlich zu.

Wie es weitergeht, ist von der jeweiligen Zielsetzung abhängig. Zum Beispiel können die Teilnehmer des Außenkreises in einer Zwischenreflexion ihre Beobachtungen, Gedanken und Gefühle mitteilen, bevor sie in den Innenkreis wechseln und der gleiche Prozessablauf beginnt. Wichtige Erkenntnisse und Ergebnisse werden während der Übung durch den Trainer oder im Anschluss durch die Teilnehmer auf Flipchart oder Pinnwand festgehalten.

Die Fishbowl-Methode bietet je nach Kontext eine Vielzahl an Ausgestaltungsmöglichkeiten. Im Folgenden sind einige Varianten beschrieben:

1. Die Beobachter aus dem Außenkreis können sich während der Diskussion melden und auf einem Besucherstuhl im Innenkreis Platz nehmen. Dort kann die Person in den Dialog einsteigen, bis sich der Nächste aus dem Außenkreis meldet.

2. Im Vorfeld hat das Team in Kleingruppen eine Thematik diskutiert und Lösungsideen entwickelt. Je nach Gruppengröße werden ein bis zwei Personen aus den Kleingruppen als Vertreter in den Innenkreis entsendet, um ihre Ergebnisse vorzustellen und im Anschluss zu besprechen.

3. Die Teilnehmer im Außenkreis bekommen die Aufgabe, in eine bestimmte Beobachtungsrolle, z.B. Kunde, Verkäufer, Innendienst usw., zu schlüpfen. Aus dieser Rolle heraus beobachten sie den Gesprächsverlauf. Anschließend nehmen die Beobachter des Außenkreises die Plätze im Innenkreis ein und reflektieren die bisher erarbeiteten Lösungsideen aus der Perspektive der jeweiligen Rolle.

4. Kommt es bei einer Teamaktion, z.B. „Teamwege" (s. S. 173) zu Konflikten bzw. Spannungen innerhalb der Gruppe, bietet die Fishbowl-Methode dem Trainer eine Möglichkeit der Intervention.

Dafür hat sich folgendes Vorgehen bewährt: Der Innenkreis bespricht das bisherige Geschehen. Hierbei liegt der Fokus auf dem eigenen Erleben und den persönlichen Emotionen. Der Außenkreis beobachtet und hört zu.

Nach ca. 15 Minuten findet ein Wechsel statt. Der neue Innenkreis geht allerdings in seiner Gesprächsrunde auf die Metaebene. Dies bedeutet, die Teilnehmer geben ein Feedback darüber ab, wie sie die Diskussion des Innenkreises wahrgenommen haben, was bei ihnen ausgelöst wurde und welche Lösungsideen sie für die weitere Zusammenarbeit haben. Nach Beenden dieser Runde gehen die Teilnehmer des ersten Durchgangs noch einmal in den Innenkreis und teilen ihr Feedback zu dem Gehörten mit. Abschließend wird der Innenkreis aufgelöst. Je nach Gesprächsverlauf wird die Übung mit einem Blitzlicht im Plenum abgeschlossen.

Hintergründe

Die Methode eignet sich besonders, wenn das Team sehr groß ist und eine Besprechung des gegebenen Themas im Plenum schwierig werden würde. Sie bietet sich also immer an, wenn aus dem Workshopkontext heraus eine „dichtere" Kommunikation sinnvoll ist. Durch den von der Teilnehmerzahl her begrenzten Dialog im Innenkreis wird es größeren Gruppen schneller möglich, zu Ergebnissen zu kommen. Gleichzeitig wird durch die Beobachter die Phase der Auswertung sehr viel reichhaltiger. Durch die verschiedenen Varianten kann der Trainer die Übung optimal den Erfordernissen des Prozesses anpassen.

Tipps

- Die Rolle des Moderators kann ein Teilnehmer übernehmen, der zu Beginn bestimmt wird.
- Die Übung kann auch in der Natur auf einer ebenen Fläche mit ausreichend Schatten durchgeführt werden. Die Teilnehmer müssen hier allerdings sehr eng zusammenrücken, damit sie die Diskussion akustisch mitverfolgen können.
- Falls der Trainer während des Prozesses wichtige Dinge visualisieren möchte, ist es ratsam, dies so unauffällig wie möglich zu tun (z.B. in sitzender Position werden Stichpunke auf Moderationskarten geschrieben). So wird sichergestellt, dass sich die Gruppe auf ihre Diskussion konzentriert.

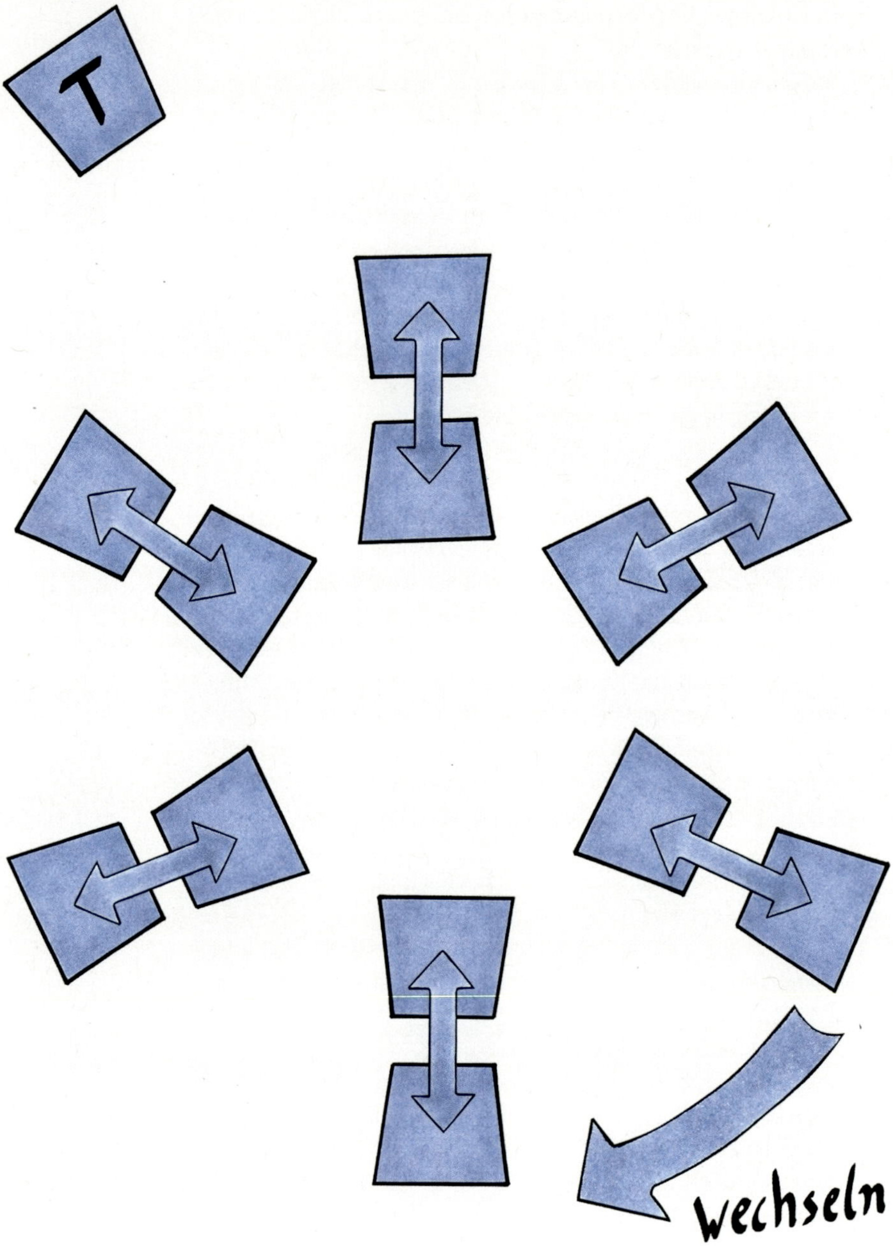

T = Trainer

Konzentrische Kreise

Aufbau

Mit den Stühlen der Teilnehmer werden zwei Kreise gebildet: Ein Innen- und ein Außenkreis. Die Stühle werden so ausgerichtet, dass sich die Teilnehmer des Innen- und Außenkreises paarweise gegenübersitzen. Wenn alle Teilnehmer sich einen Platz ausgesucht haben, gibt der Trainer den Arbeitsauftrag (z.B. sich über ein bestimmtes Thema auszutauschen). Auf Kommando des Trainers (z.B. nach jeweils 5 Minuten Gesprächszeit oder in Abhängigkeit vom Austauschbedarf) wechseln die Personen im Außenkreis im Uhrzeigersinn zum nächsten Stuhl und damit zu einem neuen Gesprächspartner weiter. Dieses Muster wird so lange wiederholt, bis jede Person des Innenkreises mit jeder Person des Außenkreises gesprochen hat. Je nach Fragestellung wird abschließend mit den Ergebnissen aus den Gesprächen im Plenum weitergearbeitet.

Hintergründe

Die Methode bietet mehrere Gespräche unter vier Augen und ermöglicht einen vertrauensvollen Austausch. Hierfür ist es wichtig, dass zwischen den Zweierpaaren nach links und rechts ausreichend Platz vorhanden ist. Der Austausch unter vier Augen mit einem großen Teil des Teams

- stärkt und fördert die Beziehung unter den Teilnehmern,
- begünstigt die Wahrnehmung der Meinungsvielfalt,
- kann einen wichtigen Beitrag zu Klärungsprozessen leisten,
- bietet persönlichen Austausch in festgefahrenen Situationen,
- kann in themenorientierten Prozessen als katalysierende Vorbereitung für eine Plenumsrunde genutzt werden.

Tipps

- Es spart Zeit, wenn der Trainer im Vorfeld die zwei Stuhlkreise vorbereitet.
- Es ist für die Teilnehmer hilfreich, zwei Flipcharts mit der Aufgabenstellung aufzustellen. Werden diese an den gegenüberliegenden Außenseiten platziert, sind sie für jeden Teilnehmer gut sichtbar.
- Der Wechsel kann nach einer festgelegten Zeit erfolgen oder flexibel nach Bedarf. Wird der Geräuschpegel geringer, ist das in der Regel ein Zeichen für den Trainer, dass der Austauschbedarf in der gegebenen Zweierkonstellation gedeckt ist.

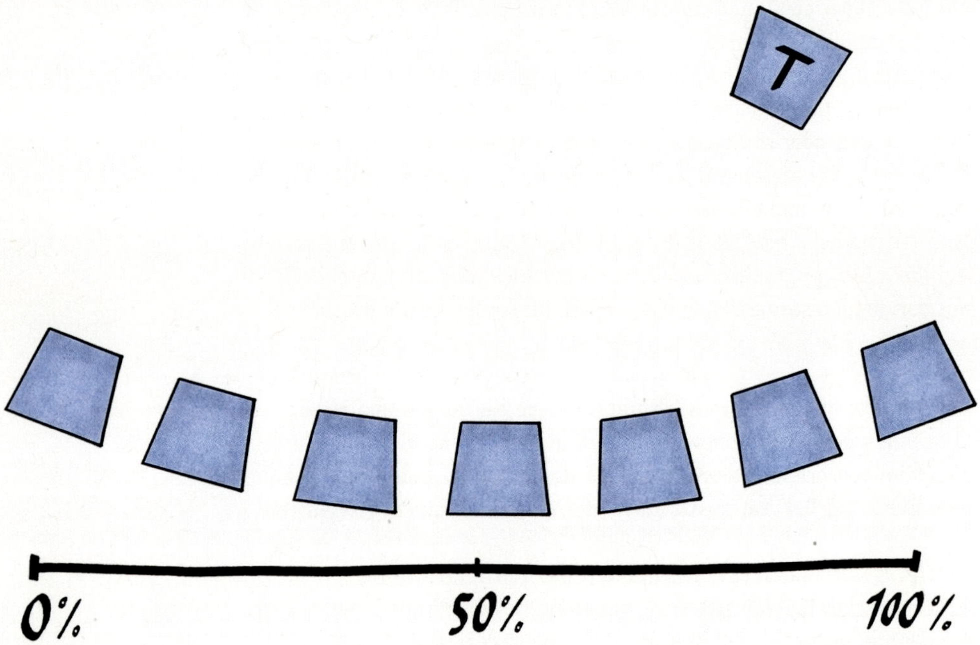

T = Trainer

Skalierung

Aufbau

Die Stühle werden zur Seite gestellt. Der Trainer verteilt auf dem Boden des Workshopraums in einem leichten Bogen die Moderationskarten mit den Skalierungswerten. Hier können zum Beispiel Prozentangaben genutzt werden (s. links).

Der Mindestabstand zwischen diesen Karten beträgt fünf Meter, bei größeren Gruppen ist größerer Abstand nötig. Anschließend stellt der Trainer eine oder mehrere Fragen und bittet die Teilnehmer, sich entsprechend ihrer individuellen Haltung auf der Skala zu positionieren. Beispielfragen:

- Wie zufrieden sind Sie mit der Durchführung der letzten Übung?
- Inwieweit wurde die besprochene Strategie umgesetzt?
- Wie schätzen Sie Ihre persönliche Motivation bei der Übung ein?

Wenn alle Teilnehmer ihre Position eingenommen haben, folgt prozessorientiert z.B. ein Gruppendialog, die Befragung einzelner Teilnehmer, kurze Seitengespräche unter Beibehaltung der gewählten Positionen oder Kleingruppenarbeit.

Hintergründe

Die Skalierungsübung sorgt für Transparenz und Klarheit: Die Meinung der Gruppe zu einem bestimmten Sachverhalt wird deutlich dargestellt. Jeder Teilnehmer definiert seinen „Standpunkt", den er nicht nur verbal, sondern auch räumlich vertritt. Die Wirkung der Übung ist daher sehr effektiv und bringt den Prozess voran. Durch die gebogene Form können sich die Teilnehmer gegenseitig sehen und der Dialog in der Auswertung wird begünstigt.

Tipps

- Je nach Fragestellung kann der Trainer, wenn vorhanden: der Co-Trainer, einzelne Aussagen auf Moderationskarten mitschreiben und sie für den weiteren Prozessverlauf nutzen.
- Da die Teilnehmer auf der Stelle stehen, kommt gruppenabhängig nach einiger Zeit Unruhe auf. In diese Situation sollte der Trainer den Prozess zum nächsten Punkt steuern oder die Teilnehmer bitten, eine U-Form mit Stühlen zu bilden, die der aktuellen Skala entspricht.

Material

- Moderationskarten

2 Kapitel

Workshopeinstieg

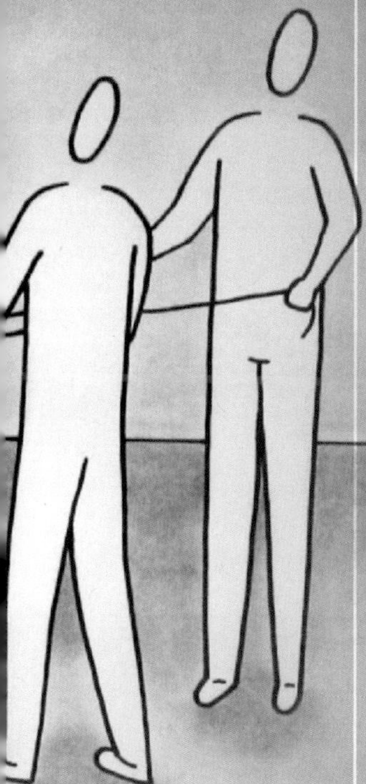

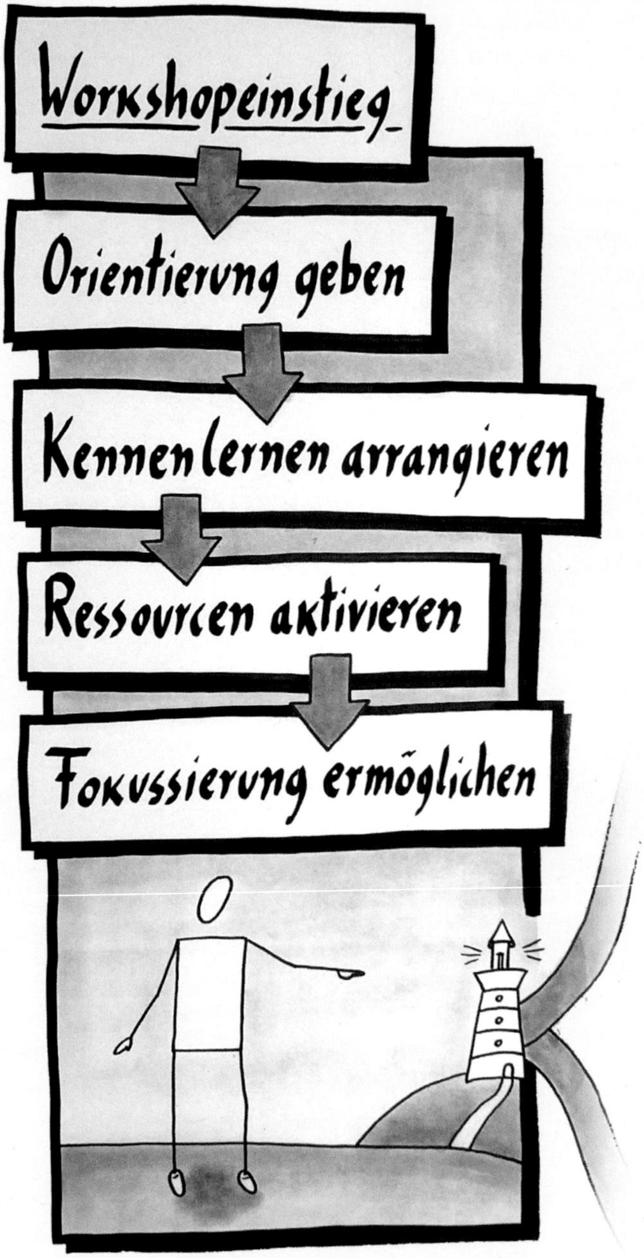
Workshopeinstieg
Orientierung geben
Kennenlernen arrangieren
Ressourcen aktivieren
Fokussierung ermöglichen

In diesem Kapitel

„Und jedem Anfang wohnt ein Zauber inne ..."
– Hermann Hesse

Bevor es mit dem eigentlichen Teamworkshop losgeht, gibt es bereits viele Kontaktmöglichkeiten zu einzelnen Teilnehmern. Deren Bedeutung ist nicht zu unterschätzen. Sobald die ersten Teilnehmer in den Veranstaltungsraum kommen, sollte der Trainer mit den Vorbereitungen fertig sein, um die Zeit für einen ersten Austausch zu nutzen. Durch die Gespräche bekommt der Trainer oft wichtige Informationen, z.B. über die Stimmung im Team, und kann mit einzelnen Personen schon einmal „warm werden". Dies sind die ersten Schritte für einen erfolgreichen Workshop, da der gelungene Beziehungsaufbau zwischen Trainer und Teilnehmern eine wichtige Basis für die entstehende Teamdynamik, den Prozessverlauf und die Workshopatmosphäre darstellt.

Zu Beginn eines Workshops braucht es vor allem Orientierung, Begegnung und Struktur. Der Trainer steht in dieser Phase im Zentrum der Aufmerksamkeit und gibt durch klares Führen vor allem Sicherheit, in der für viele ungewohnten Situation. Die in diesem Kapitel dargestellten Inhalte ermöglichen genau das:

1. „Orientierung geben" beinhaltet Erläuterungen zur Agenda, zum Zielvertrag und zur Workshopkultur

2. „Kennenlernen arrangieren" stellt Möglichkeiten dar, wie die Teilnehmer miteinander in Kontakt kommen. Hier wurden Methoden für unterschiedliche Teamkonstellationen zusammengestellt.

3. „Ressourcen aktivieren" schafft eine positive Grundlage für den Teamworkshop. Hier sind Methoden aufgeführt, die die Aufmerksamkeit darauf lenken, was im Team bereits gut funktioniert.

4. „Fokussierung" ermöglicht, Erwartungen und Teamthemen herauszufiltern. Hier sind sowohl für den Auftakt- als auch für Folgeworkshops vielseitige Methoden aufgeführt.

Für den Einstieg sollte genug Zeit eingeplant werden. Indem jeder Teilnehmer die Möglichkeit erhält, mit seinen Themen anzukommen entsteht die Grundlage für einen gelungenen, nutzbringenden Workshop.

Orientierung geben

Der Stuhlkreis ist gestellt, das Begrüßungsflipchart positioniert, auf den Stühlen liegen Schreibblöcke, Kugelschreiber und eine Süßigkeit. Getränke und Snacks stehen bereit. Die Wandplakate mit Zitaten sind im gelüfteten Raum aufgehängt. Der Rahmen passt. Die Teilnehmer sind angekommen und sitzen im Stuhlkreis: Durch ihn wird der Trainer räumlich zu einem Teil des Teams und spricht mit diesem auf Augenhöhe. Jetzt kann es losgehen!

Nun steht die Beziehungsgestaltung zwischen Trainer und Team im Fokus. Hier ist die Begrüßung ein wichtiger Schritt. Diese beinhaltet eine kurze persönliche Vorstellung des Trainers und z.B. eine kurze Zusammenfassung darüber, wie die Idee des Teamworkshops entstanden ist.

Im Anschluss stellt der Trainer die Agenda des Workshops vor und vermittelt damit einen Einblick in die zu bearbeitenden Themen. Zusätzlich erläutert er organisatorische Abläufe wie Workshopbeginn und -ende sowie Pausenzeiten. Das Vorstellen des Zielvertrages (s. S. 51) ermöglicht eine Fokussierung, auf die im Auftrag festgelegten Inhalte und einen Abgleich mit den Vorstellungen der Teilnehmer.

Zuletzt wird die Workshopkultur besprochen, um Arbeitsweise und Haltung des Trainers zu verdeutlichen und die allgemeinen Verhaltens- und Umgangsregeln aufzustellen. Wichtige Themen wie der Umgang mit Smartphones, Protokollregelungen, Verschwiegenheit etc. werden an dieser Stelle erläutert.

Die in diesem Kapitel „Orientierung geben" dargestellten Inhalte sind nach folgendem Schema aufgebaut:

1. Intro,
2. Hintergründe und
3. Tipps.

Index

Agenda
Die Agenda gibt einen Überblick über den geplanten Workshopverlauf. .... S. 47

Zielvertrag
Der Zielvertrag stellt Klarheit und Transparenz zu der inhaltlichen Ausrichtung des Teamworkshops her. .... S. 51

Workshopkultur
Durch die Erläuterung der Workshopkultur werden Arbeitsweise und Umgang innerhalb des Teamworkhops geklärt. .... S. 53

Wandplakate
Flipcharts als Wandplakate bringen zusätzliche Inspirationen in den Workshop .... S. 57

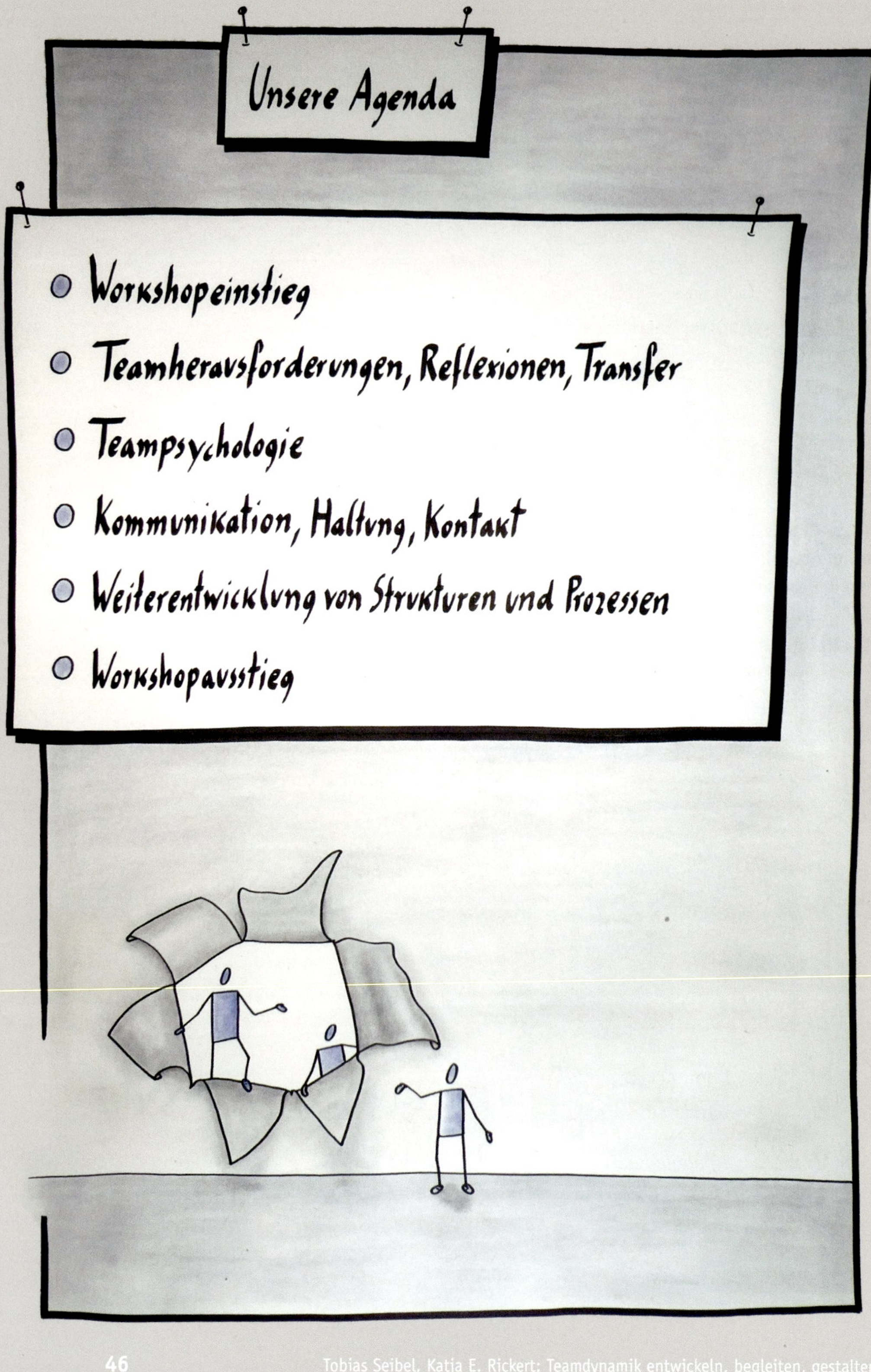
Unsere Agenda
Workshopeinstieg
Teamherausforderungen, Reflexionen, Transfer
Teampsychologie
Kommunikation, Haltung, Kontakt
Weiterentwicklung von Strukturen und Prozessen
Workshopausstieg

Agenda

„Nun gebe ich Ihnen einen Überblick über den Workshopverlauf, damit Sie eine Vorstellung haben, was Sie erwartet. Starten wir mit dem organisatorischen Rahmen. Wir werden heute von 12:00 Uhr bis 13:00 Uhr eine Mittagspause machen. Gegen 18:00 Uhr werden wir den Workshop beenden. Nach dem Abendessen treffen wir uns um 19:30 Uhr vor dem Hotel und fahren, wie angekündigt, gemeinsam zum Bowling in den Nachbarort, ca. 5 Minuten von hier. Morgen starten wir um 9:00 Uhr, die Mittagspause ist von 12:00 bis 13.00 Uhr und enden werden wir dann um 16:30 Uhr. Zwischen den Einheiten, am Vormittag und Nachmittag, werden wir immer wieder kurze Pausen nach Bedarf machen. Hier passen wir uns Ihren Wünschen und Bedürfnissen an. Passt das für Sie? Perfekt!" *Intro*

Nun kommen Sie auf das Inhaltliche zu sprechen: *„Wir werden gleich mit einer Kennenlernübung starten. Zwar arbeiten Sie täglich zusammen und kennen sich wahrscheinlich schon recht gut, aber unsere Erfahrung ist, dass es noch immer etwas gibt, was Sie nicht über Ihre Teamkollegen wissen. Ziel ist, dass Sie Neues übereinander erfahren.*

Anschließend werden wir uns Ihren Erwartungen widmen. Es ist Ihr Workshop und ich brauche Ihre ‚Leitplanken', um diesen für Sie stimmig gestalten zu können. Als Nächstes folgt eine Übung, in der es um Ihre Erfolge in den letzten 12 Monaten geht. Nach diesem Auftakt folgt eine Teamaktion. Lassen Sie sich überraschen! Nach der Auswertung dieser Aktion werden wir je nach Situation mit Übungen und Vorträgen fortfahren. Hier kann es situativ z.B. um Teampsychologie und Kommunikation gehen.

Morgen werden wir in einer Zukunftswerkstatt gemeinsam auf die Weiterentwicklung von Strukturen und Prozessen blicken." Erklären Sie, dass dabei folgende Fragen eine Rolle spielen werden:

- *„Was läuft in Ihrer Zusammenarbeit gut?*
- *Was muss verändert werden? Wo drückt der Schuh am meisten?*

Zum Abschluss des morgigen Tages werden wir uns auf jeden Fall noch einmal der wichtigen Frage widmen: ‚Wie sehen die nächsten Schritte aus?'

Das sind die geplanten Inhalte für die kommenden zwei Tage. Wie gesagt, ich passe den Workshop immer wieder, im Rahmen des Auftrages,

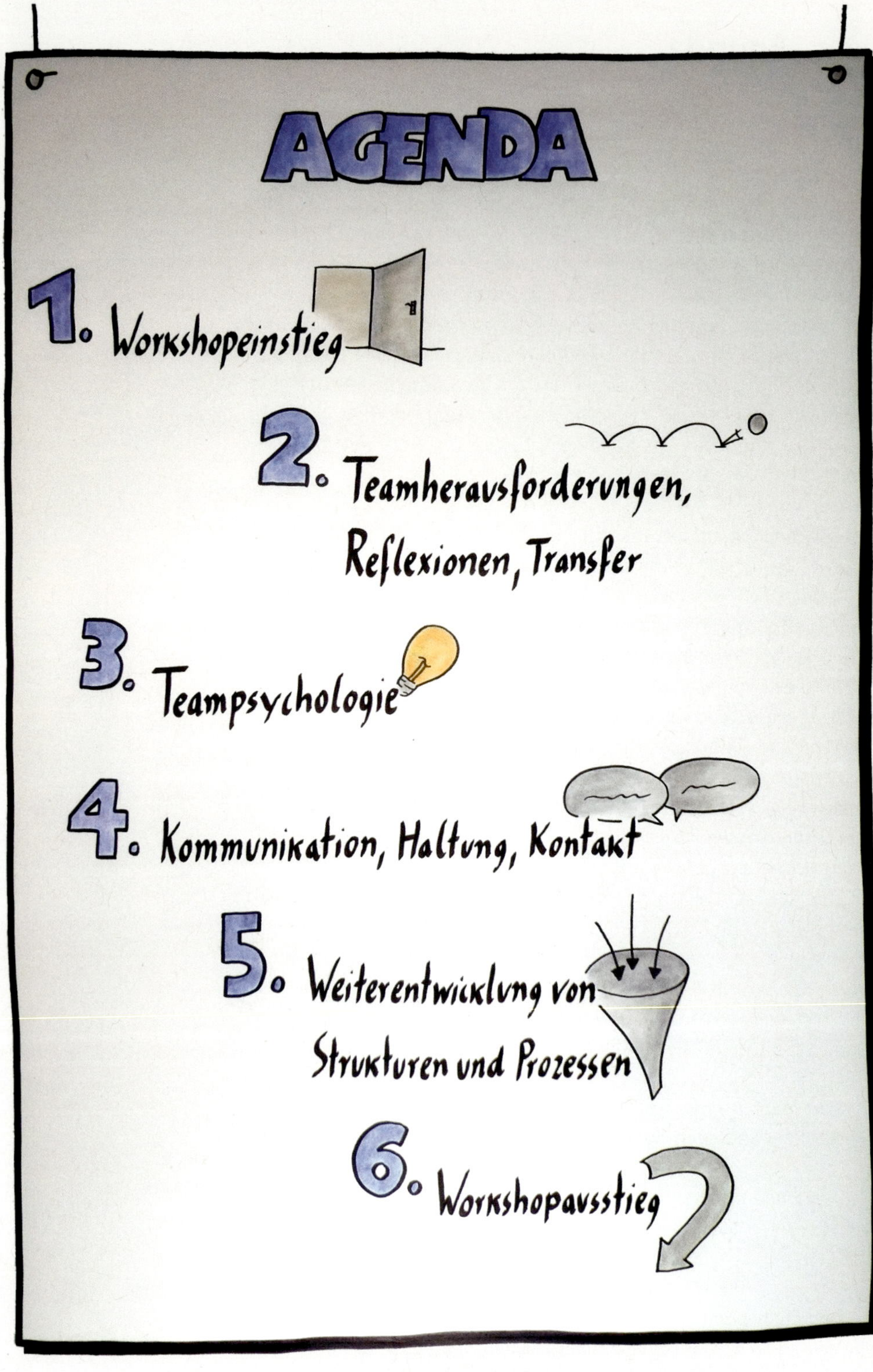
AGENDA
1. Workshopeinstieg
2. Teamherausforderungen, Reflexionen, Transfer
3. Teampsychologie
4. Kommunikation, Haltung, Kontakt
5. Weiterentwicklung von Strukturen und Prozessen
6. Workshopausstieg

Ihrem Bedarf an. Wenn sich demnach herausstellt, dass etwas anderes für Sie dienlicher ist, dann werden wir dem folgen. Haben Sie hierzu Fragen oder möchten Sie etwas ergänzen? Dann zu unserem Zielvertrag ...“ (s. S. 51).

Hintergründe

Das Vorstellen der Agenda ist in der Anfangsphase einer der zentralen Punkte. Die Erläuterung des Workshopverlaufs gibt den Teilnehmern Sicherheit und Orientierung. Sowohl die Skizzierung als auch die gezeigte wertschätzende Haltung durch den Trainer helfen den Teilnehmern, im Workshop anzukommen.

Tipps

- Für die Teilnehmer ist es hilfreich, durch ein Einladungsschreiben über Inhalte, Ziele, Ort, Workshopzeiten etc. vorab informiert zu werden.
- Damit die Agenda mehrmals verwendet werden kann, visualisieren wir die jeweiligen Workshopzeiten extra und bringen diese für alle Teilnehmer sichtbar im Workshopraum an.

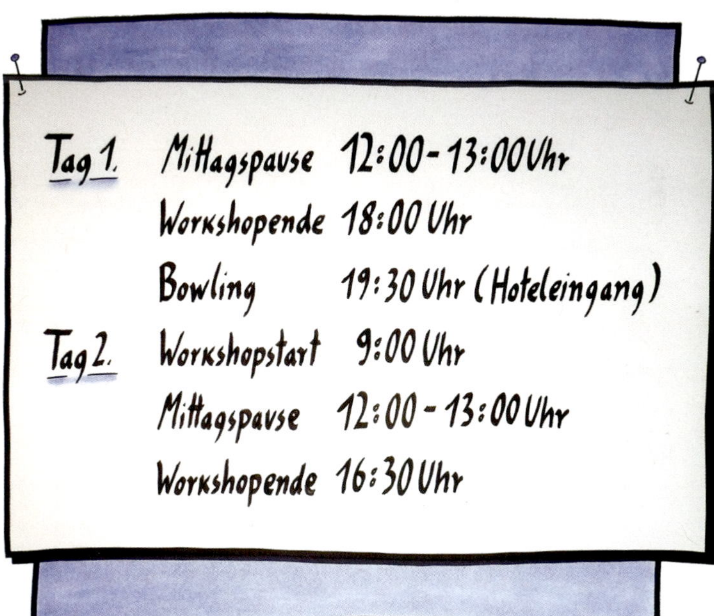

Zielvertrag
Die Weiterentwicklung
Ihrer Teamkultur
von Prozessstandards in Ihren betrieblichen Abläufen

Zielvertrag

Intro

„Es geht nun um die Zielsetzung dieses Teamworkshops. Bei den Vorgesprächen mit Herrn Müller haben sich zwei Aspekte herauskristallisiert.

- *In diesem Workshop soll es im ersten Teil darum gehen, Ihre Teamkultur weiterzuentwickeln. Dies bedeutet, einen Blick auf die Beziehungsebene zu werfen. Es ist gut, als Team immer mal wieder anzuhalten und zu schauen, wie das Miteinander im Arbeitsalltag so läuft.*
- *Im zweiten Teil werden wir auf Ihre Prozessstandards schauen. Dabei werden wir erste Ideen für deren Weiterentwicklung suchen und dann konkrete Handlungsschritte initiieren.*

Dies sind unsere zwei zentralen Themen. Durch verschiedene Übungen und Gespräche werden wir uns diesen Schritt für Schritt nähern. Dabei geben Sie als Team das Tempo vor und ich gehe im Rahmen der vorgegebenen Thematik auf Ihre Wünsche und Bedürfnisse ein. Haben Sie noch Fragen? Sind Sie alle mit dem Zielvertrag einverstanden? ... Perfekt! Dann starten wir nun mit ...“

Hintergründe

Im Vorfeld des Workshops werden die Ziele mit den Personalverantwortlichen festgelegt. Der Zielvertrag hilft dem Trainer, gegenüber den Teilnehmern Transparenz und Klarheit herzustellen, welcher Auftrag dem Workshop zugrunde liegt. Durch die Vorstellung des Zielvertrages werden die Arbeitsschwerpunkte des Teamworkshops vorgegeben. Falsche Erwartungen, die nicht Teil des Auftrags sind, werden ausgeräumt. Es wird sichergestellt, dass alle Teilnehmenden die Ausrichtung des Teamworkshops verinnerlichen.

Falls die Zielsetzung im Vorfeld bewusst offengelassen wurde, wird der Zielvertrag nach der Fokussierung mit den Teilnehmern zusammen erarbeitet.

Tipp

- Um sicherzustellen, dass jeder Teilnehmer die Ausrichtung des Workshops verinnerlicht hat, bittet der Trainer die Teilnehmer abschließend um ein zustimmendes Handzeichen (*„Sind Sie alle einverstanden?“*) oder er lässt die Teilnehmer mit ihrem Namen auf dem Flipchart unterschreiben.

Workshopkultur
Sprechen Sie an, was Sie bewegt
Sorgen Sie dafür, dass es Ihnen gut geht
Pausen / Rauchen
Themenspeicher / LOP-Liste
Protokoll
Smartphone
Wertschätzung
Vertraulichkeit
Lösungsorientiert
Freiwilligkeit

Workshopkultur

Intro

„Einige Sätze zur Arbeitsweise und zu dem Miteinander in diesem Workshop: Zunächst ist es mir wichtig, dass Sie ansprechen, was Sie bewegt. Sei es, dass Sie eine inhaltliche Frage haben oder Ihnen ein Thema auf der Seele brennt. Dieser Teamworkshop lebt davon, dass Sie sich mit Ihren Ideen, Wünschen und Anliegen einbringen. Ich gebe Ihnen den Rahmen und Sie füllen diesen mit Ihren Inhalten und Gedanken. Dann ist mir wichtig, dass es Ihnen gut geht und Sie direkt mitteilen, wenn Sie etwas brauchen. Gerade bei langen Diskussionen und Entscheidungsfindungen sind Pausen für ein gutes Ergebnis wichtig. In der Regel werden wir nach ein bis zwei intensiven Workshopeinheiten eine Pause machen. Wenn Sie merken, dass für Sie eine Pause sinnvoll ist, dann bringen Sie das gerne ein.

Für Themen, die in den Vordergrund kommen, allerdings nicht bearbeitet werden können, haben wir den Themenspeicher. Das heißt, wir schreiben diese Themen auf ein Flipchart, sodass sie nicht in Vergessenheit geraten. Außerdem haben wir noch die LOP-Liste, die ‚Liste offener Punkte‘ (vgl. S. 253). *Wenn es Arbeitsaufträge für die Zeit nach dem Workshop gibt, werden wir diese dort eintragen. Im Anschluss an die Veranstaltung erstelle ich für Sie ein Protokoll mit allen Flipcharts und entstandenen Pinnwänden. Das bedeutet für Sie, dass Sie diese Inhalte nicht mitschreiben müssen.“*

Kommen Sie auf die Grundregeln des Miteinanders zu sprechen: *„Mir ist ein wertschätzender Umgang besonders wichtig. Dazu gehört z.B., den anderen aussprechen zu lassen. Alles, was wir besprechen, bleibt innerhalb des Teams, außer wir legen gemeinsam konkret fest, welche Sachverhalte kommuniziert werden. Möglichst lösungsorientiert zu arbeiten, ist für mich ein bedeutsamer Bestandteil des Workshops. Nur so ist Weiterentwicklung möglich. Alles, was hier im Workshop passiert, also was Sie beitragen, an welcher Übung Sie teilnehmen, beruht auf dem Prinzip der Freiwilligkeit.*

Last but not least: Ich freue mich, wenn Sie Ihr Smartphone erst nach dem Workshop wieder einschalten. Müssen Sie allerdings erreichbar sein, z.B. weil Sie kranke Kinder zu Hause haben, dann dürfen Sie es selbstverständlich auch eingeschaltet lassen, können es aber vielleicht auf lautlos stellen. Sind Sie mit allen Punkten einverstanden? Dann sind Sie nun in der Hauptrolle!“

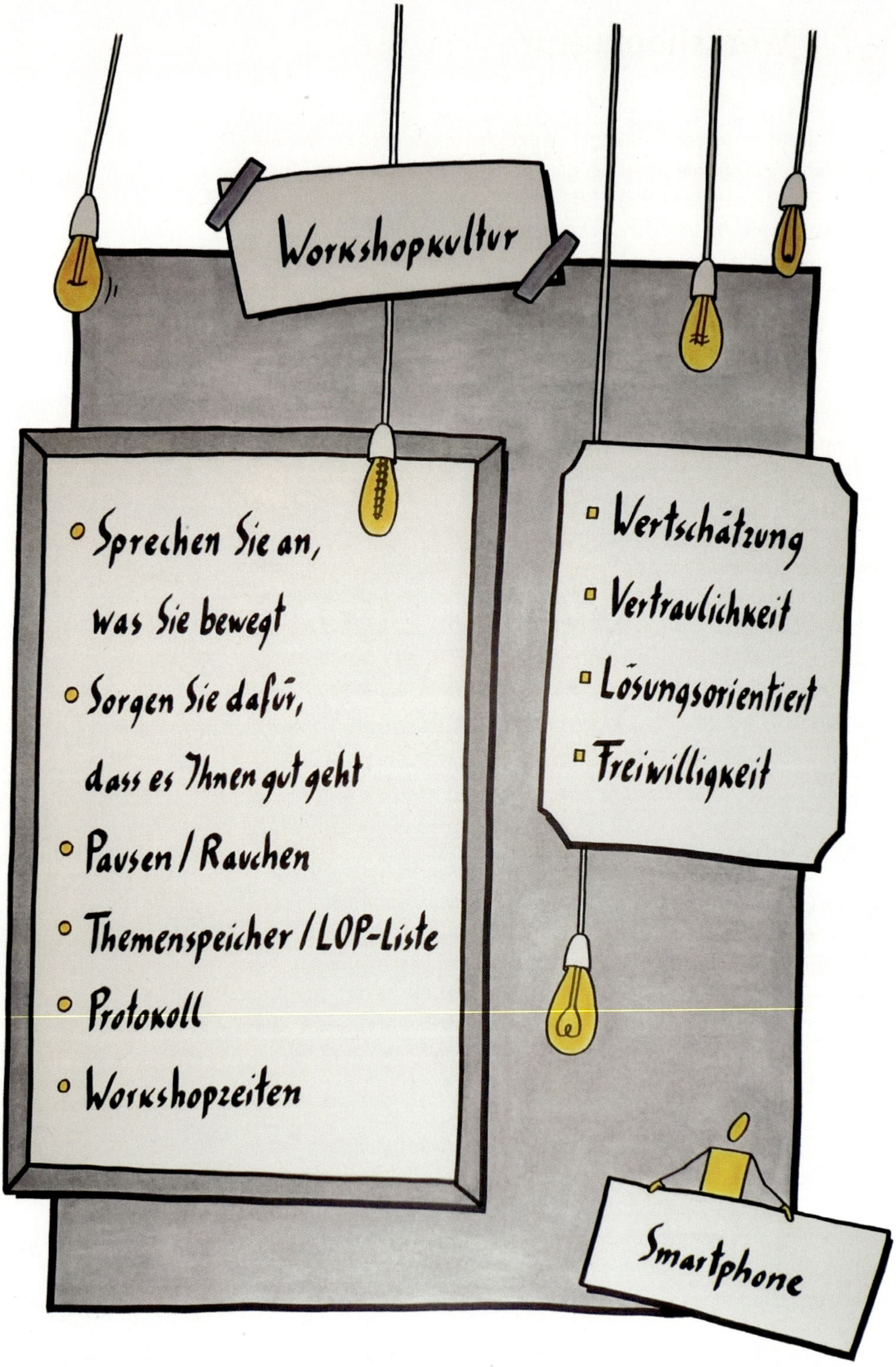
Workshopkultur
Sprechen Sie an, was Sie bewegt
Sorgen Sie dafür, dass es Ihnen gut geht
Pausen / Rauchen
Themenspeicher / LOP-Liste
Protokoll
Workshopzeiten
Wertschätzung
Vertraulichkeit
Lösungsorientiert
Freiwilligkeit
Smartphone

Hintergründe

Die Besprechung der Workshopkultur gibt den Teilnehmern eine erste Orientierung und damit Sicherheit, um sich gut auf den teamdynamischen Prozess einlassen zu können. Gleichzeitig tritt der Trainer mit seiner Haltung und seinen Prinzipien hervor und wird dadurch für die Teilnehmer transparenter.

Tipps

- Fragen Sie nach der Vorstellung, ob jemand noch eine Ergänzung hat. Manchmal gibt es teamspezifische Besonderheiten, wie z.B. Pünktlichkeit. Diese können durch einen Statty (selbstklebende Moderationskarte) auf dem Flipchart ergänzt werden. Hierdurch bleibt dieser wiederverwendbar.
- Anstatt die Workshopkultur vorzugeben, kann diese auch mit dem Team gemeinsam erarbeitet werden. Dies ist insbesondere für Teilnehmer sinnvoll, die kaum Workshoperfahrung mitbringen. Die gemeinsame Erarbeitung fördert das Vertrauen in den Trainer und in das Team.
- Hängen Sie das Flipchart nach der Vorstellung in den Workshopraum. So können Sie sich leichter im Workshop auf die Regelungen beziehen.

Mit einer Hand lässt sich kein Knoten knüpfen

Wandplakate

Hintergründe

Als Unterstützer für den Lernprozess eignen sich Wandplakate. Durch sie können Impulse zu den Inhalten des Teamworkshops gegeben werden. Hier werden Zitate, Kurzgeschichten und andere Impulse visualisiert und im Workshopraum angebracht. Die Wahl der Zitate gibt den Teilnehmern indirekt Aufschluss über die Haltung und Lebenseinstellung des Trainers. Auch hier gibt der Trainer dem Teamworkshop seine ganz persönliche Note.

Tipps

- Die Wandplakate können in Postkartenformat als Begrüßungsimpuls auf die Plätze der Teilnehmer gelegt werden.
- Diese Postkarten eignen sich ebenfalls als Abschiedsgeschenk.

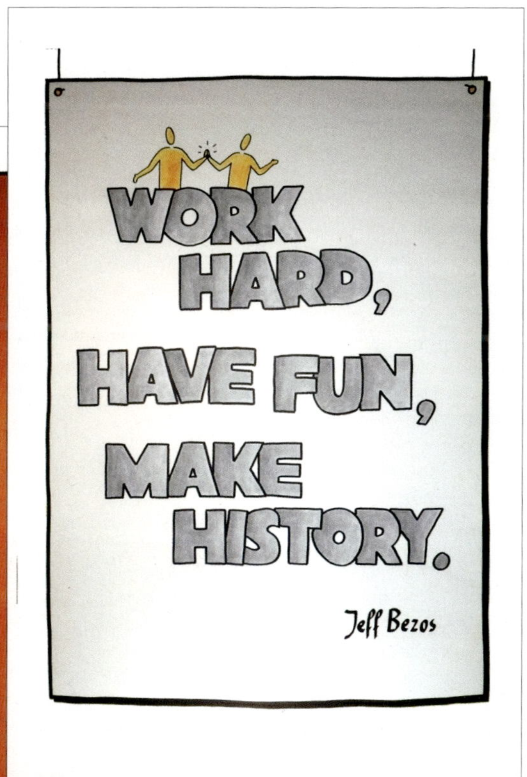

Kennenlernen arrangieren

Kennenlernübungen bringen die Teilnehmer einander näher: Sie nehmen Gemeinsamkeiten wahr, entdecken neue Seiten am anderen und entwickeln mehr Verständnis füreinander. Die Erfahrung zeigt, dass die einzelnen Personen sich mehr einbringen und für sie wichtige Themen eher ansprechen, wenn diese Phase stimmig durchlaufen wurde.

Jedes Teammitglied bekommt in diesem Workshopabschnitt die Gelegenheit, wichtige Aspekte der eigenen Persönlichkeit und des eigenen Lebens den anderen mitzuteilen. Die Auswahl der Methode gibt den Rahmen vor, der Teilnehmer entscheidet über Umfang und Inhalt seines persönlichen Beitrags. Ab diesem Zeitpunkt übernimmt der Einzelne Mitverantwortung für den Verlauf und das Gelingen des Teamworkshops.

Die Methoden sollten je nach der Dauer der bisherigen Zusammenarbeit ausgewählt werden. Bei „neuen Teams" bieten sich Übungen wie „Lebensfaden" oder „Hypothetisieren" an. Diese schaffen eine breite Kennenlernbasis. Wenn Teams schon lange zusammenarbeiten, sollten spezifischere Themen zu Tage kommen. Hier bietet sich z.B. „Inspiration" und „UNO-Kennenlernen" an.

Weitere Aspekte wie Ausbildungshintergrund und die Branche der Teilnehmer, die Teamgröße und die Workshoperfahrung des Teams sind ebenso eine wichtige Grundlage für die Auswahl. In der Kurzbeschreibung und den Hintergründen einer jeden Methode werden hierzu weitere Hilfestellungen gegeben.

Es lohnt sich, darüber hinaus zwei oder drei verschiedene Methoden parat zu haben, um flexibel auf die Situation im Workshop reagieren zu können.

Index

Inspiration
Eine kurze Kennenlernübung für Teams, die schon länger zusammenarbeiten. Die Teilnehmer zeichnen gegenseitig ein Porträt und beantworten drei vorgegebene Fragen. .... S. 61

Die Zeitungsanzeige
Eine intensive Übung, bei der gegenseitig Anzeigen formuliert werden, in denen es darum geht, neue Menschen kennenzulernen. .... S. 63

Hypothetisieren
Eine Kennenlernübung für Teams, die bisher noch keinen oder wenig Kontakt hatten. In Kleingruppen werden Hypothesen zu jedem Mitglied aufgestellt und im Anschluss durch dieses aufgelöst. .... S. 65

5 Dinge, die mich ausmachen
Eine Kennenlernübung bei der die Teilnehmer ihre Charaktereigenschaften in fünf Kontexten ausdrücken. .... S. 67

Mein Lebensfaden
Die Teilnehmer visualisieren wichtige Abschnitte ihres Lebens. ... S. 69

UNO-Kennenlernen
Eine abwechslungsreiche Kennenlernübung für Großgruppen. Die Teilnehmer erhalten zwei Spielkarten, denen jeweils bestimmte persönliche Fragen zugeordnet sind. .... S. 71

7 x ICH
Eine amüsante und intensive Kennenlernübung. Alle vervollständigen je zwei „zugeloste" Satzanfänge. .... S. 73

Die Ü-Ei-Vorstellung
Eine auflockernde Kennenlernübung mit Ü-Ei-Assoziation.......... S. 75

Meine Apps
Eine kurze Kennenlernübung, bei der die Teilnehmer ihre drei wichtigsten Smartphone-Apps im Plenum präsentieren. .... S. 77

Inspiration
1. Zeichnen Sie Ihr Gegenüber
2. Stellen Sie folgende Fragen:
▷ Was würden Sie auf eine einsame Insel mitnehmen?
▷ Mit was könnte man Ihnen eine Freude machen?
▷ Was möchten Sie in diesem Leben auf jeden Fall noch machen?

Inspiration

Aufbau

Die Teilnehmer finden sich zu zweit zusammen. Jedes Paar hat nun die Aufgabe, ein kreatives Bild von seinem Gegenüber zu zeichnen und im Anschluss daran, seinem Partner die drei vorgegebenen Fragen zu stellen. Abschließend stellen die Teilnehmer ihr Gemälde und die drei Antworten ihres Übungspartners im Plenum vor.

Intro

„Sie arbeiten schon eine ganze Weile als Team zusammen und kennen sich wahrscheinlich sehr gut. Ich möchte Sie daher nun zu einer meiner liebsten Übungen einladen, bei der Sie Ihren Übungspartner ggf. noch von einer anderen Seite kennenlernen können. Es geht um Ihre künstlerischen Fähigkeiten. Hier in meiner Hand habe ich DIN-A4-Blätter und Stifte. Sie tun sich gleich zu zweit zusammen und haben die Aufgabe, von ihrem Übungspartner ein Bild anzufertigen. Keine Angst, ich versichere Ihnen, jeder von Ihnen kann zeichnen. Sie werden von ihren Ergebnissen überrascht sein. Nach der Anfertigung des Porträts besteht Ihre Aufgabe darin, Ihrem Partner folgende Fragen zu stellen: ‚Was würden Sie auf eine einsame Insel mitnehmen? Mit was könnte man Ihnen eine Freude machen? Was wollen Sie in diesem Leben auf jeden Fall noch machen?‘ In 20 Minuten treffen wir uns wieder hier im Plenum und Sie stellen Ihre Kunstwerke und Ihren Partner vor. Nun zur Einteilung ... Ich wünsche Ihnen viel Spaß – lassen Sie sich inspirieren.“

Hintergründe

Diese Methode lohnt sich insbesondere, wenn das Team sich bereits gut kennt, da viele neue Aspekte zum Vorschein kommen können. Das Malen bzw. Zeichnen bringt Leichtigkeit und gute Stimmung in den Workshopraum.

Tipp

- Die gemalten Bilder können mithilfe einer Schnur und kleinen Wäscheklammern an einer Pinnwand aufgehängt werden. Sie sind dann während des gesamten Workshops sichtbar.

Material

- DIN-A4-Blätter (alternativ Moderationskarten), Klemmbretter als Unterlage, Stifte, Wäscheklammern, Schnur, zwei Pinnnadeln zur Befestigung der Schnur

Die Zeitungsanzeige
Formulieren Sie für Ihren
Nachbarn eine Anzeige
Situation: Der Umzug in eine neue Stadt
Ziel: Neue Leute kennen lernen

Die Zeitungsanzeige

Aufbau

Die Teilnehmer werden vom Trainer in Zweierteams eingeteilt und bekommen die Aufgabe, eine Zeitungsanzeige für ihr Gegenüber zu schreiben. Sie gehen dabei von der Situation aus, dass ihr Partner in eine neue Stadt umzieht und neue Menschen kennenlernen möchte. Die Ergebnisse werden anschließend nacheinander in einer Runde präsentiert.

Intro

„Nachdem Sie sich nun zu zweit zusammengefunden haben, ist es Ihre Aufgabe, eine Zeitungsanzeige für Ihren Übungspartner zu formulieren. Gehen Sie von der Situation aus, dass er oder sie in eine neue Stadt gezogen ist und neue Menschen kennenlernen möchte. Bitte tauschen Sie sich über Ihre Interessen, Freizeitaktivitäten, Vorlieben und was Ihnen sonst noch wichtig ist aus. Während des Gesprächs sollten Sie herausfinden, welcher Typ die andere Person ist, welche Vorlieben sie hat – schlicht, was sie als Person kennzeichnet. Für den Austausch haben Sie 20 Minuten Zeit.

Anschließend formulieren Sie die Zeitungsanzeige für Ihren Partner. Dieses kann in Textform oder in Stichpunkten geschehen. Hierfür haben Sie weitere 10 Minuten Zeit. Abschließend werden die Bekanntschaftsanzeigen im Plenum rezitiert. Gehen Sie nun bitte in den Austausch. Ich gebe Ihnen ein Signal, wenn die ersten 20 Minuten sich dem Ende neigen, sodass Sie dann mit der Zeitungsanzeige loslegen können. Na dann los!"

Hintergründe

Auch wenn das Format einer Zeitungsanzeige ein wenig „retro" wirkt, bringt diese Übung einen intensiven Austausch und bei den meisten Gruppen sehr viel Humor in dem Workshop.

Tipp

- Je nach Situation können die Bekanntschaftsanzeigen im Workshopraum aufgehängt werden.

Material

- DIN-A4-Blätter (alternativ Moderationskarten), Klemmbretter als Unterlage, Stifte, ggf. Pinnwand zum Aufhängen der Anzeigen

Hypothetisieren
1. Zeitwächter festlegen
2. Wer möchte starten
3. Sie hypothetisieren z.B. über:
Beruf
Talente
Eigenschaften
Hobbys
4. Auflösung
wechseln

Hypothetisieren

Aufbau

Je nach Gruppengröße werden die Teilnehmer in Dreier- oder Vierergruppen eingeteilt. Die Kleingruppen wählen zunächst innerhalb ihrer Gruppe einen Zeitwächter. Danach werden über ein vorher bestimmtes Gruppenmitglied Hypothesen gebildet: Welche Hobbys, Eigenschaften oder Talente fallen den Teilnehmern zu diesem Gruppenmitglied ein? Diese Person hört zunächst nur zu. Erst nachdem alle Mitglieder der Kleingruppe ihre Hypothesen formuliert haben, löst die betreffende Person die Hypothesen auf. Die Übung wird fortgeführt, bis alle Teilnehmer an der Reihe waren.

Intro

„Nachdem nun die Gruppen feststehen, benennen Sie zunächst einen Zeitwächter für Ihre Dreiergruppe. Dann besprechen Sie sich, wer aus Ihrer Gruppe zuerst im Fokus stehen möchte. Anschließend ist es Ihre Aufgabe, Hypothesen – also Vermutungen – zu dieser Person aufzustellen. Welche Eigenschaften oder Hobbys könnte sie haben? Wie sah der Berufsweg aus und welche Hypothesen fallen Ihnen sonst noch zu ihr ein? Die Person, um die es geht, hört nur zu und versucht, mimisch neutral zu bleiben. Wenn Sie alle ihre Hypothesen benannt haben, löst die betroffene Person diese auf. Sie haben inklusive Auflösung pro Person 10 Minuten Zeit. Anschließend wird gewechselt und ebenso fortgefahren bis Sie alle an der Reihe waren. Haben Sie Fragen? ... Dann treffen wir uns in 30 Minuten wieder hier im Plenum."

Hintergründe

Diese Übung eignet sich gut für Teams, deren Mitglieder auf unterschiedliche Standorte verteilt sind. Oft haben diese Personen aufgrund ihrer vorherigen telefonischen oder E-Mail-Kontakte viele Bilder und Ideen von ihren Kollegen, die sie nutzen können. Sie bringt eine große Offenheit in die Gruppe und stärkt die Feedbackkultur. Darüber hinaus dient sie jedem Einzelnen beim Abgleich des Selbst- und Fremdbildes.

Tipp

- Die Methode eignet sich besonders gut als Einstieg in das Kennenlernen. Nach dieser Übung ist es sinnvoll, noch eine weitere Übung in der Großgruppe anzuschließen. Hier passt z.B. aufgrund des geringen weiteren Zeitaufwandes die Ü-Ei-Vorstellung (s. S. 75).

5 Dinge, die mich ausmachen
Ich als:
Pflanze
Tier
Landschaft
Jahreszeit
Auto
auf Moderationskarten
10 Minuten Austausch

5 Dinge, die mich ausmachen

Aufbau

Die Teilnehmer überlegen 10 Minuten in einer Einzelarbeit, welche Pflanze, Jahreszeit, Landschaft ... sie aufgrund ihres Charakters und ihrer Eigenschaften wären. Sie schreiben ihre Antworten auf jeweils eine Moderationskarte und präsentieren diese im Anschluss im Plenum.

Intro

„Nun geht es darum, dass Sie sich besser kennenlernen. Mir ist bewusst, dass Sie schon jahrelang zusammenarbeiten und bestimmt schon viel voneinander wissen. Deshalb habe ich Ihnen eine besondere Übung mitgebracht. In dieser geht es darum, Ihre Eigenschaften und Ihre Charakterzüge in einem anderen Kontext zu betrachten. Angenommen Sie wären eine Pflanze oder eine Landschaft, welche Pflanze oder Landschaft wären Sie dann? Welche Jahreszeit passt am besten zu Ihnen? Welches Auto charakterisiert Sie als Person am ehesten? Und welches Tier würde Sie symbolisieren?

Wichtig ist, dass Sie Ihre Wahl begründen. Dazu ein Beispiel von mir: Wenn ich eine Pflanze wäre, dann wäre ich eine Eiche, denn diese ist wie ich tief verwurzelt. Ich denke was mich ausmacht, ist, das ich bei jedem Sturm stehen bleibe, aufrecht bin und anderen Halt biete. Nehmen Sie sich nun fünf Moderationskarten und schreiben Sie jeden Punkt auf eine Karte. Bei der anschließenden Präsentation bringen wir alle Karten an einer Pinnwand an. Haben Sie Fragen? Sie haben nun 10 Minuten Zeit. Los geht's.“

Hintergründe

Durch die Übung wird der thematische Raum für Rollen, Verhalten und Beziehungen im Team geöffnet. Sie eignet sich insbesondere, wenn es im Workshop um diese Schwerpunkte geht. Die Teammitglieder beschäftigen sich mit ihrem Selbstbild und bekommen bei der anschließenden Präsentation ein unmittelbares Feedback durch das Verhalten und die Reaktionen der anderen Teilnehmer.

Tipp

- Durch die Art und Weise, wie der Trainer das Übungsbeispiel (siehe Intro) vorträgt, wird der atmosphärische Rahmen vorgegeben. Hier kann sowohl Intensität und Offenheit als auch Leichtigkeit und Humor in den Workshop gebracht werden.

Material

- Moderationskarten, Moderationsstifte, Pinnwand

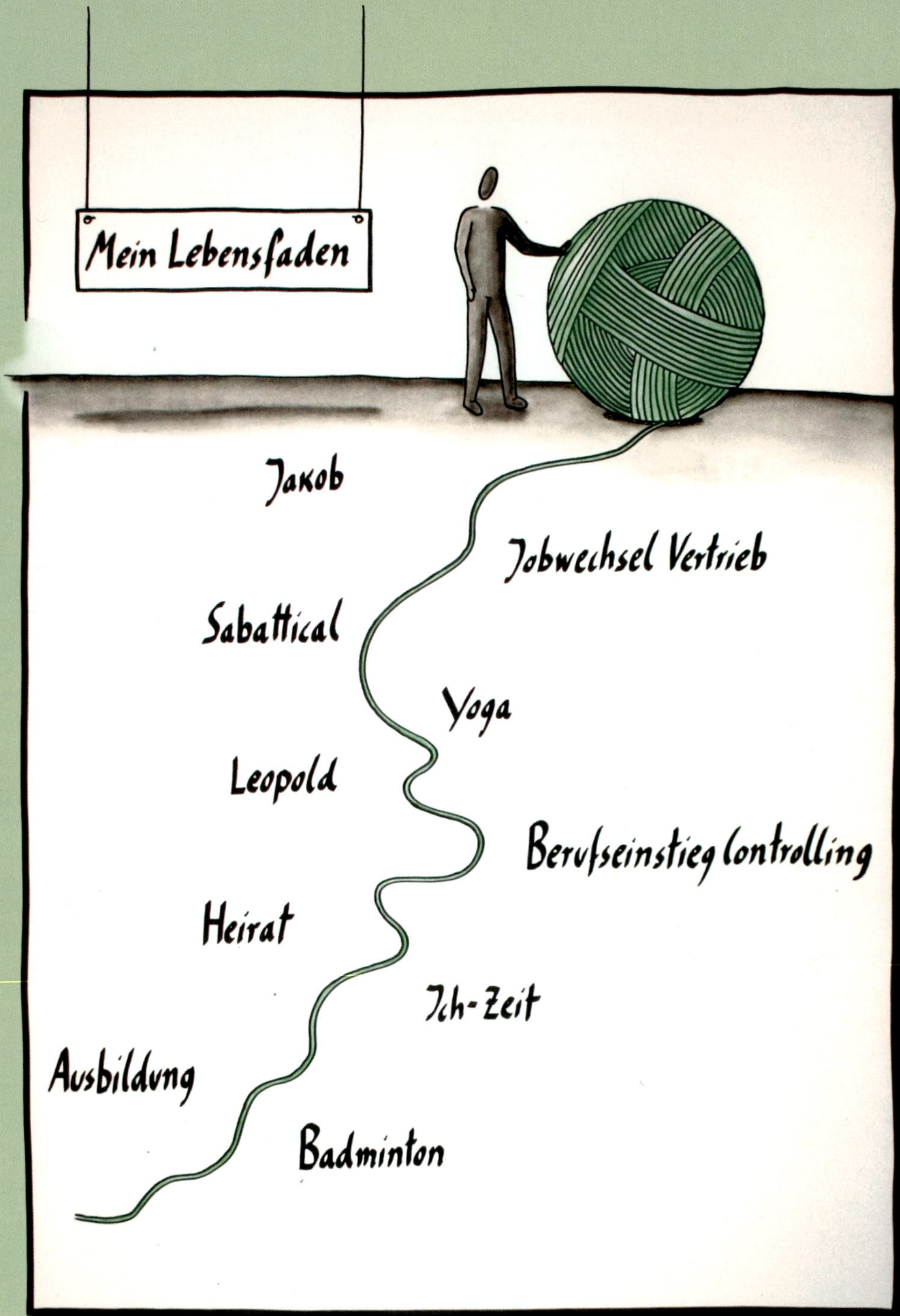
Mein Lebensfaden
Jakob
Jobwechsel Vertrieb
Sabattical
Yoga
Leopold
Berufseinstieg Controlling
Heirat
Ich-Zeit
Ausbildung
Badminton

Mein Lebensfaden

Aufbau

Die Methode ist besonders wirksam, wenn zu zweit gearbeitet wird. Nacheinander erzählen die Teilnehmer aus ihrem Leben und visualisieren wichtige Punkte auf einem Flipchart. Sinnvoll ist der Hinweis, dass nur die Themen auf die Flipcharts geschrieben werden, die für den betreffenden Teilnehmer stimmig sind und die in die Workshopsituation passen. Die Teilnehmer starten bei ihrer Ausbildung oder Studium mit ihrem Lebensfaden. Anschließend findet im Plenum die Präsentation statt.

Intro

„Unser Lebensweg erklärt ein Stück weit, was uns geprägt hat, was uns wichtig ist und letzten Endes, wer wir sind. Die Kenntnisse übereinander sind ein wichtiger Baustein in einer guten Zusammenarbeit. Wir starten nun mit der Übung ‚Lebensfaden': Schließen Sie sich zu zweit zusammen und erzählen Sie sich nacheinander von den wichtigsten Stationen und Ereignisse Ihres Lebens. Visualisieren Sie diese Punkte auf jeweils einem Flipchart. So wie in unserem Beispiel hier vorne. Es geht darum, was bisher Ihre wichtigsten Lebensabschnitte waren. Was ist für Sie im Rückblick von besonderer Bedeutung? Was oder wer hat Ihren Lebensweg beeinflusst? Besonders wichtig ist uns, dass Sie nur die Themen auf Ihr Flipchart bringen, die Sie für Ihr Team, für das Ziel in diesem Workshop, wichtig finden. Kommen wir nun zur Aufteilung der Partner ..."

Wenn alle Teilnehmenden neben ihrem Partner stehen, folgt noch folgende Ergänzung: *„Starten Sie bitte Ihren Lebensfaden bei Ihrer Ausbildung bzw. Studium. Sie können den Lebensfaden auf Flipchart visualisieren und mit Begriffen oder Symbolen versehen. In der Gestaltung sind Sie frei. Wir starten mit den Vorstellungen im Plenum um 11:15 Uhr."*

Hintergründe

Diese Übung gibt Raum für viel Selbstoffenbarung, wenn das einzelne Teammitglied dies möchte. Mit ihr wird zum Einstieg in den Workshop der Teamprozess gezielt auf die Beziehungsebene gelenkt.

Tipp

- Die Übung sollte maximal bis zu einer Teamstärke von acht Teilnehmern durchgeführt werden. Sonst wird sie schnell in der Präsentationsphase im Plenum zu lang.

Material

- DIN-A3-Blätter (besser Flipcharts) und Moderationsstifte

UNO-Kennenlernen
1 Was war Ihr schönstes Geschenk?
2 Welches Buch begeistert Sie?
3 Was schätzen Sie an dem Ort, an dem Sie leben?
4 Wofür können Sie sich begeistern?
5 Was haben Sie als letztes gekocht?
6 Freie Fragenauswahl!
2

UNO-Kennenlernen

Aufbau

In der Vorbereitung sortiert der Trainer die Karten mit den Nummern 1–6 aus einem UNO-Kartenspielsatz aus. Im Workshop beginnt die Übung mit dem Austeilen von zwei Karten an jeden Teilnehmer. In einer Runde sagen diese im Anschluss zuerst ihren Namen und beantworten je nach erhaltenen Nummern die auf dem Flipchart aufgeführten Fragen. Bei einer 6 darf sich der Teilnehmer eine Frage aussuchen. Wenn jemand zweimal die gleiche Karte hat, ebenso.

Intro

„Nun möchte ich Ihnen die Möglichkeit geben, sich besser kennenzulernen. Hierfür erhält jeder von Ihnen zwei Karten von mir. Auf jeder Karte steht eine Zahl von 1 bis 6. Jede Zahl steht für eine Frage auf dem Flipchart. Wir machen nun eine Runde und jeder von Ihnen sagt bitte für mich zuerst seinen Namen, bevor Sie Ihre zwei Fragen beantworten. Bei der Nummer 6 dürfen Sie die Frage frei wählen. Falls Sie zweimal die gleiche Karte haben, können Sie sich die zweite Frage ebenfalls aussuchen. Würden Sie starten, Herr Peters?“

Hintergründe

Da immer wieder unterschiedliche Antworten gegeben werden, hat sich diese Methode gerade in Großgruppen sehr bewährt. Denn durch das Vorgehen ist Abwechslung auch bei längeren Runden gegeben. Ebenso eröffnet diese Methode in Gruppen, die sich bereits länger kennen, neue Aspekte an einzelnen Teammitgliedern.

Tipps

- Je nach Ausrichtung des Workshops können die zugeordneten Fragen ebenso themenspezifischer formuliert werden, wie z.B: Dauer der Unternehmenszugehörigkeit, berufliche Schwerpunkte, Erfahrungen mit Projektmanagement etc.
- Indem die Karten von Anfang an auf dem Stuhl liegen, kann der Trainer einen zusätzlichen Spannungsbogen schaffen.
- Je nach Zeitplan, kann die Übung kürzer (jeder Teilnehmer erhält nur eine Karte) oder länger gestaltet werden (jeder Teilnehmer erhält drei Karten).

Material

- Ein UNO-Kartenset

7xICH
Ich genieße...
Ich wünsche...
Ich will...
Ich liebe...
Ich bin...
Ich hasse...
Ich fühle...

7 x ICH

Aufbau

Der Trainer bereitet im Vorfeld Spielfiguren entsprechend der Gruppengröße vor, in gelb, orange, rot, grün, grau, blau und schwarz. Im Workshop lässt er zuerst jeden Teilnehmer zwei Figürchen aus einem Beutel ziehen. Hierbei steht jede Farbe für eine Figur auf dem Flipchart. Die Aufgabe ist es nun, nach der Nennung des Namens abhängig von den gezogenen Figuren die aufgeführten Satzanfänge zu vervollständigen. Der Trainer beginnt und dann folgen reihum die Teilnehmenden.

Intro

„Ich habe Ihnen eine Übung zum Einstieg mitgebracht, durch die Sie vielleicht noch einmal neue Aspekte an Ihren Kollegen und Kolleginnen erleben. Sie alle haben zwei Figuren erhalten. Deren Farbe entspricht der Farbe der Figuren auf dem Flipchart. Ich möchte Sie nun bitten, erst kurz Ihren Namen zu sagen und sich dann entsprechend Ihrer gezogenen Figur vorzustellen. Wenn Sie nichts dagegen haben, werde ich den Anfang machen. Ich habe die Farben Orange und Grau. Orange: Ich genieße es, am Wochenende früh aufzustehen, weil dann meine Familie noch schläft und ich Zeit für mich habe. Grau: Ich will unbedingt einmal den Jakobsweg pilgern, weil ich erleben möchte, was eine solche Pilgerreise bei mir bewirkt. Haben Sie noch Fragen zur Übung? Wir starten heute links herum!"

Hintergründe

Die gewählte Ich-Form bei den Formulierungen bietet den Teilnehmern die Möglichkeit, persönliche Aspekte mitzuteilen. Die Satzanfänge lassen jedem Einzelnen die Entscheidungsfreiheit, inwieweit er persönliches oder privates berichten möchte, da jeder Satz auch mit einer banalen Aussage fortgesetzt werden kann. Da die Teilnehmenden unterschiedliche Satzanfänge haben, bleibt diese Übung bis zum Ende interessant und spannend.

Tipp

- Hat das Team über 10 Teammitglieder, reicht ein Figürchen pro Teilnehmer mit Blick auf die Dauer der Runde.

Material

- Spielfiguren nach Gruppengröße in gelb, orange, rot, grün, grau, blau und schwarz.

Die Ü-Ei Vorstellung
1. Ihr Name
2. Was Sie zu sich erzählen mögen
3. Die Überraschung und ich

Die Ü-Ei-Vorstellung

Aufbau

Der Trainer zelebriert die Verteilung der Überraschungseier an jeden Teilnehmer. Danach werden die Teilnehmer gebeten, ihr Ei auszupacken und den Inhalt ggf. zusammenzubauen. In einer Vorstellungsrunde nennen dann die Teilnehmer ihren Namen, was sie über sich berichten möchten und stellen eine Assoziation zu ihrem Ü-Ei her.

Intro

„Ich möchte Sie nun einladen, sich ein Überraschungsei zu nehmen. Bitte öffnen Sie das Ei und bauen Sie ggf. den Inhalt zusammen. Diejenigen, die die Schokolade nicht möchten, finden sicherlich einen Abnehmer. Wenn alle ‚Bauarbeiten' beendet sind, beginnen wir mit der Vorstellungsrunde. Bitte sagen Sie dann Ihren Namen, was Sie zu sich erzählen möchten und was der Inhalt Ihres Überraschungseis mit Ihnen zu tun hat."

Nachdem die Teilnehmenden fertig sind, beginnt der Trainer mit der Runde: *„Mein Name ist Marie Müller. Ich bin 33 Jahre alt, verheiratet, habe einen Sohn und zwei Töchter. Ich bin begeisterte Chorsängerin und klettere. Meine Überraschung ist ein Fahrrad. Das ist mein drittes Hobby: Ich fahre sehr gerne Mountainbike und habe auch schon spannende Urlaube auf dem Drahtesel verbracht."*

Hintergründe

Durch die Einbeziehung des Überraschungseis bekommt die Phase Leichtigkeit, Witz und Humor. Somit kann eine positive Grundstimmung für den Workshop initiiert werden.

Tipp

- Wenn Sie das Gefühl haben, das die Kreativität bzgl. der Assoziation noch etwas Zeit und Inspiration braucht, dann ist es sinnvoll, vor der Plenumsrunde Seitengespräche durchzuführen, in denen die Teilnehmer sich und ihre Überraschung gegenseitig vorstellen.

Material

- Überraschungseier

Meine APPs
Welche drei APPs sind Ihre wichtigsten?

Meine Apps

Aufbau

Der Trainer bittet die Teilnehmer, ihre Smartphones hervorzuholen, jeweils ihre drei wichtigsten Apps auszuwählen und diese im Plenum zu präsentieren.

Intro

„Bevor für den weiteren Workshopverlauf Ihre Smartphones gerne eine möglichst kleine Rolle spielen, möchte ich Sie bitten, diese kurz in unseren Stuhlkreis zu holen. Sie alle haben mit großer Wahrscheinlichkeit die unterschiedlichsten Apps auf Ihrem Smartphone. Nun geht es darum, welche Apps Ihre drei wichtigsten sind. Warum sind genau diese für Sie so unentbehrlich – vielleicht sogar lebensnotwendig? Ich möchte Ihnen selbstverständlich meine nicht vorenthalten. Ich liebe Musik, Sport und Genuss. Aus diesem Grund ist für mich als Erstes meine App ‚Playlist' unentbehrlich. Diese kann ich offline beim Sport oder während der Autofahrt nutzen. Dann bin ich beruflich viel mit der Bahn unterwegs. Leider kommt es doch öfter vor, dass der Zug Verspätung hat. Durch die Bahn-App kann ich immer meine Anschlusszüge kontrollieren. Zuletzt koche ich sehr gerne und kann mich durch die Kulinarium-App inspirieren lassen und meiner Familie immer wieder etwas leckeres Neues bieten. So, wer hat nun schon seine drei Lieblings-Apps gefunden? Würden Sie bitte beginnen?"

Hintergründe

Diese Übung ist bei heterogenen Teams mit einer größeren Altersspanne besonders interessant. Sie zeigt die Vielfalt der einzelnen Teilnehmer auf und verdeutlicht die unterschiedlichen Lebenswelten.

Tipps

- Mehr Schwung und Dynamik entsteht während der Vorstellung, wenn ein Ball zur nächsten Person geworfen wird, die dann mit ihrer Vorstellung fortfährt. Damit die Teilnehmer zum Fangen des Balles ihre Hände frei haben, ist es ratsam, dass die jeweiligen Smartphones erst in die Hand genommen werden, wenn der Teilnehmer seinen Ball gefangen hat.
- Falls jemand kein Smartphone besitzt, kann dieser am Ende der Runde noch einmal die drei Apps aufgreifen, die ihm am besten gefallen haben.

Material

- Eventuell ein Ball

Ressourcen aktivieren

Menschen bzw. Teams haben oft die Tendenz, sich auf Negatives zu konzentrieren und das Positive völlig aus dem Blick zu verlieren. Die nun beschriebenen Übungen legen ihren Fokus auf die vorhandenen Ressourcen, wie bisherige Erfolge und funktionierende Strukturen. Diese werden bewusst gemacht, genutzt und weiter ausgebaut. Hierdurch schafft der Trainer eine wichtige positive Weichenstellung für den Teamworkshop. Diese Grundhaltung ist geprägt von dem ressourcen- und lösungsorientierten Ansatz nach Milton H. Erickson. Wie dieser gehen wir davon aus, dass jeder Mensch und jedes Team ausreichend Erfahrung und intuitives Wissen besitzt, um mit den unterschiedlichen Anforderungen im Leben und im Beruf lösungsorientiert umgehen zu können.

Neben diesem Ansatz spielt hier das systemische Denken, beeinflusst von der Familientherapie nach Virginia Satir und der Kommunikationstheorie nach Paul Watzlawick, eine wesentliche Rolle. Viele Menschen sind durch eine kausale oder linear-analytische Denkweise geprägt: Sie setzen die Ursache mit der Wirkung bzw. das Problem mit der Ursache gleich. Dies führt dazu, dass Herausforderungen nicht gelöst werden, sondern in den Fragen münden: „Wer hat Schuld? Wer ist dafür verantwortlich?" Eine systemische Herangehensweise fördert im Gegensatz dazu ein vernetztes Denken. Sie bewirkt, dass die Teilnehmer eine Situation aus unterschiedlichsten Perspektiven betrachten und die Vielzahl an beteiligten Faktoren, die sich wechselseitig beeinflussen, deutlich wird.

Die einzelne Person mit ihrer Sichtweise und ihren Einflussmöglichkeiten spielt dabei eine zentrale Rolle. Da jeder Mensch eine Situation individuell wahrnimmt, gibt es in einem Team nicht nur eine Wirklichkeit. Dies wird insbesondere in der täglichen Kommunikation deutlich: Die Teammitglieder verwenden zwar dieselben Begriffe, allerdings werden sie von den einzelnen Personen unterschiedlich verstanden, je nach persönlicher Erfahrung, dem individuellen Wissensstand etc. Die Wahrnehmung bzw. Wirklichkeit eines einzelnen Teammitglieds kann als einzelnes Puzzelteil betrachtet werden. Erst die Zusammensetzung aller einzelnen Teile ergibt ein Gesamtbild. Ziel der in diesem Kapitel beschriebenen Methoden ist es, alle positiven Puzzleteile zu Tage zu fördern und die Qualitäten eines jeden Einzelnen und des Teams bewusst zu machen. Es gilt, diese zu aktivieren und für den Workshop und für Herausforderungen im Arbeitsalltag bzw. für unternehmerische Ziele zu nutzen.

Darüber hinaus lernen die Teilnehmer die Sichtweise ihres Gegenübers kennen und gleichen sie mit ihrer eigenen Wahrnehmung ab. Die eigene Perspektive wird erweitert, jeder bekommt neue Ideen und Impulse.

Index

Spekulieren Sie
Die Teilnehmer geben sich in Kleingruppen ein positives Feedback in Form von Spekulationen über die Qualitäten, die ein jeder in den Workshop einbringen wird. .... S. 81

Unsere Erfolge
Eine Sammlung von gemeinsamen Teamerfolgen. .... S. 83

Straße der Ressourcen
Die Teilnehmer erarbeiten ihre Teamressourcen und notieren diese auf Moderationskarten. Die Karten werden in einer Straße auf den Boden gelegt und abschließend bewertet. .... S. 85

Spekulieren Sie!
Was kann jeder
Unterstützendes
Positives
Besonderes
Interessantes
Kompetentes
zum Workshop beitragen?
Zeitwächter bestimmen
Jeder steht 5 Minuten im Fokus
Ausschließlich Feedback / keine Diskussion

Spekulieren Sie

Aufbau

In Gruppen von drei bis fünf Mitgliedern wird darüber spekuliert, welche positiven Qualitäten der Einzelne in den Workshop einbringen kann. Hierbei stehen vor allem die positive Zuschreibung und die gegenseitige Wertschätzung im Vordergrund. Nachdem ein Zeitwächter bestimmt ist, stehen für jede Person 5 Minuten Zeit zur Verfügung. Im Anschluss wird im Plenum über die Wirkung der Methode, allerdings nicht über die Inhalte des jeweiligen Kleingruppendialogs gesprochen.

Intro

„Nachdem Sie nun wissen, mit wem Sie in der Kleingruppe sind, möchte ich Sie nun einladen, sich in den nächsten 20 Minuten nacheinander ein positives Feedback zu geben. Gehen Sie so vor, dass immer eine Person Ihrer Kleingruppe im Fokus steht und die anderen nacheinander ihre Vermutungen äußern, was derjenige für Sie an Positivem, Besonderem, Interessantem und Kompetentem zum Workshop beitragen kann. Das Teammitglied, das das Feedback erhält, hört ausschließlich zu. Nach 5 Minuten wird gewechselt. Wichtig ist: Alles Gesagte bleibt in Ihrer Kleingruppe. Suchen Sie sich bitte nun gemeinsam mit Ihrer Kleingruppe einen Ort, an dem sich alle wohlfühlen. Dann wählen Sie innerhalb Ihrer Gruppe einen Zeitwächter aus und ein Mitglied, das beginnt. Hier habe ich das Flipchart im Kleinformat für Sie zum Mitnehmen. Haben Sie Fragen? ... Los geht's!“

Hintergründe

Die Methode verbessert die Beziehungsebene zwischen den Teilnehmern. Die positive Resonanz bewirkt, dass jeder eine besondere Offenheit gegenüber den anderen zeigen kann. Dies ist der Grundstein für eine gute Vertrauensbasis sowohl untereinander als auch in den weiteren Workshopverlauf. Zudem kann ein Abgleich der Selbst- und Fremdwahrnehmung in diesem positiven Kontext für jeden persönlich eine wichtige und stärkende Erfahrung sein.

Tipp

- Wenn der Trainer zur Erklärung der Übung ein „Spekulationsbeispiel“ anhand des Co-Trainers zeigt, hilft das den Teilnehmern, die Übung noch besser zu verstehen.

Material

- Handouts mit der Aufgabenstellung entsprechend der Gruppenanzahl (erhältlich als Download-Ressource)

Unsere Erfolge

Unsere Erfolge

Aufbau

Die Teilnehmer werden in Zweier- oder Dreiergruppen eingeteilt. Nun besteht die Aufgabe darin, sich über die bisherigen gemeinsamen Erfolge des Gesamtteams innerhalb der Kleingruppe auszutauschen. Die genannten Erfolge werden auf Moderationskarten festgehalten. Im Anschluss werden die Ergebnisse in der Gesamtgruppe vorgestellt und auf das vorbereitete Flipchart geklebt.

Intro

„Ich möchte nun gemeinsam mit Ihnen den Fokus auf Ihre Erfolge legen. In unserem Arbeitsalltag vergessen wir oft, uns bewusst zu machen, was wir schon erreicht haben. Für mich gehört es zu jedem Teamworkshop, die positiven Aspekte der Zusammenarbeit anzuschauen. Deshalb soll es nun darum gehen, welche Erfolge Sie in diesem Jahr als Team erreicht haben? Worauf sind Sie stolz? Nehmen Sie sich jetzt Zeit und tauschen Sie sich zu zweit aus. Ich verteile gleich Moderationskarten und Stifte. Bitte schreiben Sie jeweils ein Stichwort auf eine Karte. Wir werden uns in 20 Minuten zur Präsentation hier im Plenum wiedertreffen und jeder präsentiert seine Moderationskarten."

Hintergründe

Diese Methode konkretisiert die Erfolge des Teams und macht sie für jeden greifbar und präsent. Sie wirkt sich in der Regel sehr gut auf die Gruppenstimmung aus und stärkt den Teamzusammenhalt.

Tipp

- Bei Teams über sechs Teilnehmern ist es sinnvoll, für das Anheften der Moderationskarten eine Pinnwand bereitzustellen, um ausreichend Platz zu haben.

Material

- Moderationsstifte, Moderationskarten, Klemmbretter

Straße der Ressourcen
Klausner Hütte
In welchen Situationen erleben Sie Ihr Team besonders kreativ, innovativ, offen, arbeitsfähig und/oder tatkräftig?
Durch welche Ressourcen werden diese Situationen ermöglicht?

Straße der Ressourcen

Aufbau

Die Teilnehmer sprechen zu zweit über Situationen, in denen sie ihr Team besonders kreativ, innovativ, offen, arbeitsfähig und/oder tatkräftig erlebt haben. Im Anschluss werden die Bedingungen herausgearbeitet, die diese Situationen ermöglicht haben. Jede Bedingung wird auf eine Moderationskarte geschrieben. Für diesen Teil der Übung haben die Teilnehmer 15 Minuten Zeit.

Danach treffen sich alle wieder im Plenum, die Moderationskarten werden nacheinander präsentiert und in einer langen Reihe auf den Boden gelegt. Dann entscheidet sich jeder für eine Ressource, die für ihn in Bezug auf die Zukunft eine besondere Bedeutung hat. In einem Blitzlicht stellt jeder Teilnehmer seine Karte vor und klebt sie auf ein bereitgestelltes Flipchart. Nachdem alle Teilnehmer ihre Auswahl präsentiert haben, folgt ein Dialog im Plenum. Je nach Situation wird an den entstandenen Themen weitergearbeitet.

Intro

1. Das Intro zum ersten Teil der Übung: „*Teamressourcen sind ein wichtiger Bestandteil Ihres Erfolges. In der nun folgenden Übung geht es darum, diese bewusst zu machen. Teamressourcen umfassen alles an menschlichen und sachlichen Bedingungen, die Ihre gemeinsame Arbeit unterstützen. Angefangen bei Ihrer Einstellung zu bestimmten Arbeitsabläufen bis hin zum effektiven Blitzlicht in Meetings oder die Ausstattung der Büroräume.*

   Zum Start der Übung erinnern Sie sich bitte an Situationen, in denen Sie Ihr Team besonders kreativ, innovativ, offen, arbeitsfähig und/oder tatkräftig erlebt haben. Entwickeln Sie bitte hieraus Bedingungen (bzw. Ressourcen), die diese Situationen ermöglicht haben. Schreiben Sie diese bitte auf Moderationskarten. Achten Sie darauf, dass Sie pro Karte nur einen Punkt notieren. Finden Sie nun bitte einen Partner zum Austauschen. In 15 Minuten treffen wir uns wieder im Plenum.“

2. Wenn die Teilnehmer wieder im Workshopraum sind: „*Willkommen zurück! Nun gehen wir reihum und jede Zweiergruppe präsentiert ihre Ergebnisse. Bitte legen Sie im Anschluss Ihre Karten in einer langen Reihe auf den Boden, sodass eine Straße entsteht.*“

   Wenn alle Zweierteams präsentiert haben und die Karten auf dem Boden liegen: „*Jeder von Ihnen sucht sich nun bitte eine Karte aus,*

Welche Ressourcen sind Ihnen besonders wichtig?

die Sie mit Blick auf die Zukunft als besonders wichtig erachten. Sie können auch zu zweit oder dritt eine gemeinsame Karte haben!"

3. Die Teilnehmer stellen nun nacheinander ihre Karte vor und bringen sie am Flipchart an. Ab jetzt findet ein offener Prozess statt.

Hintergründe

Ziel dieser Übung ist es, vorhandene Ressourcen bewusst zu machen und zu analysieren, wie diese weiter oder intensiver genutzt werden können. Durch die unterschiedlichen Adjektive in der Fragestellung werden die Teilnehmer angeregt, ihre Ressourcen in unterschiedlichen Kontexten zu reflektieren (z.B. auf der Beziehungsebene, in Arbeitsprozessen, bzgl. Ausstattung etc.). Die Übung schafft Kraft und Energie, weil sie den Fokus auf die Stärken des Teams und die positiven Bedingungen der Arbeitssituation lenkt.

Tipps

- Wenn die Teilnehmer wenig Workshoperfahrung haben, helfen ihnen Beispiele, um die Aufgabe gut zu verstehen. Hier lohnt es sich, ein großes Spektrum mit Blick auf den jeweiligen Arbeitskontext anzuregen. Zum Beispiel: *„Ressourcen können viele Dinge sein. Vom Kuchen, der zum Geburtstag mitgebracht wird, über den Austausch im Mittwochsmeeting bis hin zu funktionierender EDV ist vieles denkbar."*
- Die Straße kann durch Malerkrepp auf dem Boden visuell vorgegeben werden.
- Beobachten Sie, wie viele Karten geschrieben werden. Es sollten so viele sein, dass eine Straße deutlich erkennbar wäre. Falls Sie wahrnehmen, dass der Umfang nicht ausreicht, dann lassen Sie nach der Präsentation die Karten direkt an das Flipchart anbringen und verzichten auf die Straße. Bei dieser Variante können Sie z.B. über eine Bepunktung eine Priorisierung erarbeiten.

Material

- Moderationskarten (ggf. in unterschiedlichen Farben), Moderationsstifte, evtl. Malerkrepp

Fokussierung ermöglichen

Jeder Teilnehmer kommt mit seiner ganz eigenen Sichtweise und Erwartungshaltung zu dem Teamworkshop. Aufgabe des Trainers ist es, den vielschichtigen Erwartungen

- Raum zu geben, sodass die Teilnehmer diese äußern können,
- Aufmerksamkeit zu schenken und sie ernst und wichtig zu nehmen.

Schenkt der Trainer den individuellen Anliegen innerhalb der Einstiegsphase keine Aufmerksamkeit, wird der einzelne Teilnehmer immer wieder versuchen, seine Themen einzubringen. Dies kann dazu führen, dass nicht fokussiert und lösungsorientiert gearbeitet werden kann. Aus diesem Grund sollte ausreichend Zeit für die Erwartungen eines jeden Einzelnen eingeplant sein. Es reicht nicht aus, diese nur abzufragen. Vielmehr sollte der Trainer diese verbal zusammenfassen, nach der Vorstellung der Teilnehmer clustern (ordnen) und ihnen einen Platz im Workshop geben. Falls Themen genannt werden, die nicht bearbeitet werden können (z.B. weil sie nicht Inhalt des Auftrags sind), ist es wichtig, dass der Trainer diese Anliegen wertschätzt, indem er sie in den Themenspeicher oder direkte Verabredungen dazu auf die LOP-Liste (s. S. 253) schreibt. Arbeitet der Trainer mit einem Team das erste Mal zusammen, eignen sich für die Einstiegsphase diese Methoden:

- Was ist mir heute wichtig?
- Systemische Erwartungsabfrage
- Was brauchen Sie?
- Kartenrennen

Diese Methoden eröffnen ein sehr großes Themenspektrum. Wenn sich der Auftrag allerdings sehr klar auf ein bestimmtes Thema konzentriert, sollte der Trainer im jeweiligen Intro zur Methode noch einmal den Zielvertrag erwähnen (s. S. 51), um die Themenauswahl klar zu beschränken.

Arbeitet der Trainer im Rahmen eines Aufbauworkshops mit dem Team zusammen, eignen sich zum Einstieg die folgenden Methoden:

- Workshopgedanken
- Potenzialreflexion
- Seit dem letzten Workshop

Hierdurch wird gezielt auf den Erfahrungen des letzten Teamworkshops aufgebaut und bisherige Erkenntnisse und Verabredungen können reflektiert werden. So können diese in die inhaltliche Ausrichtung und Schwerpunktsetzung des aktuellen Workshops integriert werden.

Index

Was ist mir heute wichtig?
Eine sehr offene Abfrage der Teilnehmererwartungen über eine Landkartenmetapher. .... S. 91

Systemische Erwartungsabfrage
Das Besondere an dieser Variante ist der Einbezug anderer Blickwinkel in die Erwartungsabfrage. .... S. 93

Das Kartenrennen
Das Team erarbeitet seine Schwerpunkte für den Workshop. .... S. 95

Was brauchen Sie?
Die Teilnehmer formulieren ihre persönlichen, auf den Workshop bezogenen Erwartungen und Themen auf einer Heißluftballonvorlage und präsentieren diese. .... S. 97

Workshopgedanken
Die Erfahrungen des letzten Workshops werden aufgegriffen, um die wichtigsten Aspekte in das neue Teamtraining zu integrieren. .... S. 99

Potenzialreflexion
Bei dieser Übung steht der Praxistransfer der Ergebnisse des letzten Workshops im Fokus. Ziel ist es, Themen, bei denen sich Umsetzungspotenziale zeigen, in den Workshop zu integrieren. .... S. 101

Seit dem letzten Workshop ...
Diese Methode dient zur Reflexion des letzten Teamworkshops und dessen Auswirkungen auf die persönliche, Team- und Arbeitsebene. Das Ergebnis fließt in den aktuellen Workshop mit ein. .... S. 105

Erwartungen
Was ist mir heute wichtig?

Was ist mir heute wichtig?

Aufbau

Die Teilnehmer werden dazu eingeladen, sich in Zweier- oder Dreiergruppen über die Fragestellung *„Was ist mir heute wichtig?“* auszutauschen. Über die Einbindung einer Landkartenmetapher werden zusätzliche Ideen generiert. Danach folgt eine Blitzlichtrunde mit Simultanvisualisierung durch den Trainer auf einem Flipchart.

Intro

„Um den Workshop für Sie stimmig gestalten zu können, ist es uns nun wichtig, Ihre Erwartungen in den Mittelpunkt zu stellen. Hierfür arbeiten wir mit einer Metapher. Stellen Sie sich diesen Workshop als eine Landkarte vor. Auf welchen Wegen möchten Sie gehen? Bei welchen Themen möchten Sie verweilen? Was möchten Sie sich genauer anschauen? Worauf soll besonders geachtet werden? Wo liegt Ihr Ziel? Bitte tauschen Sie sich hierzu 10 Minuten mit Ihrem Nachbarn aus. Im Anschluss machen wir eine Blitzlichtrunde, in der Sie eingeladen sind, etwas zu Ihren Erwartungen zu sagen.“

Hintergründe

Insbesondere durch die Landschaftsassoziationen wird den Teilnehmern in dieser Übung eine gute Basis gegeben, ihre Erwartungen ideenreich zu reflektieren und einzubringen. Durch die sehr offene Fragestellung kommt häufig eine Vielzahl unterschiedlicher Anliegen auf. Auch wenn nicht alle Themen integriert werden können, geht es darum, in einem ersten Schritt den Teilnehmern den Raum zu geben, diese zu äußern.

Tipps

- Die Fragen in Bezug auf Landschaftsassoziierungen (Intro) sind bewusst nicht visualisiert. Dadurch wird den Teilnehmenden ein Maximum an kreativem Freiraum gelassen.
- Die Frage, die vom Trainer zuletzt gestellt wird, hat am meisten Gewicht.
- Selbstklebende Moderationskarten können nach dem Workshop wieder abgenommen und somit das Flipchart mehrfach genutzt werden.

Erwartungen
Angenommen, der Workshop ist vorbei.
Woran erkennen Sie, dass das Teamtraining
▷ für Sie
▷ für das Team und
▷ für Ihr Unternehmen
Sinn gemacht hat?

Systemische Erwartungsabfrage

Aufbau

Die Teilnehmer versetzen sich in die Zeit nach dem Workshop und reflektieren zu zweit ihre Erwartungen aus ihrer eigenen Perspektive, aus der des Teams und der ihres Unternehmens. Die Präsentation im Plenum erfolgt über Moderationskarten an der Pinnwand. Die Farben der Moderationskarten für die einzelnen Fragestellungen sind durch die Visualisierung auf dem Flipchart vorgegeben.

Intro

„Wir widmen uns jetzt Ihren Erwartungen für unsere beiden Workshoptage. Angenommen, der Workshop ist vorbei, woran erkennen Sie, dass dieser für Sie, für das Team und für Ihr Unternehmen sinnvoll war? Bitte setzen Sie sich zu zweit zusammen und tauschen Sie sich zu diesen Fragestellungen aus. Schreiben Sie Ihre Punkte auf Moderationskarten. Blau steht für Ihre Erwartungen, grün für die des Teams und gelb für die Erwartungen Ihres Unternehmens. Wir setzen 15 Minuten Zeit an. Im Anschluss möchte ich Sie einladen, Ihre Karten im Plenum vorzustellen."

Hintergründe

Die systemische Erwartungsabfrage eröffnet den Teilnehmern eine umfassendere Perspektive. Sie werden eingeladen, aus unterschiedlichen Positionen auf den Workshop, die jeweiligen Erwartungen und damit verbundene Potenziale zu blicken. Der Einzelne bleibt also nicht nur bei sich, sondern versetzt sich auch in die Lage anderer Beteiligter. Hier ist es möglich, weitere Perspektiven, wie zum Beispiel die der Kunden, von Schnittstellenabteilung oder des Geschäftsführers miteinzubeziehen.

Tipp

- Die Pinnwand kann in der Workshopmitte und/oder in der Abschlussphase noch einmal in den Fokus geholt werden. Dadurch ergibt sich die Möglichkeit, den bisherigen Workshopverlauf mit den Erwartungen abzugleichen.

Material

- Moderationskarten in drei verschiedenen Farben, Moderationsstifte, Pinnwand

Das Kartenrennen
Welche Themen sind Ihnen für diesen Workshop wichtig?
Austausch zu zweit
Runde
Kartenrennen

Das Kartenrennen

Vorbereitung

Im Vorfeld werden die geplanten Workshopthemen untereinander linksbündig auf Moderationskarten visualisiert und an eine Pinnwand gepinnt, sodass noch ausreichend Platz für Ergänzungen vorhanden ist.

Aufbau

Der Trainer stellt den Teilnehmern die geplanten Workshopthemen vor. Im Anschluss tauschen sich die Teilnehmer zu zweit über evtl. fehlende Themen aus. In der anschließenden Runde ergänzt der Trainer die hinzukommenden Themen auf der Pinnwand. Danach geben die Teilnehmer nacheinander an, welche zwei Aspekte von den nun insgesamt aufgeführten Themen ihnen am wichtigsten sind. Für jede Nennung gibt der Trainer dem jeweiligen Punkt durch Aufzählungsstriche eine höhere Bedeutung. Nach dem Blitzlicht zählt er zusammen und schreibt die Summe hinter den jeweiligen Schwerpunkt. Entsprechend dem Ergebnis wird weitergearbeitet.

Intro

„Ich habe Ihnen eben die geplanten Inhalte der nächsten zwei Tage vorgestellt. Mir ist es besonders wichtig, dass für Sie keine Themen fehlen. Daher möchte ich Sie bitten, jeweils zu zweit zu überlegen, ob wichtige Punkte noch nicht visualisiert sind. In einer anschließenden Runde sammeln wir Ihre Themenvorschläge und werden sie entsprechend ergänzen. Dann lade ich jeden von Ihnen ein, mir in einem Blitzlicht seine jeweils zwei wichtigsten Themen zu benennen. Hier werde ich an der Pinnwand mitzählen, sodass wir am Ende Ihre wichtigsten Prioritäten haben. Sie haben nun zu zweit 10 Minuten Zeit. Sie können gerne Ihre Gedanken für sich notieren. Ich schreibe Ihre Themen im Anschluss auf die Pinnwand. Nun zur Einteilung ...“

Hintergründe

Das Kartenrennen ermöglicht in einer frühen Phase des Workshops, Prioritäten zu setzen, um diese fokussiert bearbeiten zu können.

Tipp

- Wenn wenig Zeit zur Verfügung steht und die Themen feststehen, kann die Methode in eine Vorstellungsrunde integriert werden. Die Teilnehmer nennen z.B. ihren Namen, ihre Abteilung und ihre zwei favorisierten Themen für den heutigen Tag.

Material

- Moderationskarten, Moderationsstifte, Pinnwand

Was brauchen Sie?

Was brauchen Sie?

Aufbau

Das Team tauscht sich jeweils zu zweit über die Fragestellung *„Was brauchen Sie?“* aus. Jeder erhält hierbei ein DIN-A4-Papier mit einem aufgemalten Heißluftballon. In den Ballon schreibt jeder seine persönlichen Anliegen auf. Nach diesem 15-minütigen Austausch präsentiert jeder Teilnehmer seine Punkte im Plenum. Für die Präsentation wird eine Pinnwand verwendet, auf der die Bilder festgeklebt werden. So bleiben sie während des weiteren Workshopverlaufs präsent.

Intro

„Bevor wir jetzt inhaltlich einsteigen, geht es um Ihre persönlichen Erwartungen und Themen. Bitte tauschen Sie sich zu zweit über die Frage ‚Was brauchen Sie?‘ aus. Diese Frage ist mit Absicht so offen gestellt. Jede Antwort ist richtig. Jeder von Ihnen schreibt bitte maximal zwei Punkte auf diese Vorlage. In 15 Minuten treffen wir uns wieder im Plenum und Sie präsentieren Ihre Ergebnisse. Haben Sie noch Fragen? ... Dann viel Spaß beim Austausch!“

Hintergründe

Die Frage *„Was brauchen Sie?“* ist bewusst direkt und auffordernd formuliert. Damit bringen Sie als Trainer einen starken lösungsorientierten Fokus in die Erwartungshaltung der Teilnehmer. Ziel ist es, jeden Einzelnen mit in die Verantwortung für die Gestaltung des Workshops zu nehmen. Durch die Begrenzung auf zwei Themen pro Person wird schneller deutlich, welche Aspekte das Team gerade am stärksten bewegen.

Tipp

- Bei Teams ab fünf Personen lohnt es sich, ein Thema pro Ballon anzuleiten und nach der Präsentation die Themen zu clustern (thematisch auf der Pinnwand zu ordnen), um eine bessere Übersicht zu haben und Schwerpunkte leichter identifizieren zu können.

Material

- Moderationsstifte, Kopien Heißluftballons in DIN-A4-Format (Download-Ressource)

Workshopgedanken
Welche Erinnerungen haben Sie spontan an den letzten Workshop?
Was hat Sie besonders beschäftigt?
Welche Aspekte müssen wir in diesem Workshop in den Blick nehmen?

Workshopgedanken

Aufbau

Der Trainer stellt die auf dem Flipchart aufgeführten Fragen vor. Anschließend werden die Teilnehmer zu zweit auf einen Spaziergang geschickt, um sich über diese auszutauschen. Abschließend halten die Teilnehmer ihre Erkenntnisse auf Moderationskarten fest und präsentieren diese im Plenum.

Intro

„Lassen Sie uns nun gemeinsam die ersten Leitplanken für diesen Workshop setzen. Zum Einstieg ist es mir wichtig, einen Blick zurückzuwerfen. Wir haben vor drei Monaten einen intensiven Workshop erlebt und ich bin gespannt, welche Erinnerungen Sie an diesen haben, was Sie seitdem besonders beschäftigt hat und was Sie in den nächsten beiden Tagen in den Blick nehmen wollen. Vielleicht ist ja noch etwas offengeblieben und/oder ein neues Anliegen hinzugekommen. Tauschen Sie sich dazu bitte auf einem 15-minütigen Spaziergang zu zweit aus. Wenn Sie wieder im Workshopraum sind, haben Sie noch ausreichend Zeit, Ihre Punkte auf Moderationskarten zu schreiben. Abschließend präsentiert jeder seine Karten im Plenum. Ich habe hier bereits eine dreigeteilte Pinnwand vorbereitet." Gegebenenfalls: *„Hier liegen die Fragen zum Mitnehmen. Und nun zur Einteilung ... Ich wünsche Ihnen anregende Gespräche!"*

Hintergründe

Durch den Austausch zu zweit haben die Teilnehmer die Chance, in einem geschützten Rahmen über den letzten Teamworkshop und die bisherigen Entwicklungsschritte im Unternehmen zu sprechen, bevor im Plenum mit allen gearbeitet wird. Ein Spaziergang in der Natur bringt einige Vorteile mit sich. Zunächst fällt es beim Gehen leichter, über Persönliches zu sprechen. Es werden Gedanken ausgetauscht, die in einem Face-to-Face-Gespräch ggf. nicht zur Sprache gekommen wären. Ein Austausch in der Natur bietet darüber hinaus immer eine gelungene Abwechslung in der Workshopdramaturgie.

Tipp

- Bei einem Spaziergang ist es immer sinnvoll, die Teilnehmenden maximal zu zweit gehen zu lassen. Die Kommunikation ist so am zweckdienlichsten.

Material

- Moderationskarten, Moderationsstift, Pinnwand, evtl. Fotokopien der Fragestellungen

Potenzialreflexion
Was haben Sie gut umgesetzt?
Wo hängt es noch?
30 Minuten
auf Flipchart

Potenzialreflexion

Aufbau

In der Vorbereitung werden die Ergebnisflipcharts des letzten Workshops durch den Trainer im Workshopraum aufgehängt. Im Workshop haben Teilnehmer die Aufgabe, sich in zwei bis drei Kleingruppen über die Fragestellungen (siehe Flipchart) auszutauschen. Ihre erarbeiteten Antworten hält jede Kleingruppe auf einem Flipchart fest. Nach 30 Minuten präsentieren die Teilnehmer ihre Ergebnisse.

Im Anschluss werden die Themen, bei denen es Umsetzungspotenziale gibt, gesammelt und vom Trainer auf einem neuen Flipchart notiert. Anhand der Fragestellung *„Welche Punkte sollen im nächsten Schritt behandelt werden?“* findet nun eine Wertung durch die Teilnehmer statt. Dazu erhält jedes Teammitglied Klebepunkte, die es den einzelnen Themen zuordnen kann. Hierbei sind Doppeltwertungen nicht erlaubt. Die Themen werden im weiteren Workshopverlauf entsprechend ihrer Priorisierung bearbeitet.

Intro

„In unserem letzten Workshop haben wir viele Themen besprochen und deren Umsetzung in Ihren Arbeitsalltag geplant. Mit Blick auf unsere Ergebnisflipcharts aus dem letzten Workshop soll es nun darum gehen, welche Themen das Team aus ihrer Sicht gut umgesetzt hat und wo es noch hängt. Tauschen Sie sich bitte in zwei Kleingruppen über Ihre Erfahrungen aus und halten Sie Ihre Ergebnisse auf dem Flipchart fest. Sie haben nun 30 Minuten Zeit. Danach treffen wir uns wieder hier im Plenum, um uns gemeinsam die Flipcharts anzuschauen. Es wäre schön, wenn jeweils ein Gruppenmitglied etwas zu den Ergebnissen sagt. Haben Sie noch Fragen? Darf ich Sie nun einladen, aufzustehen und sich in zwei Fünfergruppen zusammenzufinden?“

Vor der Ergebnispräsentation: *„Nachdem Sie nun die wichtigsten Themen gesammelt haben, können Sie jetzt Ihre Ergebnisse vorstellen. Wenn ein Thema bereits präsentiert wurde, müssen Sie es nicht mehr ausführlich erläutern, es sei denn, es gibt Unterschiede in der Bewertung oder noch weitere Sichtweisen.“*

Nach der Ergebnispräsentation: *„Vielen Dank für Ihre Präsentationen. Lassen Sie uns nun auf einem Extraflipchart die Themen in Stichworten sammeln, bei denen Sie noch Nachbesserungsbedarf sehen. Wir werden diese danach priorisieren und im weiteren Verlauf unseres Workshops besprechen.“*

Unsere Themen
Thema
Punkte
Priorität

Hintergründe

Da die Methode den Fokus auf die Umsetzung der Ergebnisse des letzten Workshops legt, eignet sie sich für Aufträge, die die Begleitung eines konkreten Teamprojektes umfassen.

Das beschriebene Vorgehen ist nützlich, wenn innerhalb des Teams kontroverse Meinungen bzgl. der Praxisumsetzung bestehen. Liegt ein allgemeiner Konsens vor, sollte von der Kleingruppenarbeit abgesehen werden. Es empfiehlt sich dann, die Themen direkt im Plenum zu erarbeiten.

Tipps

- Für die Kleingruppenarbeit sollten die Flipcharts so im Workshopraum angeordnet werden, dass ausreichend Abstand zu der/den anderen Gruppe/n vorhanden ist. Dadurch entsteht eine stimmige Gesprächsatmosphäre.
- Um zu vermeiden, dass zu viele Themen doppelt genannt werden, sollten nicht mehr als drei Kleingruppen initiiert werden.
- Stehen die Ergebnisflipcharts des letzten Workshops nicht mehr zur Verfügung, dann ist ein Ausdruck des Fotoprotokolls für jede Gruppe eine wichtige Hilfe.

Material

- Moderationsstifte, Klebepunkte

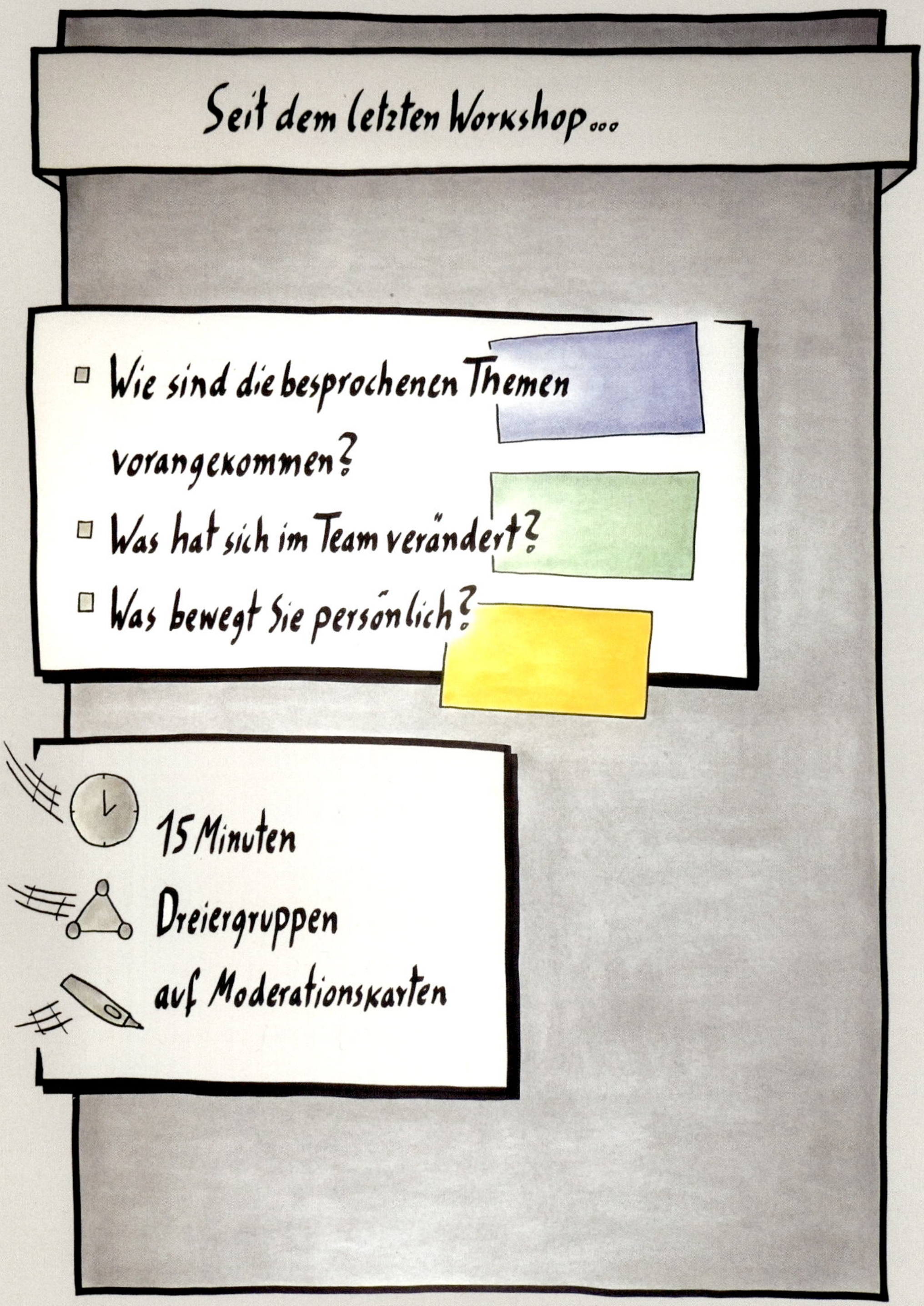
Seit dem letzten Workshop ...
Wie sind die besprochenen Themen vorangekommen?
Was hat sich im Team verändert?
Was bewegt Sie persönlich?
15 Minuten
Dreiergruppen
auf Moderationskarten

Seit dem letzten Workshop ...

Aufbau

Die Teilnehmer finden sich in Dreiergruppen zusammen und haben die Aufgabe, sich innerhalb von 15 Minuten über die drei Fragestellungen (siehe Flipchart) auszutauschen. Die Antworten werden von jeder Kleingruppe stichpunktartig auf Moderationskarten festgehalten.

Jede Frage hat ihre eigene Moderationskartenfarbe, diese ist auf dem Flipchart kenntlich gemacht. Anschließend werden diese im Plenum präsentiert. Während der Präsentation an der Pinnwand visualisiert der Trainer auf einem Flipchart die Themen mit, die für den aktuellen Workshop eine Rolle spielen könnten. Nachdem die Kleingruppen ihre Ansichten vorgestellt haben, bespricht der Trainer die von ihm notierten Punkte mit dem Team. Diese werden so in die Entscheidung darüber, welche Themen in dem aktuellen Workshop aufgegriffen werden sollen, miteinbezogen.

Intro

„In unserem letzten Workshop haben wir viel erlebt. Sie haben Ihre Arbeitsprozesse weiterentwickelt, Teamaktionen bestanden, sich gegenseitig Feedback gegeben und vieles mehr. Nun geht es mir darum, an unserem letzen Workshop und der Zeit dazwischen anzuknüpfen. Sie haben nun die Aufgabe, sich über folgende Fragestellungen in Dreiergruppen auszutauschen:

- *Wie sind die besprochenen Themen vorangekommen?*
- *Was hat sich im Team verändert?*
- *Was bewegt Sie persönlich?*

Bitte schreiben Sie ihre Antworten stichpunktartig auf Moderationskarten. Jeder Punkt hat eine eigene Moderationskartenfarbe. Der erste blau, der zweite grün und der dritte gelb. Wir treffen uns in 15 Minuten wieder und jede Kleingruppe präsentiert ihre Ergebnisse im Plenum. Bei der dritten Frage würde ich mir wünschen, dass dann jeder aus der Kleingruppe seine Perspektive wiedergibt. Gibt es von Ihrer Seite noch Fragen? Dann zur Gruppeneinteilung ...“

Nach der Präsentation: *„... ich habe hier während Ihrer Präsentationen einige Stichworte mitgeschrieben, die vielleicht für unseren heutigen Workshop eine Rolle spielen. Lassen Sie uns diese einmal durchgehen. Vielleicht fallen Ihnen noch weitere Themen ein, die ergänzt werden sollten?“*

Seit dem letzten Workshop...
Wie sind die besprochenen Themen vorangekommen?
Was hat sich im Team verändert?
Was bewegt Sie persönlich?

Hintergründe

Die Methode ermöglicht den Teilnehmern und dem Trainer, den bisherigen Verlauf zu reflektieren und zeitgleich, die aktuellen Teamthemen herauszuarbeiten. Auf dieser Basis kann der weitere Prozess gestaltet werden.

- Die erste Frage bezieht sich auf die erarbeiteten Inhalte (z.B. Themen, Prozesse, Absprachen). Die Teilnehmer können einbringen, wie sie die bisherigen Schritte der Veränderung im Unternehmen wahrgenommen haben und an welchen Stellen weiter gearbeitet werden sollte.
- Durch die zweite Frage wird das gesamte Team angesprochen. Sie ermöglicht einen positiven Blick auf das, was im Team schon erreicht ist.
- Die dritte Frage wirft den Blick auf die persönliche Seite. Hier bietet sich die Chance, alle Aspekte einzubringen, die jeden persönlich in diesem Prozess bewegen.

Tipps

- Wurden im letzten Teamworkshop konkrete Verabredungen getroffen oder eine Liste offener Punkte erstellt, ist es hilfreich, diese im Workshopraum aufzuhängen oder als Handout zu verteilen. So können die Teilnehmer diese für ihre Diskussion nutzen.
- Wenn im und seit dem letzten Workshop viel passiert ist, lohnt es sich, das Setting zu verändern. Die Teilnehmer tauschen dann besser zu zweit aus, evtl. während eines Spaziergangs. Hierfür sind 30 Minuten Zeit sinnvoll.

Material

- Drei verschiedenfarbige Moderationskarten, Pinnwand, Moderationsstifte

3 Kapitel

Erfahrungsorientierter Prozess

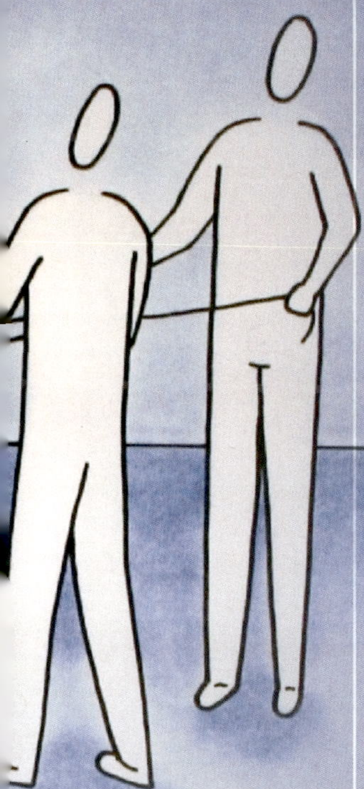

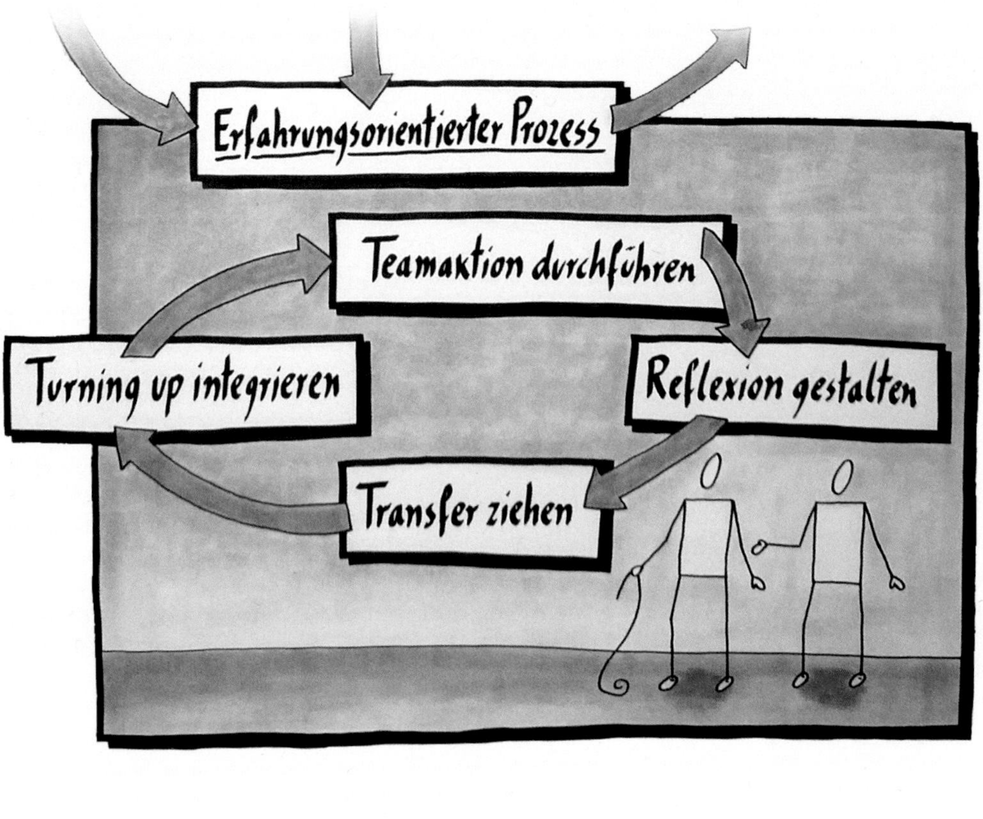
Erfahrungsorientierter Prozess
Teamaktion durchführen
Turning up integrieren
Reflexion gestalten
Transfer ziehen

In diesem Kapitel

Der erfahrungsorientierte Prozess besteht aus

1. einem Turning-up
2. einer Teamaktion
3. einer Reflexion und
4. dem Erarbeiten des Transfers.

Der in diesem Kapitel beschriebene erfahrungsorientierte Prozess schafft eine Lernschleife, die den Rahmen gibt, um die Zusammenarbeit zu stärken und somit die Leistungsfähigkeit eines Teams stetig weiterzuentwickeln.

„Turning-up" bezeichnet, dass zunächst innerhalb des erfahrungsorientierten Prozesses ein Schwerpunkt gesetzt wird. Dies kann z.B. durch einen Impulsvortrag oder eine Metapher geschehen. Im Anschluss versucht das Team im Rahmen einer „Teamaktion" gemeinsam eine Aufgabe zu lösen. Dazu entwickelt es eine Strategie, trifft Entscheidungen und führt diese operativ durch. Die Teamaktion kann daher auch als Simulation eines kleinen Arbeitsprojektes gesehen werden. Sie funktioniert als Spiegel der täglichen Zusammenarbeit, da ein Team und jeder einzelne Teilnehmer „sich selbst immer mitnimmt", d.h. sich authentisch verhält. Es zeigen sich entsprechend während der Teamaktion Verhaltensmuster, die im Miteinander im Unternehmen ebenso geschehen und die sowohl hilfreich als auch destruktiv für die gemeinsame Arbeit sein können.

Es folgt eine „Reflexion", in der die erlebte Zusammenarbeit ausgearbeitet und bewusst gemacht wird, es werden Potenziale erschlossen und Ergebnisse schriftlich festgehalten. Beim letzten Arbeitsschritt, dem „Transfer", werden Konsequenzen für die nächste Teamaktion gezogen und es wird der Bezug zur Zusammenarbeit im Unternehmen hergestellt. Nun folgt ein weiterer erfahrungsorientierter Prozess, in dem das Team das Gelernte praktisch anwenden und verinnerlichen kann. Hat sich in der Reflexion und in der Transferphase allerdings ein Thema gezeigt, das Vorrang hat, wird dieses nun weiter bearbeitet.

Turning-up integrieren

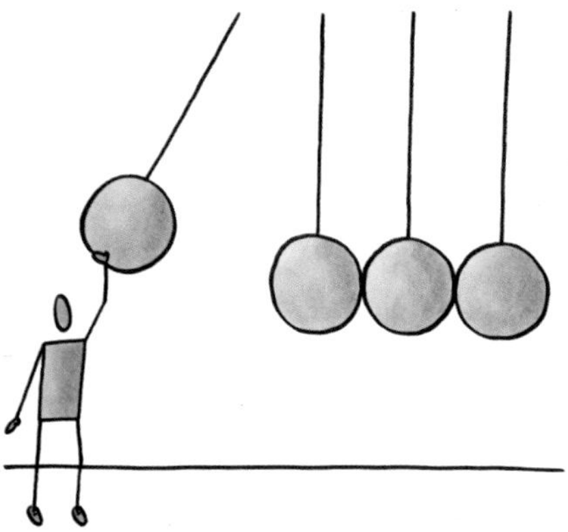

Durch das Turning-up wird ein Themenschwerpunkt für den erfahrungsorientierten Prozess bestimmt. Es gibt fünf Möglichkeiten, ein Turning-up durchzuführen:

1. Die Vorgabe des Rahmens eines Teamprojekts
2. Das Voranstellen von Wissen in einem bestimmten Kontext
3. Das Nutzen der Teamintelligenz zu einem vorgegebenen Themenfeld
4. Die Verwendung von Geschichten und Metaphern
5. Das Fortführen von Ergebnissen der Reflexion aus dem letzten durchgeführten erfahrungsorientierten Prozess

1. Die Vorgabe des Rahmens eines Teamprojekts

Das ist die „klassische Variante", die beinhaltet, dass den Teilnehmern die Teamaktion als gemeinsam zu lösendes Projekt vorgestellt wird. Diese Variante bietet den größten Freiraum für die Herausarbeitung von Themen in der anschließenden Reflexion und Transferphase.

2. Das Voranstellen von Wissen in einem bestimmten Kontext

Dieses Turning-up wird durch gezielte Informationen vor der Teamaktion initiiert. Wenn beispielsweise der Auftrag die Vermittlung von Grundsätzen des Projektmanagements beinhaltet, dann hält der Trainer vor Beginn der Teamaktion einen Vortrag zu genau diesem Thema, das Team bekommt danach den Auftrag, die Erkenntnisse in den Lösungsweg der Teamaktion zu integrieren und reflektiert im Anschluss deren Umsetzung. Oder sollte im bisherigen Workshopverlauf deutlich geworden sein, dass sich das Team zu wenig zuhört, könnte der Trainer einen Baustein zum aktiven Zuhören oder ein Input zum Thema „Teamdialog nach der Arbeit von David Bohm" als Turning-up nutzen und nach der Teamaktion die gemachten Erfahrungen reflektieren.

3. Das Nutzen der Teamintelligenz zu einem vorgegebenen Themenfeld

Um Teamintelligenz zu nutzen, sind Brainstormings im Rahmen aller Basisinteraktionen möglich. Zweckdienliche Fragestellungen sind:

- Was macht ein gutes Team aus?
- Wie gestaltet sich eine gute Teamkommunikation?
- Wie wäre Ihr Idealzustand im Umgang miteinander?
- Was macht eine gute Projektstrategie aus?

Durch diese Fragestellungen beschreiben die Teilnehmer einen Idealzustand. Dieser wird transparent/bewusst in Bezug auf die folgende Teamaktion vorangestellt, um dann in der Reflexion dieser überprüft zu werden. Es werden Stärken und Potenziale in den Fokus gerückt, an denen weitergearbeitet werden kann. Der gemeinsame Austausch sorgt dafür, dass der Einzelne seine Bilder, Kriterien und Auffassungen zu der Thematik einbringt. Durch die Diskussion findet Entwicklung statt.

Die vorgestellte Methodik scheint auf den ersten Blick simpel. Aber Hand aufs Herz: Welche Führungsperson, Abteilungs- bzw. Projektleitung klärt wirklich mit ihrem Team, wie sie zusammenarbeiten möchte und welche Auffassung sie von guter Teamarbeit hat? Es wird als selbstverständlich betrachtet, dass alle Beteiligten der gleichen Ansicht sind. Das ist aus unserer Erfahrung jedoch nicht der Fall und es lohnt sich, genau über diese Themen zu sprechen.

4. Die Verwendung von Geschichten und Metaphern

Geschichten und Metaphern können ebenfalls eingesetzt werden, um das Team in der Teamaktion auf ein bestimmtes Thema zu fokussieren. Zum Beispiel nutzen wir diese Möglichkeit gerne, um ein bestimmtes Motto herauszuarbeiten, unter dem die Teamaktion stehen soll. Hierfür suchen wir im Vorfeld eine Geschichte heraus, die uns für das Team nützlich erscheint. Nachdem wir sie erzählt haben, geben wir dem Team die Aufgabe, diese zu reflektieren und ein gemeinsames Motto für die nächste Teamaktion herauszufiltern.

Die Auswahl einer geeigneten Metapher sollte sich an den Gegebenheiten der jeweiligen Methode orientieren. Eine Metapher, die z.B. bei „The Walk" (s. S. 141) gut passt, ist die, dass sich das Team auf einen gemeinsamen Weg aufmacht, z.B. zum Ziel „zu erreichender Jahresumsatz". Das Ziel kann auf einer Moderationskarte am Ende der Strecke drapiert werden. Aufgabe ist es nun, eine Strategie zu finden, wie das Team gemeinsam sein Jahresumsatzziel erreicht. Diese Metapher kann in der nachfolgenden Reflexion aufgegriffen werden und den Transfer der Erkenntnisse in die Praxis erleichtern.

5. Das Fortführen von Ergebnissen der Reflexion aus dem letzten durchgeführten erfahrungsorientierten Prozess

Der erfahrungsorientierte Prozess kann als Lernschleife immer mehrmals durchgeführt werden. So können erlebte und reflektierte Erkenntnisse in der jeweilig nächsten Runde genutzt und gefestigt werden. Möchte der Trainer die Ergebnisse des bisherigen Workshopverlaufs intensivieren, fordert er das Team auf, vor der nächsten Teamaktion noch einmal zu wiederholen, was bisher gelernt wurde und daraus Schwerpunkte für die nächste Teamaktion zu setzen. Ist die Liste zu lang, sollten die zwei wichtigsten Punkte abgesprochen werden.

Das Turning-up sollte sehr bewusst gewählt werden. Bei Teamentwicklungen lohnt es sich in der Regel, erst einmal möglichst viel Freiraum zu geben und auf dieser Basis zu erarbeiten, was wirkliche Schwerpunktthemen des jeweiligen Teams sind (sofern der Auftrag es zulässt). Deshalb ist es wichtig, gerade zu Anfang des Workshops einen Rahmen zu geben, bei dem möglichst viele Themen aufkommen können. Wir wenden hier häufig die erste Möglichkeit des Turning-ups an, also das gemeinsame Projekt. Darüber hinaus nutzen wir gerne die Teamintelligenz durch die in diesem Kapitel beschriebene Methode „Was macht ein gutes Team aus?". In diesem Kapitel wird außerdem die Methode „Teamregeln" vorgestellt, die insbesondere dann angewandt wird, wenn Konflikte klar im Raum sind oder sich während der ersten Teamaktion gezeigt haben.

Index

Was macht ein gutes Team aus?
Die Teilnehmer entwickeln in Kleingruppen Mind-Maps über ihre Vorstellungen einer guten Teamzusammenarbeit. Nach einer darauf folgenden Teamaktion (Praxistest) wird reflektiert, inwieweit die einzelnen Aspekte umgesetzt wurden. .... S. 117

Teamregeln
Die Teilnehmer erarbeiten die für sie wichtigsten Teamregeln, um die nachfolgende Teamaktion erfolgreich zu bestehen. .... S. 121

TEAM
Was macht ein gutes Team aus?
Team
Entwickeln Sie ein Mind-Map
Präsentation im Plenum
20 Minuten Zeit

Was macht ein gutes Team aus?

Aufbau

Die Teilnehmer beschäftigen sich in Fünfergruppen mit der Fragestellung *„Was macht ein gutes Team aus?"* Hierzu erhält jede Gruppe eine Pinnwand, um darauf ein entsprechendes Mind-Map zu entwickeln. Anschließend präsentieren die Kleingruppen ihre Ergebnisse im Plenum. Nach der darauffolgenden Teamaktion reflektieren die Kleingruppen, inwieweit sie die entwickelten Faktoren eingehalten haben, welche Aspekte (noch) nicht umgesetzt wurden und welche Punkte noch ergänzt werden müssen. Abschließend erfolgt eine Präsentation der Ergebnisse.

Intro

„In unserer nächsten Übung geht es darum, dass Sie sich zu fünft über die Frage austauschen, was für Sie ein gutes Team ausmacht. Also, was die für Sie wichtigsten Kriterien für eine gute Zusammenarbeit sind. Ihre Ergebnisse halten Sie bitte auf einer der Pinnwände fest. Hierfür nutzen Sie bitte die Form eines Mind-Maps, das heißt: In der Mitte steht zentral das Hauptthema, in diesem Fall ‚TEAM'. Von der Mitte aus werden die Hauptkriterien mit Unterpunkten gebildet. Zum Beispiel könnte ein Hauptkriterium der Begriff ‚Kommunikation' sein, der sich aufteilt in die Unterpunkte ‚Aktives Zuhören', ‚Ausreden lassen', ‚Feedback geben' und ‚Feedback annehmen'. Wichtig hierbei ist, dass Sie nur Stichpunkte aufschreiben oder Symbole verwenden. Es braucht keine ausformulierten Sätze. Ihr Mind-Map stellen Sie in 20 Minuten im Plenum vor. Gibt es Fragen zu der Aufgabenstellung? Ich darf Sie bitten, ein Los zu ziehen. Auf dem Los steht eine Zahl, zum Beispiel 2. Dies bedeutet, dass Sie in der Gruppe 2 sind." Nachdem die Lose verteilt sind: *„Finden Sie sich jetzt innerhalb Ihrer Kleingruppen zusammen. Und los geht's."*

Nach der Teamaktion: *„Nun haben Sie Ihre Zusammenarbeit in der Teamherausforderung hautnah gespürt. Sie werden es sich sicherlich schon denken, nun geht es darum, was Sie von Ihrer Vorstellung eines Idealteams umgesetzt haben. Bitte gehen Sie hierfür wieder in Ihren Kleingruppen zusammen. Unterstreichen Sie auf Ihrem Mind-Map in grün, welche Bereiche Sie gut umgesetzt haben und in rot, wo sie noch Potenzial sehen. Schreiben Sie gerne noch weitere Punkte, die Ihnen noch fehlen, mit Schwarz hinzu. Diese können Sie ebenfalls gerne mit Grün und Rot unterstreichen. Wir sehen uns in 15 Minuten wieder hier im Workshopraum."*

Hintergründe

Durch die Methode setzt sich das Team mit seinem Idealbild der Zusammenarbeit auseinander. Es entsteht eine Soll-Ist-Analyse, aus der für

Auswertung
Welche Bereiche wurden in der Teamaktion gelebt?
Welche Bereiche sollten in der nächsten Teamaktion mehr gelebt werden?
Welche Bereiche/Stichworte fehlen auf Ihrem Mind-Map und sollten ergänzt werden?

die Zusammenarbeit im Unternehmen als auch für den weiteren Workshopverlauf in der Regel viele Erkenntnisse gewonnen werden. Durch die Gruppeneinteilung über die Losmethode wird dazu beigetragen, dass Teammitglieder zusammenfinden und sich besser kennenlernen, die im Rahmen einer „freien Teamwahl" nicht prioritär in eine gemeinsame Kleingruppe gehen würden.

Tipps

- Bei unerfahrenen Teams, zum Beispiel bei Auszubildenden, ist es sinnvoll, die beispielhaft genannten Mind-Map-Unterpunkte auf dem Flipchart zu visualisieren. Hierdurch werden mehr Ideen generiert.
- Möchte der Trainer sich ein Bild machen, wie die einzelnen Beziehungen innerhalb des Teams gestaltet sind, überlässt er die Kleingruppeneinteilung den Teilnehmern.

Material

- Lose für die Gruppeneinteilung, pro Gruppe eine Pinnwand, Moderationsstifte

Teamregeln
Was sind für Sie die wichtigsten Regeln, um die kommenden Herausforderungen zu einem Erfolg werden zu lassen?
20 Minuten
auf Flipchart
Präsentation

Teamregeln

Aufbau

Das Team entwickelt in Kleingruppen von bis zu fünf Teilnehmern die für sie wichtigsten Regeln, um die kommende Teamaktion zu einem Erfolg werden zu lassen. Die Kleingruppen bekommen hierfür 20 Minuten Zeit und halten ihre Ergebnisse auf einem Flipchart fest.

Danach werden diese im Plenum präsentiert und ein Konsens über die drei wichtigsten Regeln herausgearbeitet. Diese werden vom Trainer auf einem Flipchart schriftlich festgehalten. Nun wird die Teamaktion durchgeführt, in der es gilt, die vereinbarten drei Teamregeln einzuhalten. Im Anschluss folgt ein gemeinsamer Dialog, inwieweit dies umgesetzt wurde.

Zum Abschluss erfolgt ein Transfer zu der Zusammenarbeit im Unternehmen. Es stellt sich die Frage, inwieweit die besprochenen Regeln oder eine Ableitung von diesen bei der alltäglichen Zusammenarbeit hilfreich wären.

Intro

„Sie haben in der letzten Teamübung und der anschließenden Reflexion viel über sich als Team gelernt. Bevor wir zur nächsten Herausforderung kommen, möchte ich gerne eine kleine Übung zum Thema ‚Teamregeln' mit Ihnen durchführen. Ich teile Sie gleich in Kleingruppen ein und darf Sie bitten, dass Sie sich innerhalb dieser mit folgender Frage auseinandersetzen: Was sind für Sie die wichtigsten Regeln, um die kommende Teamherausforderung zu einem Erfolg werden zu lassen? Bitte halten Sie Ihre Ergebnisse auf dem Flipchart fest. Für den Austausch haben Sie 20 Minuten. Anschließend treffen wir uns wieder hier im Plenum. Sie präsentieren Ihre Ergebnisse und entscheiden sich dann für drei Regeln, die Sie bei der nächsten Teamherausforderung besonders beachten möchten. Gibt es von Ihrer Seite noch Fragen? Dann zur Gruppeneinteilung!"

Hintergründe

Durch diese Methode entwickeln die Teilnehmer ein gemeinsames Bewusstsein über ihre derzeitige Teamsituation. Durch die gemeinsame Vereinbarung der wichtigsten Teamregeln kann sich die Zusammenarbeit grundlegend verbessern. Die Methode eignet sich besonders, wenn in der vorhergehenden Teamaktion viele Schwierigkeiten in der Teamarbeit aufgetreten sind.

Unsere Teamregeln

Als Ideenpool führen wir im Folgenden einige beispielhafte Teamregeln auf:

- Wir nutzen die Teamintelligenz, indem wir darauf achten, dass jeder gehört wird.
- Wir entwickeln immer zuerst eine Strategie und achten darauf, dass sie jeder verstanden hat.
- Wir schätzen jede Meinung.
- Wir gehen positiv und lösungsorientiert an eine Herausforderung heran.
- Wir sprechen aus, was gerade im Raum ist.
- Wir lassen jeden ausreden und hören zu.
- Wir sprechen in Ich-Botschaften.
- Wir nehmen Einzelmeinungen ernst.
- Wir motivieren uns gegenseitig.
- Wir feiern zusammen unsere Erfolge.

Tipps

- Damit die Teilnehmenden die Aufgabenstellung gut erfassen können, sollten sie schon mindestens eine gemeinsame Teamaktion erlebt haben. Mit dieser Erfahrung verstehen Sie besser, worauf es ankommt.
- Es sollten nicht mehr als zwei oder drei Teamregeln herausgearbeitet werden. Ansonsten wird eine fokussierte Umsetzung in der folgenden Teamaktion zu schwierig.
- Wir verwenden die Methode besonders gerne, wenn ein Team im Alltag von unterschiedlichen Standorten aus zusammenarbeitet. Hier erarbeiten die Teams im ersten Schritt für sie wichtige Regeln in der täglichen Arbeit. Im Anschluss stehen sie sich im Plenum gegenüber und präsentieren sich gegenseitig ihre Teamregeln, die danach zusammengeführt werden.

Material

- Pro Kleingruppe ein Flipchartpapier, Moderationsstifte

Teamaktionen durchführen

Durch Teamaktionen wird die tägliche Zusammenarbeit in den Workshop gebracht. Das gemeinschaftliche Bewältigen einer Aufgabe erfordert Kooperation und Teamgeist. Die Teilnehmer setzen Lösungsmuster, Verhaltensweisen, Umgangsformen etc. ein, die auch im Arbeitsalltag genutzt werden und die sich insbesondere bei länger bestehenden Teams über Jahre eingespielt haben. Es kommt während einer Teamaktion daher zu Situationen, die genau den Zustand und die Verhältnisse der täglichen Zusammenarbeit widerspiegeln. Hierdurch ist es möglich, die Art und Weise der Zusammenarbeit, die im Unternehmen vorherrscht, zu reflektieren – anhand von konkreten Situationen aus dem Workshop.

Hierfür ein kurzes Beispiel aus einem unserer Workshops: Ein kleines Team (sieben Teilnehmer) aus der Chemiebranche erhielt die Aufgabe, die Übung namens „The last bottle of water" zu lösen. Zunächst brauchte das Team statt der vorgegebenen 15 Minuten ca. 45 Minuten für die Strategieplanung. Das Besondere an dem Prozess war dann, dass das Team in der anschließenden Durchführung komplett anders vorging, als vorher verabredet worden war. Die Übung wurde nicht geschafft. In der anschließenden Reflexion- und Transferphase wurde deutlich, dass dieses Verhalten genau dem entsprach, was die Teilnehmer von ihrer gemeinsamen Arbeit im Unternehmen kannten. Mit dieser Thematik hatten wir einen Workshopschwerpunkt, mit dem weitergearbeitet wurde.

Neben dem sich zeigenden „Spiegelbild der Zusammenarbeit" fördern Teamaktionen gleichzeitig eine dynamisierende Entwicklung auf der Beziehungsebene. Die größere Interaktionsdichte fördert das Wir-Gefühl im Team.

Wenn die erste Teamaktion reflektiert und auf den Arbeitsalltag transferiert wurde, werden im zweiten Schritt durch weitere Aktionen neue Herangehensweisen erprobt und es wird die nachhaltige Implementierung erfolgreicher Strategien ermöglicht. Hierdurch wird das Team unterstützt, Erkenntnisse aus der Reflexion im Kontext „Planung", „Absprachen", „Kommunikation" etc. im weiteren Workshop und natürlich bei der täglichen Zusammenarbeit anzuwenden und zu leben. Um diesen Prozess bestmöglich zu unterstützen, sollten am Ende einer jeden Reflexions- bzw. Transferphase immer konkrete, schriftlich festgehaltene Verabredungen stehen, deren Umsetzung im besten Fall in einem Folgeworkshop aufgegriffen wird.

Tipps

Die Rolle des Trainers

Um den Teamprozess nicht zu beeinflussen, nimmt der Trainer während der Durchführung einer Teamaktion eine Beobachterrolle ein und interagiert nicht mit dem Team. Hierfür ist es wichtig, dass der Trainer einen Abstand zum Geschehen einhält. Dies ermöglicht ihm, alle Interaktionen zu beobachten und signalisiert gleichzeitig, dass er nicht eingebunden ist. Mit Ausnahme dann, wenn eine Intervention notwendig ist (vgl. S. 127), gibt der Trainer in der Regel keine Hilfestellung zum Lösen der Aufgabe. Er achtet lediglich darauf, dass die „Übungsregeln" eingehalten werden.

Zuletzt noch eine Selbstverständlichkeit: Auf jeden Fall muss der Trainer eingreifen, wenn ein Teilnehmer oder das Team Gefahr läuft, sich zu verletzen. Es ist empfehlenswert, immer ein Erste-Hilfe-Paket dabeizuhaben.

Visualisierung in der Natur

Gerade bei komplexeren Teamaktionen gibt es den Teilnehmern Sicherheit wenn sie die Aufgabenstellung nachlesen können. Daher ist es sinnvoll, ein Flipchart mit den visualisierten Rahmenbedingungen aufzustellen. Bei Teamaktionen, die in der Natur stattfinden, kann hierfür ein Tischflipchart genutzt werden, das durch seine kleinere Größe leichter zu transportieren ist.

Von Erfahrungsräumen

Jede Methode bietet einen anderen Erfahrungsraum. Zum Beispiel wird in der Übung „The last bottle of water“ (S. 145) in der Regel ein Ausdifferenzieren der Führungsrolle stattfinden. Die Übung „Kraft und Vertrauen“ (S. 155) hat hingegen einen anderen Schwerpunkt und fördert gegenseitiges Vertrauen und Empathie im Team. Mit der Methodenwahl bietet der Trainer den Teilnehmern spezifische Entwicklungsmöglichkeiten. Die Kunst des Trainers besteht darin, die Erfahrungsräume seiner Methoden zu kennen und für seine Teilnehmer optimal zu nutzen.

Die Kunst des Wahrnehmens

Die Reflexionsinhalte einer Teamaktion werden in erster Linie von den Teilnehmern erbracht. Die Aufgabe des Trainers besteht vor allem darin, die Reflexion und den anschließenden Transfer stimmig zu begleiten und zu leiten. Dies beginnt mit der Auswahl der geeigneten Reflexionsmethode und endet mit einem Feedback des Trainers an das Team. Dafür muss der Trainer während einer Teamaktion möglichst viel von der Dynamik im Team mitbekommen. Damit dies gut gelingt, braucht es vor allem eins: Erfahrung. Mit jeder Übung, die ein Trainer wiederholt durchführt, erhält er ein Stück mehr davon. Durch den Vergleich mit anderen Teams und deren Verhalten innerhalb der Teamaktion, fällt es zunehmend leichter, Verhaltensweisen zu registrieren und einzuschätzen. Deshalb ist es lohnend, insbesondere zu Beginn der Arbeit mit dieser Form der Teamentwicklung das Methodenbündel an Teamaktionen klein zu halten und intensiv mit diesem zu arbeiten.

Folgende Fragestellungen können für den Trainer während der Teamaktionen eine Beobachtungshilfe sein:

- Geht das Team systematisch und strukturiert bei der Lösung vor?
- Wie werden die Fähigkeiten der einzelnen Teammitglieder eingesetzt und genutzt?
- Wie gehen die Teammitglieder miteinander um?
- Welche Rolle und Funktion nimmt das einzelne Teammitglied ein?

- Wie werden vorherige Verabredungen integriert und umgesetzt?
- Wie verhält sich der Einzelne bzw. das Team in herausfordernden Situationen?

Grenzen sind Lehrmeister

Teamaktionen sind umso ertragreicher, je mehr Themen in den Vordergrund treten. Wenn eine Übung zu glatt läuft und das Team zu wenig herausgefordert ist, dann gibt es außer den Erfolgsfaktoren nicht viel zu reflektieren. In so einem Fall sollten schwierigere Methoden genutzt oder diese anspruchsvoller gestaltet werden. Durch Zeiteinschränkungen, die Regel eines stummen Zusammenarbeitens oder durch Interventionen des Trainers kann der Schwierigkeitsgrad der Teamaktionen erhöht werden.

Interventionen

Interventionen sollten in einer Teamaktionen nur sehr dosiert und als Ausnahme eingesetzt werden. Der Trainer kann durch diese gezielt innerhalb einer Teamaktion die Intensität dieser erhöhen. Er kann z.B. bekannt geben, dass die Geschäftsführung gerade angerufen hat und die Zeit zur Lösung der Aufgabe sich auf 15 Minuten verringert. Oder er gibt vor, dass ab nun nicht mehr gesprochen werden darf. Auf solche Interventionen kann der Trainer zurückgreifen, wenn absehbar ist, dass die Übung zu leicht bewältigt wird.

Eine Intervention kann ebenso Sinn machen, wenn ein Team zum Lösen der Aufgabe wiederholt und für längere Zeit immer wieder auf die gleichen Strategien zurückgreift und dabei keinen Schritt weiterkommt. Dann kann der Trainer den Wechsel auf die Metaebene anleiten, z.B. mit der Frage, was das Team noch für Lösungsideen hat.

Dieses Kapitel beinhaltet ein großes Portfolio an abwechslungsreichen Teamaktionen. Die meisten Übungen lassen sich am besten in der Natur durchführen. Folgende Methoden können ebenso sehr gut in größeren Workshopräumen durchgeführt werden:

- Das Stern-Projekt
- Heißer Draht
- Kraft und Vertrauen
- Acid River
- Das Teamhaus
- Kugelbahnlabyrinth

Index

Blind Walk
Ein Teilnehmer mit verbundenen Augen wird durch seinen Partner ausschließlich durch den Einsatz von Sprache geführt. .... S. 131

Das Stern-Projekt
Das Team erhält die Aufgabe, blind mit einem Seil einen Stern auf den Boden zu legen. Die Methode kann indoor und outdoor angewandt werden. .... S. 135

Der Stein der Teamweisheit
Bei dieser Outdoor-Übung muss das Team drei in unterschiedlichen Höhen gespannte Seile überwinden, um den „Stein der Teamweisheit" in Sicherheit zu bringen. .... S. 137

The Walk
Das Team hilft sich gegenseitig über eine Strecke aus Balancebrettern zum Ziel. Die Methode kann indoor und outdoor verwendet werden. .... S. 141

The last bottle of water
Das Team bekommt die Aufgabe, mithilfe von Seilen einen Becher Wasser zu füllen und diesen sowie die Flasche selber aus einem Seilkreis herauszubefördern. .... S. 145

Der heiße Draht
Das Team muss gemeinsam ein gespanntes Seil überwinden, ohne dies zu berühren. Während der Übung darf nicht gesprochen werden. Die Methode kann indoor und outdoor angewandt werden. .... S. 149

Wolfspfad
Jeder Teilnehmer legt im Dunkeln eine mit Knicklichtern markierte Strecke in der Natur zurück. .... S. 151

Kraft und Vertrauen
Das Team entwickelt eine Seilkonstruktion, mit der jedes Mitglied nacheinander einmal getragen wird. Die Methode kann indoor und outdoor angewandt werden. .... S. 155

Acid River
Das Team muss sich mithilfe von Brettern, die aufgrund ihrer Länge unbrauchbar erscheinen, über einen Säurefluss retten. Die Methode kann indoor und outdoor angewandt werden. .... S. 157

Das Teamhaus
Das Team baut in Kleingruppen einen neuen Firmensitz aus Moderationskarten. Dabei darf nicht gesprochen werden. Die Methode kann indoor und outdoor angewandt werden. .... S. 161

Kugelbahnlabyrinth
Mithilfe unterschiedlicher Materialen baut das Team in Vierergruppen ein Kugelbahnlabyrinth in einen Karton. Die Methode kann indoor und outdoor angewandt werden. ....S. 163

Das Katapult
Eine komplexe Outdoor-Übung, bei der das Team in zwei Gruppen die Aufgabe bekommt, unabhängig voneinander ein identisches Katapult zu bauen. .... S. 167

Teamwege
Das Team sucht mithilfe einer Landkarte unterschiedliche Ziele in der Natur. .... S. 173

Blind Walk
Aufstellung zu zweit am Seil
Der Vordermann ist blind
Der Partner führt über die Sprache
STOP
Berührungen sind nicht erlaubt

Blind Walk

Aufbau

Diese Teamaktion wird im Freien durchgeführt. Der Trainer legt ein 20 Meter langes Seil in Form einer Linie auf den Boden. Die Teilnehmer finden sich entlang des Seils im Abstand von mindestens zwei Metern zu zweit zusammen. Den Seilanfang an der Spitze hält der Trainer in der Hand. Jedes Zweierteam spricht sich nun ab, wer von beiden sich zuerst die Augen verbindet. Dann erhält der Sehende die Aufgabe, seinen blinden Partner über das abwechslungsreiche Gelände zu führen – ohne Körperkontakt und ausschließlich über die Sprache. Hierbei haben sowohl die sehenden als auch die blinden Teilnehmer eine Hand am Seil. Ob ein Paar sich dazu rechts und links vom Seil oder hintereinander aufstellt, spielt keine Rolle. Wichtig ist lediglich der Abstand von ca. zwei Metern zum nächsten Paar. Der Trainer geht nun mit dem Seil in der Hand voran und gibt den Weg vor. Nach ca. 10 Minuten findet innerhalb der Zweierteams ein Rollenwechsel statt.

Die Reflexion des „Blind Walks“ erfolgt mit dem Übungspartner anhand vorgegebener Fragen (siehe Flipchart nächste Seite). Für den Austausch sind in der Regel 10 Minuten Gesprächszeit passend. Die Übung wird mit einem Blitzlicht im Plenum abgeschlossen.

Intro

„Ich darf Sie jetzt zu unserer nächsten Übung einladen. Bitte finden Sie sich zuerst zu zweit entlang des Seils zusammen. Halten Sie bitte ca. zwei Meter Abstand zu den anderen Zweierteams. ... Vielen Dank, das hat schon einmal sehr gut funktioniert.

Bei Ihrer Aufgabe ist nun jeweils einer von Ihnen blind und wird durch seinen Partner geführt. Dabei ist wichtig, dass Sie beide jeweils eine Hand am Seil haben. Der Sehende von Ihnen führt nur durch Sprache, Körperkontakt ist nicht erlaubt. Ich werde die Spitze bilden und gebe den Weg vor. Nach 10 Minuten werden Sie die Rollen tauschen. Bitte legen Sie jetzt fest, wer zuerst die Augenbinde aufziehen soll. Alle startklar? Dann geht es jetzt los.“

Das Reflexionsintro nach beiden Walks: *„Ich möchte Sie nun bitten, dass Sie sich mit Ihrem Übungspartner 10 Minuten über folgende Fragestellungen austauschen: ‚Was war in Ihrer jeweiligen Rolle förderlich und hilfreich? Was hätten Sie sich von Ihrem Partner bei der Durchführung gewünscht? Und das Wichtigste: Gibt es Parallelen zu Ihrer täglichen Zusammenarbeit? Welche Aspekte möchten Sie zukünftig beibehalten,*

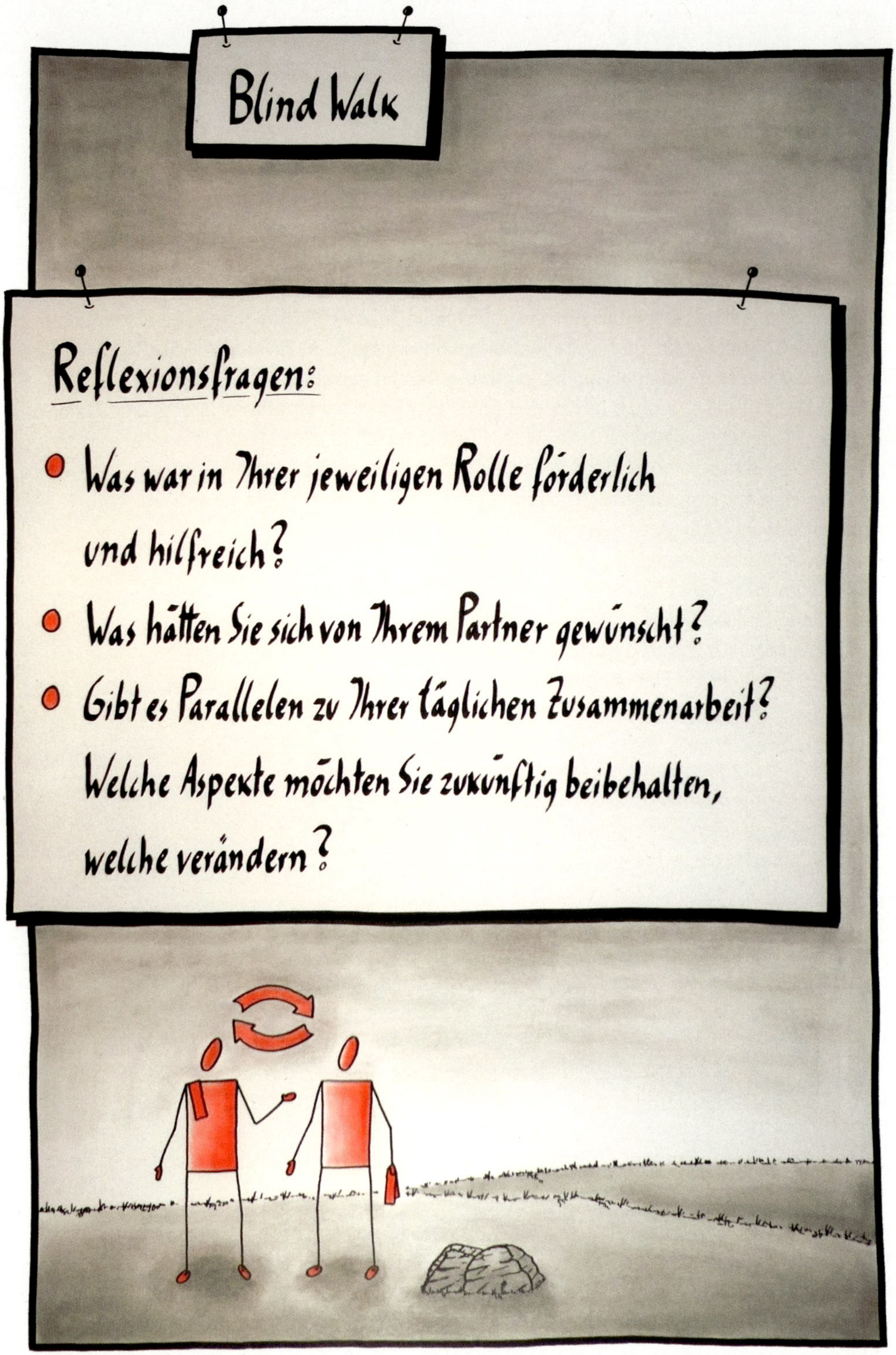
Blind Walk
Reflexionsfragen:
Was war in Ihrer jeweiligen Rolle förderlich und hilfreich?
Was hätten Sie sich von Ihrem Partner gewünscht?
Gibt es Parallelen zu Ihrer täglichen Zusammenarbeit?
Welche Aspekte möchten Sie zukünftig beibehalten, welche verändern?

welche verändern?'" Gegebenenfalls bieten Sie dazu jedem Zweierteam einen Ausdruck mit den Fragestellungen an. *„Nach dem Austausch kommen wir wieder hier zusammen und schließen die Übung mit einem Blitzlicht ab. Los geht's."*

Hintergründe

Ziel der Übung ist es, zu erleben und dann zu reflektieren, wie sich die Teampartner aufeinander einstellen. Jedes Teammitglied hat unterschiedliche Kontakt- bzw. Sicherheitsbedürfnisse. Bei dem einen reicht eine kurze Anweisung, während der andere detaillierte Informationen zum Umfeld braucht. Um eine Form der Zusammenarbeit zu finden, die für beide sinnvoll und stimmig ist, braucht es Einfühlungsvermögen und gegenseitiges Vertrauen. Jede Rolle beinhaltet sowohl ein Nehmen als auch ein Geben: Der Sehende muss führen, Anweisungen geben, Beobachten, Nachfragen und dadurch Sicherheit geben. Gleichzeitig muss er sich in seinen Partner einfühlen und dessen Bedürfnisse wahrnehmen. Der blinde Partner muss in erster Linie aufmerksam zu hören. Aber er sollte auch rückmelden, was er braucht, um aktiv für sich zu sorgen.

Diese Übung bietet einen stimmigen Erfahrungsraum, um zu ergründen, welche Bedürfnisvariationen es im Team gibt. Der anschließende Austausch macht deutlich, inwieweit der tägliche Umgang miteinander den persönlichen Bedürfnissen entspricht.

Tipps

- Der Trainer sollte die Strecke vorher abgegangen sein.
- Eine abwechslungsreiche Strecke ist wichtig. Vertiefungen im Boden, Bäume, Felsen, Treppen oder Büsche, die im Weg stehen, sorgen für den Schwierigkeitsgrad, den die Übung braucht, um effektiv zu sein.
- Die Übung kann erweitert werden, indem nach dem Rollenwechsel die Paare neu zusammengesetzt werden.
- Wenn die Teilnehmer bei der letzten Frage der Reflektion besonders viele Aspekte gesammelt haben, ist es sinnvoll, diese noch einmal im Workshopraum schriftlich festzuhalten. Die Teilnehmer können hierzu ihre Punkte auf Moderationskarten schreiben oder der Trainer erstellt eine Gesamtzusammenfassung auf einem Flipchart.

Material

- Seil, Augenbinden, Handouts mit Fragestellungen für die Reflexion

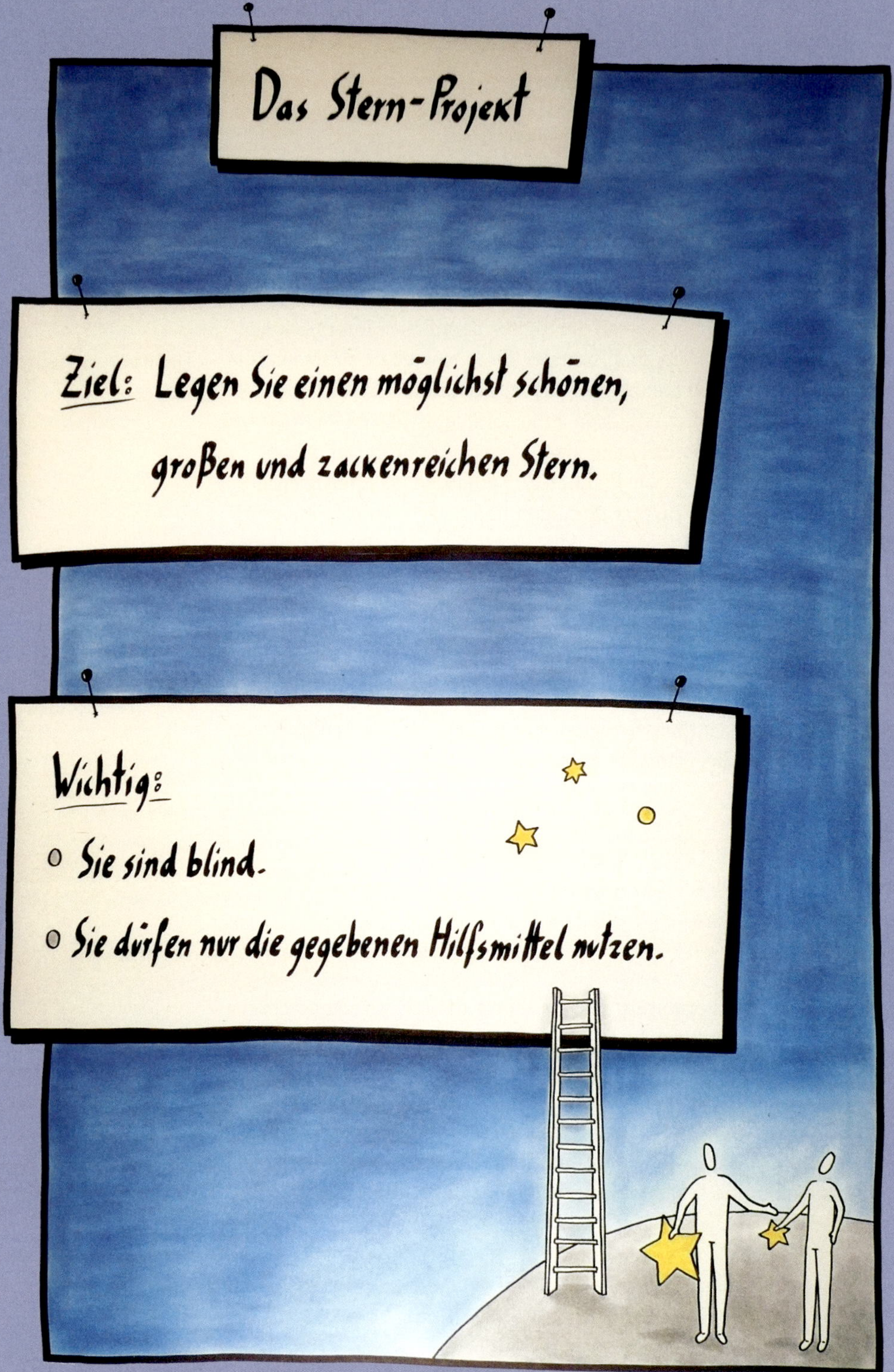
Das Stern-Projekt
Ziel: Legen Sie einen möglichst schönen, großen und zackenreichen Stern.
Wichtig:
Sie sind blind.
Sie dürfen nur die gegebenen Hilfsmittel nutzen.

Das Stern-Projekt

Aufbau

Nachdem das Team Augenbinden angelegt hat, erhält es die Aufgabe, ein Seil zu einem auf dem Boden liegenden Stern zu formen. Dieser Stern sollte möglichst groß, schön und zackenreich sein. Für das Seil empfiehlt sich eine Mindestlänge von 15 Metern. Die Teamaktion kann im Raum oder im Freien auf einem ebenen festen Untergrund durchgeführt werden.

Intro

„Wir kommen nun zu einer besonderen Herausforderung. Ziehen Sie sich bitte zuerst die Augenbinden an, dann erkläre ich Ihnen die Teamaktion. ... Ihre Aufgabe ist es nun, mit einem in der Raummitte liegenden Seil einen Stern zu legen, der möglichst groß, schön und zackenreich ist. Während der Übung dürfen Sie sich unterhalten. Es besteht kein Zeitlimit! Haben Sie Fragen? Dann los!"

Hintergründe

Die Methode ist insbesondere unter drei Gesichtspunkten gut verwendbar:

1. Sie ist ein sehr guter Einstieg in das Thema „Teamkommunikation". Durch die erlebte Interaktion und die Einnahme von Funktionen und Rollen der einzelnen Teammitglieder bekommt der Trainer eine gute Reflexionsgrundlage, um damit im Workshop weiterzuarbeiten.
2. Sie bietet einen besonders guten Rahmen für eine Hierarchiebildung innerhalb des Teams, da sie nur sehr schwer ohne klare Führung lösbar ist.
3. Wenn Teams dazu neigen, einander nicht zuzuhören, ist diese Übung ein hilfreicher Erfahrungsraum, da dieses Verhalten durch die Augenbinden verstärkt wird. Es kann dadurch sehr gut reflektiert und ein Bezug zum beruflichen Alltag hergestellt werden.

Tipp

- Es ist wichtig, dass das Seil in der Mitte liegt und initiativ von einem Teilnehmer aufgenommen wird. Wenn der Trainer das Seil einem Teilnehmer geben würde, würde er evtl. eine Führungsrolle vergeben und die Teamdynamik beeinflussen.

Material

- Augenbinden, Seil (mind. 15 Meter Länge)

Der Stein der Teamweisheit

Ziele: Das Team und den Stein in Freiheit bringen.

zu beachten:

- zwei Teammitglieder müssen über das niedrigste Seil, drei über das höchste und der Rest über das mittlere
- bei einer Seil- oder Baumberührung müssen alle zurück
- kein Springen, kein Hüpfen

Der Stein der Teamweisheit

Vorbereitung

Für die Teamaktion werden drei Bäume benötigt, die in der Form eines Dreiecks angeordnet sind. Der Abstand zwischen den Bäumen sollte ca. 5–8 Meter betragen. Innerhalb des Baum-Dreiecks muss so viel Platz sein, dass sich alle Teilnehmer dort aufhalten können. Es sollte keine größeren Wurzeln oder Erdlöcher geben, über die jemand stolpern könnte.

Der Trainer spannt ein Seil in ca. 70 cm Höhe zwischen Baum Nr. 1 und Baum Nr. 2. Das nächste Seil wird in ca. 110 cm Höhe zwischen Baum Nr. 2 und Baum Nr. 3 und das dritte Seil in einer Höhe von ca. 140 cm zwischen Baum Nr. 3 und Baum Nr. 1. befestigt. So entsteht ein Raum in Form eines Dreiecks. Im Inneren des Dreiecks wird der „Stein der Teamweisheit" platziert, z.B. ein Glaskristall in einem Beutel.

Aufbau

Die Teilnehmer versammeln sich zwischen den Bäumen im Inneren des Seil-Dreiecks. Sie erhalten die Aufgabe, sich selbst und den Stein der Teamweisheit zu retten. Dazu müssen sie sich eine Strategie überlegen, wie sie als Team über die unterschiedlich gespannten Seile gelangen. Hierbei sind jedoch folgende Regeln zu befolgen: Zwei Teilnehmer müssen über das unterste Seil und drei Teilnehmer über das höchste Seil auf die andere Seite kommen. Der Rest des Teams muss das mittlere Seil überwinden. Wird während der Übung ein Seil oder ein Baum von einem Teilnehmer berührt, müssen alle Teilnehmer wieder zurück in das Dreieck. Die Teilnehmer haben eine Planungszeit von 15 Minuten, in der sie sich beraten, wie sie die Aufgabe gemeinsam lösen wollen. Die Übung ist beendet, wenn sowohl alle Teilnehmer als auch der Stein der Teamweisheit in Freiheit sind.

Intro

Der Trainer lädt die Teilnehmer in den Innenraum des Dreiecks ein und erläutert dort die Übung: *„Sie haben nun die Aufgabe, den seltenen Stein der Teamweisheit zu befreien, der in diesem Säckchen in Ihrer Mitte an diesem Ast hängt. Sie dürfen ihn erst in Freiheit anschauen. Es gibt hierbei verschiedene Rahmenbedingungen, die diese Aufgabe zu einer Herausforderung für Sie machen.*

Wie Sie sehen, sind Sie von Seilen in unterschiedlichen Höhen umgeben. Sie sind elf Personen, das bedeutet, jeweils zwei von Ihnen dürfen das niedrigste Seil überqueren, sechs von Ihnen das zweithöchste Seil und über das höchste müssen drei von Ihnen. Bei einer Seil- oder Baumbe-

Der Stein der Teamweisheit
Ziele: Das Team und den Stein in die Freiheit bringen
zu beachten:
zwei Teammitglieder müssen über das niedrigste Seil, drei über das höchste und der Rest über das mittlere
bei einer Seil- oder Baumberührung müssen alle zurück
kein Springen, kein Hüpfen
15 Minuten Planungszeit

rührung müssen alle zurück. Sie dürfen nicht über das Seil springen. Für die gemeinsame Strategieentwicklung stehen Ihnen 15 Minuten zur Verfügung. Haben Sie noch Fragen? Dann geht es nun los!"

Hintergründe

Die Übung lohnt sich besonders bei Teams, bei denen die Themen „Vertrauen", „Konzentration", „Ruhe" und „Empathie" eine Rolle spielen. In der abschließenden Reflexionsrunde können auf diese Bereiche Schwerpunkte gelegt werden. Das Team sollte für diese Übung aus mindestens acht Teilnehmern bestehen.

Tipps

- Durch die unterschiedlichen Seilhöhen kann jedes Teammitglied an der Übung teilnehmen. Die Höhe der Seile kann der Trainer den individuellen Vorraussetzungen der Teilnehmer anpassen. Gegebenenfalls sollte die Teilnehmerzahl, die über das niedrigste und mittlere Seil kommen muss, entsprechend erhöht werden.
- Bei der Überquerung des höchsten Seils werden die Teilnehmer in der Regel wie ein Brett von zwei anderen Personen gehoben. Hier muss der Trainer besonders auf die Sicherheit achten. Sollten die Teilnehmer während des Hebens z.B lachen, bewirkt dies unmittelbar, dass die Hebekräfte nachlassen. Falls diesbezüglich etwas in Erscheinung tritt, muss der Trainer sofort reagieren und die Teilnehmer auf diesen Zusammenhang hinweisen.
- Statt des Steins der Teamweisheit können auch Gegenstände vom Team gerettet werden, die die Teilnehmer für weitere Übungen im Workshopverlauf benötigen, wie z.B. Fackeln für eine Nachtwanderung.
- Am Ende der Übung kann als Transfersymbol ein Glasdiamant an jeden Teilnehmer ausgeteilt werden.
- Wenn der Trainer Glöckchen an den Seilen befestigt, ist eine Seilberührung für alle deutlich wahrnehmbar. Mögliche Diskussionen, ob das Seil nun berührt wurde oder nicht, lassen sich dadurch vermeiden.
- Zusätzlich zum Stein der Teamweisheit kann ein passendes Zitat, ein Gutschein, ein Hinweis auf ein besonderes Abendevent etc. verpackt werden.

Material

- Drei Seile von je 15 Metern, ein Glasstein als Stein der Teamweisheit, ggf. Glocken für die Seile

Gemeinsam das Ziel erreichen!
Bitte beachten: ○ Berührt jemand den Boden, muss das gesamte Team zurück
○ kein Springen, kein Hüpfen
The Walk

The Walk

Vorbereitung

Der Trainer legt einen Weg aus Balancebrettern auf den Boden. Start und Ziel können z.B. mit einem roten Seil kenntlich gemacht werden. Bei der Wahl des Übungsortes ist zu beachten, dass der Boden eben sein muss.

Aufbau

Das Team bekommt die Aufgabe, innerhalb von 15 Minuten über eine Strecke aus Balancebrettern zum Ziel zu gelangen. Falls ein Teammitglied den Boden berührt, müssen alle am Startpunkt neu beginnen. Springen, Hüpfen oder Rennen ist nicht erlaubt.

Intro

„Ich darf Sie nun zu unserer nächsten Teamaktion ‚The Walk' einladen. Ihre Aufgabe ist es, gemeinsam über diese Strecke von Balancebrettern zum Ziel zu gelangen. Wichtig ist: Wenn jemand von Ihnen den Boden berührt, müssen Sie alle an den Start zurück. Insgesamt stehen Ihnen für diese Aufgabe 15 Minuten zur Verfügung. Aus Sicherheitsgründen ist das Rennen, Springen und Hüpfen nicht erlaubt. Sie können direkt starten, oder sich erst beraten. Haben Sie noch Fragen? Ich wünsche Ihnen viel Erfolg."

Hintergründe

Die Übung ist nur mit gegenseitiger Unterstützung zu bewerkstelligen. In der Regel halten sich die Teilnehmer an den Händen und helfen sich gegenseitig beim Ausbalancieren. Dieses intensive Wechselspiel zwischen Helfen und Unterstützung erhalten stärkt die Beziehung zwischen den einzelnen Teammitgliedern enorm.

Tipps

- Um den Bezug zum Arbeitsalltag zu erhöhen, kann ein Teamziel der kommenden sechs Monate auf eine Moderationskarte geschrieben werden. Die Karte wird dann am Ende der Strecke drapiert und das entstandene Szenario als Metapher genutzt.
- Der Schwierigkeitsgrad kann je nach Gruppenbedingungen durch die Anzahl der Latten und die Länge der geraden Strecken angepasst werden. Je mehr gerade Strecken über zwei bis drei Latten vorhanden sind, desto schwieriger wird die Übung.
- Die Übung kann erschwert werden, indem die Teilnehmer nach einer Planungsphase von ca. 10 Minuten nicht mehr sprechen dürfen.
- Eine weitere Variante ist, die Übung über den Faktor „Zeit" zu erschweren. Sobald die Gruppe neu starten muss, weil eine Person den Boden berührt hat, wird die Gesamtzeit um 2 Minuten reduziert.

Material

- 10 Balancebretter, evtl. 2 Seile:
  - Jedes Balancebrett besteht aus einer Buchenholzlatte von 200 cm x 4,5 cm x 4 cm (L/B/H).
  - Pro Balancebrett braucht es vier Stabilisierungsbretter. Diese bestehen ebenfalls aus Buchenholz und sind 24 cm x 9 cm x 2,4 cm (L/B/H).
  - Die Stabilisierungsbretter werden in einem gleichmäßigen Abstand mit Holzleim aufgeklebt und mit Schrauben justiert (Spax 200 – Rostfrei, 3,5 x 35, T 15, pro Latte 8 Stück).

  Links ist das Balancebrett von der Seite sowie der Balancebretteraufbau von unten dargestellt.

The last bottle of water
Ziel: Schütten Sie das Wasser innerhalb des Kreises ein und holen Sie Becher und Flasche heraus
Regeln:
Der Kreis darf nicht betreten werden
Fällt der Becher um, gibt es noch 2 Versuche
Es dürfen nur die gegebenen Hilfsmittel verwendet werden
Kein schieben

The last bottle of water

Vorbereitung

Ein Seilkreis mit einem Durchmesser von vier Metern wird vom Trainer auf den Boden gelegt. In die Mitte des Kreises stellt er einen Becher und eine Flasche Wasser.

Aufbau

Die Teilnehmer erhalten die Aufgabe, mithilfe von vier Seilen Wasser aus einer Flasche in einen Becher umzufüllen und beides anschließend aus einem Seilkreis herauszutransportieren. Der Kreis darf dabei nicht betreten werden. Fällt der Becher um, hat das Team noch zwei Versuche. Es dürfen nur die gegebenen Hilfsmittel verwendet werden. Der Becher darf während des Transports nicht über den Boden geschoben, sondern muss mithilfe der Seile getragen werden. Fällt die Flasche während der Übung um, stellt der Trainer diese so schnell wie möglich wieder auf.

Intro

„Ihre nächste Herausforderung besteht nun darin, den ‚letzten Becher Wasser' aus dem Seilkreis zu retten. Das tun Sie, indem Sie das Wasser unter Zuhilfenahme der gegebenen Hilfsmittel aus der Flasche in den Becher schütten und dann beides aus dem Kreis holen. Sie dürfen hierbei weder den Kreis betreten noch andere Hilfsmittel benutzen als diese vier Seile. Der Becher darf während des Transportes nicht geschoben werden. Fällt der Becher um, haben Sie weitere zwei Versuche, um die Aufgabe zu lösen. Sie haben für die Strategieentwicklung 15 Minuten Zeit. Für die anschließende Umsetzung haben Sie 30 Minuten. Gibt es noch Fragen zur Aufgabe? Dann starten wir nun."

Hintergründe

„The last bottle of water" ist eine Teamaktion, bei der zunächst eine gute Strategie und Abstimmung gefragt sind. Diese Phase sollte im Anschluss an die Übung gesondert reflektiert werden. Folgende Fragestellungen können den Trainer bei der Prozessbeobachtung der Planungsphase unterstützen:

- Stehen alle zusammen, um den Lösungsweg zu besprechen?
- Werden alle gehört? Geschätzt?
- Beteiligt sich jeder?
- Gehen die Teilnehmer strukturiert vor?
- Wer führt? Wie wird geführt?
- Wurde über die Strategie abgestimmt?
- Gibt es einen Plan B?

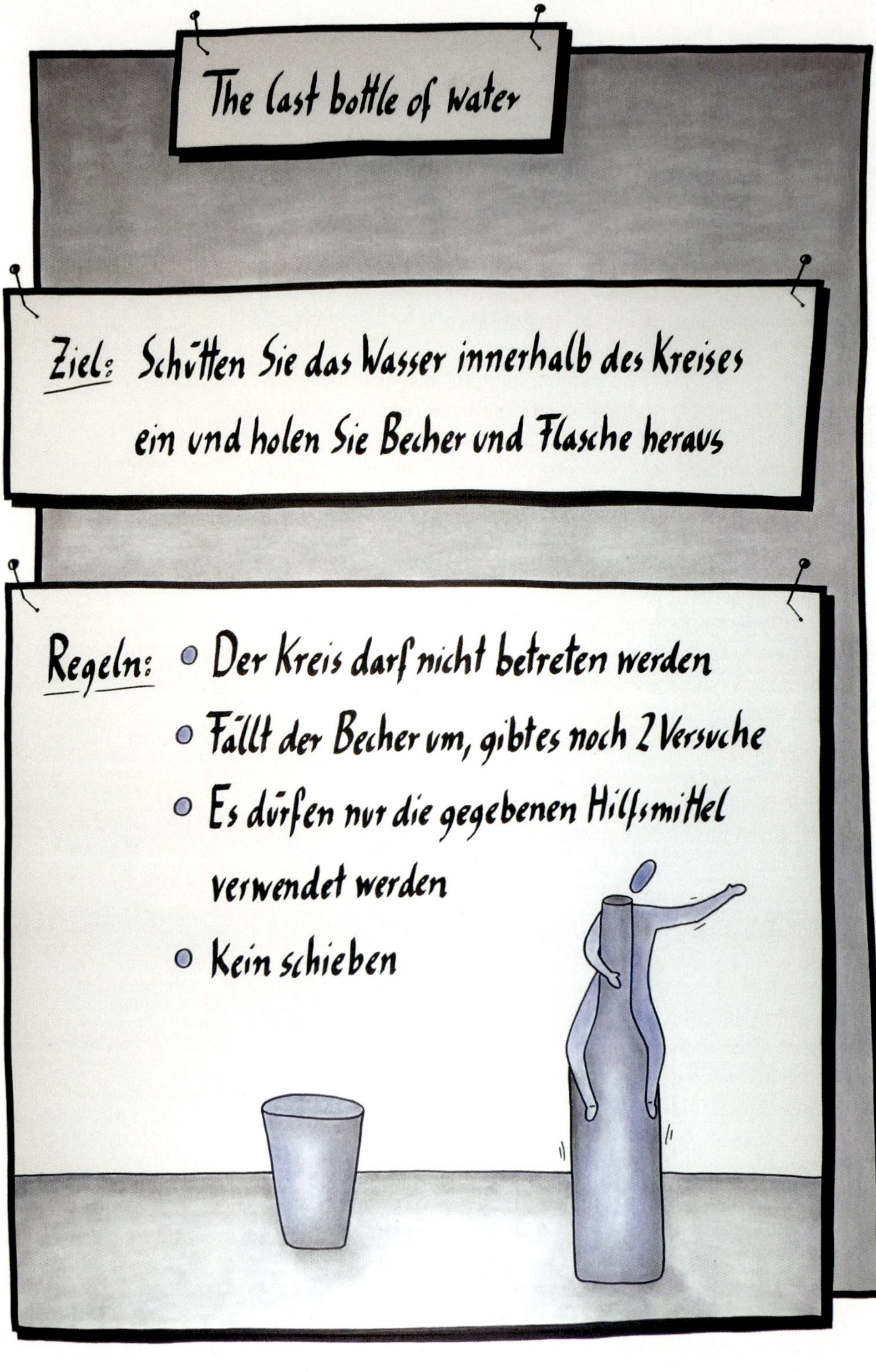
The last bottle of water
Ziel: Schütten Sie das Wasser innerhalb des Kreises ein und holen Sie Becher und Flasche heraus
Regeln:
Der Kreis darf nicht betreten werden
Fällt der Becher um, gibt es noch 2 Versuche
Es dürfen nur die gegebenen Hilfsmittel verwendet werden
Kein schieben

In der sich anschließenden Umsetzungsphase kann der Trainer dann als Beobachter bei den Teilnehmenden auf Folgendes achten:

- Wird die besprochene Strategie umgesetzt?
- Wie geht das Team mit auftretenden Schwierigkeiten um?
- Und zuletzt: Wie geht das Team mit dem Moment um, in dem die Aufgabe gelöst ist (Lachen, Klatschen oder los zum Nächsten)?

Tipps

- Die Übung kann im Workshopraum oder in der Natur durchgeführt werden. Falls die Übung im Workshopraum durchgeführt wird, ist es sinnvoll, Equipment zur Hand zu haben, falls die Flasche umfällt.
- Die Wasserflasche sollte am Hals einen Plastikring haben, was verschiedene PET-Flaschen bieten. Ebenso gibt es Becher mit einem Ring am oberen Rand.
- Es gibt mehrere **Lösungswege**. Ein Lösungsbeispiel finden Sie in den Download-Ressourcen zu diesem Buch (s. S. 6).

Material

- Eine Flasche Wasser, ein (Plastik-)Becher, ein 20-Meter-Seil für den Kreis, vier 4-Meter-Seile (ø 2,5 mm) für den Transport

Der heiße Draht
Ziel: Geeint auf die andere Seite kommen
zu beachten:
Sie müssen über das Seil kommen
Bei einer Seilberührung müssen alle zurück
Bis auf den ersten und letzten hat jeder
zwei andere Teammitglieder an der Hand
Alle sind in der Durchführung stumm
Kein Springen / kein Hüpfen

Der heiße Draht

Vorbereitung

Der Trainer spannt ein Seil in 65 cm Höhe zwischen zwei Bäume.

Aufbau

Die Teilnehmer sollen gemeinsam über das Seil kommen. Hierfür müssen sich alle an den Händen fassen und eine Kette bilden. Berührt jemand das Seil, gehen alle auf die Ausgangsseite zurück. Springen, Hüpfen oder Reden ist nicht erlaubt. Vor dem eigentlichen Start hat das Team eine Planungszeit von 15 Minuten. Die Übung ist beendet, wenn alle Teilnehmer auf der Zielseite angekommen sind. Für die Durchführungsphase gibt es keine zeitliche Frist.

Intro

„Sie sehen hier das Seil zwischen zwei Bäumen. Ihre Aufgabe ist es nun, gemeinsam auf die andere Seite zu kommen. Beachten Sie dabei bitte folgende Regeln: In der Durchführung müssen Sie eine Kette bilden. Also haben alle von Ihnen an jeder Hand ein Teammitglied, bis auf die erste und die letzte Person. Sie dürfen nicht über das Seil springen. Berührt jemand von Ihnen das Seil, müssen alle Personen, die schon auf der Zielseite sind, wieder zurück. Und ganz wichtig: Sie dürfen bei der Übung nicht sprechen! Sie haben jetzt 15 Minuten Zeit, um gemeinsam eine Strategie zu entwickeln. Ich gebe Ihnen ein Zeichen, wenn diese Zeit vorbei ist. Für die Durchführungsphase gibt es kein zeitliches Limit. Haben Sie noch Fragen? Dann starten Ihre 15 Minuten jetzt. Viel Erfolg!"

Hintergründe

Da die Teilnehmer bei der Überwindung des Seils auf die Hilfe der anderen angewiesen sind, stärkt diese Übung das Vertrauen – sowohl in die einzelnen Teammitglieder als auch in das gesamte Team. Ein weiterer Schwerpunkt dieser Übung liegt auf der Analyse der Fehlerkultur. Da in der Regel mindestens einmal jemand das Seil berührt und alle zurückmüssen, wird der Umgang mit Fehlern sehr deutlich.

Tipps

- Sollte der Boden Höhenunterschiede zwischen den beiden Seiten haben, so ist die Unfallgefahr geringer, wenn das Team auf der tieferen Seite die Übung startet.
- Die Methode kann indoor durchgeführt werden, indem die Seile z.B. an gestapelten Stühlen oder Bistrotischen befestigt werden.

Material

- Seil (15 Meter)

Wolfspfad
• bitte Smartphones ausschalten
• am Anfang und am Ende warten alle schweigend
• 2 Minuten Abstand
• Überholen ist erlaubt
• wer möchte, wartet an einem Leuchtstab auf den Nächsten
Hier und jetzt
Ruhe
Achtsamkeit
Atem
Blick nach Innen

Wolfspfad

Vorbereitung

Der Trainer kennzeichnet die Wegstrecke durch Knicklichter. Diese sind in einem Abstand von 80 bis 150 cm in Augenhöhe an Büschen oder Bäumen anzubringen.

Aufbau

Der Trainer erläutert im Workshopraum den Aufbau des Wolfspfads. Die Teilnehmer erhalten die Aufgabe, diesen Weg einzeln zu gehen. Sie starten in einem Zweiminutentakt und warten sowohl am Start als auch am Ziel schweigend. Das Überholen einer anderen Person ist erlaubt. Teilnehmer, die merken, dass sie lieber zu zweit gehen möchten, warten an einem Knicklicht auf den nächsten und gehen mit diesem zusammen schweigend weiter. Die Übung endet, wenn alle angekommen sind, mit einer Blitzlichtrunde im Zielbereich. Dazu eignen sich folgende Fragen: *„Was bewegt Sie gerade? Wie war die Übung für Sie? Was haben Sie wahrgenommen?“* Nach der Abschlussrunde gehen alle gemeinsam zurück zum Tagungshotel.

Intro

„Ich darf Sie nun zu einer besonderen Übung einladen. Es geht heute Abend darum, den Blick nach innen zu richten und die Natur und ihre Ruhe im Dunkeln zu erleben. Wir gehen gleich zu einem Platz, der ca. 500 Meter entfernt ist.

Dort ist ein Weg mit Leuchtstäben angelegt, den Sie einzeln zurücklegen. Bei der Übung ist es wichtig, dass Sie Ihr eigenes Schritttempo finden. Dabei kann es hilfreich sein, wenn Sie sich am Anfang auf Ihren Atem konzentrieren. Wir führen diese Übung bis zur Reflexion an unserem Zielpunkt schweigend durch. Sie werden in einem Abstand von 2 Minuten losgehen. Falls Sie von einer anderen Person überholt werden sollten, sprechen Sie sich bitte gegenseitig nicht an, sondern versuchen Sie, allein in Ihrem Tempo weiterzugehen.

Falls Sie nicht mehr alleine gehen möchten, warten Sie an einem Leuchtstab auf die nächste Person und gehen Sie dann gemeinsam schweigend bis zum Ende der Strecke.

Ziel dieser Übung ist, dass Sie sich nach dem heutigen Workshoptag auf sich selbst besinnen. Bitte denken Sie daran: Sie selbst bestimmen, inwieweit Sie den Wolfspfad gehen möchten. Am gemeinsamen Endpunkt ist ein Fackelkreis aufgebaut, mein Co-Trainer wartet dort auf Sie. Ich

Wolfspfadreflexion
Was bewegt Sie gerade?
Wie war die Übung für Sie?
Was haben Sie wahrgenommen?

werde ebenfalls hinterherkommen, nachdem der oder die Letzte losgelaufen ist. Noch eine Bitte zum Schluss: Es wäre schön, wenn Sie während der Übung Ihr Smartphone ausschalten."

Wenn die Teilnehmer und der Trainer im Fackelkreis angekommen sind, sollte die Situation in der Natur am Ende des Wolfspfades zur Reflexion genutzt werden (sofern die Wetterlage nicht dagegenspricht). *„Herzlichen Glückwunsch, Sie alle sind wohlbehalten im Fackelkreis angekommen. Ich darf Sie jetzt zu einer Blitzlichtrunde einladen. Was bewegt Sie gerade? Wie war die Übung für Sie? Was haben Sie wahrgenommen?"*

Hintergründe

Bei der Übung werden unterschiedliche Lernerfahrungen ermöglicht: Innerlich zur Ruhe kommen, im Einklang mit sich selbst und der Natur sein, die Natur als Spiegel und ggf. eigene Grenzen erfahren.

Tipps

- Bei der Streckenauswahl sind die örtliche Situation, die Wetterverhältnisse und die körperlichen Voraussetzungen der Teilnehmer zu beachten. Der Weg sollte befestigt sein und aus Wald- und Flureinheiten bestehen.
- Es ist hilfreich, die Vorbereitung zu zweit vorzunehmen. So kann ein Trainer bei dem jeweilig aktuellen Knicklicht stehen bleiben und die Sichtbarkeit des nächsten überprüfen.
- Es ist sinnvoll, dass der Trainer im Vorfeld der Übung die Strecke im Dunkeln einmal abgeht. Es kann passieren, dass bei Tageslicht ein Streckenabschnitt falsch eingeschätzt wurde und ein Knicklicht ergänzt werden muss.
- Um den Einstieg zu erleichtern, sollte der Wolfspfad nicht im Wald starten. Eine freiere Fläche bietet den Teilnehmern einen „sanften Einstieg".
- Möchte ein Teilnehmer nicht an der Übung teilnehmen, kann der Trainer ihm anbieten, den Weg zusammen mit einem anderen Teammitglied oder zuletzt mit ihm zu gehen.
- Nach Abschluss der Übung ist darauf zu achten, die Knicklichter wieder zu entfernen. Die Teilnehmer nehmen sie immer gerne mit.
- Der Fackelkreis am Ende der Strecke ist nicht in jeder Umgebung und bei jeder Wetterlage möglich (Brandgefahr). Eine Fackel, die der Co-Trainer mit sich führt, ist bereits ausreichend.

Material

- Knicklichter, Schere und Schnur zur Befestigung der Knicklichter, Fackeln

Kraft und Vertrauen
Entwickeln Sie mit dem vorgegebenen Material eine Konstruktion, die jeden von Ihnen einmal trägt!
Die Seile werden ausschließlich von Menschenhand gehalten.
Jeder wird einmal getragen.

Kraft und Vertrauen

Aufbau

Die Teilnehmer erhalten die Aufgabe, mithilfe von zwei Seilen (je 30 Meter) eine Konstruktion zu entwickeln, die so stabil ist, dass damit jedes Teammitglied einmal getragen werden kann.

Intro

„Ihre nächste Teamübung hat den Namen: ‚Kraft und Vertrauen'. Sie sehen hier zwei Seile. Ihre Aufgabe ist es, aus diesen Seilen etwas zu entwickeln, das in der Lage ist, jeden Einzelnen von Ihnen einmal zu tragen. Wichtig ist: Die Seile werden ausschließlich von Ihnen selbst gehalten. Und noch ein Tipp: Achten Sie darauf, dass Sie es bequem haben. Haben Sie noch Fragen? Dann geht es nun los!"

Hintergründe

Ein Team funktioniert nur, wenn Vertrauen, gegenseitige Wertschätzung und Respekt vorhanden sind. Die Übung hat zwei Phasen mit unterschiedlichen Schwerpunkten: In der ersten Phase geht es um das gemeinsame Entwickeln einer stabilen Konstruktion. Hierbei besteht die Herausforderung darin, die Ressourcen aller Teammitglieder zu nutzen und sich auf einen Plan zu einigen. In der zweiten Phase darf jeder Einzelne erleben, durch die Kraft des Teams getragen zu werden. Diese Erfahrung stärkt das Vertrauen eines jeden in das Team. Eine mögliche Lösung ist ein Spinnennetzmuster.

Tipps

- Die Übung kann in einem großen Workshopraum oder im Freien auf einer ebenen Fläche durchgeführt werden.
- Nach geklärten (!) Konflikten bietet die Übung einen Neustart für die weitere Zusammenarbeit und fördert den Zusammenhalt und das Vertrauen.
- Wenn das Team bei anderen Übungen Schwierigkeiten bei der Strategieentwicklung vorwies, kann durch zeitliche Vorgaben für die Planungs- und die Durchführungsphase eine Fokussierungsmöglichkeit für die anschließende Reflexionsphase gegeben werden.

Material

- Mindestens ein, besser zwei Seile mit jeweils einer Länge von mindestens 30 Metern

Acid River!
Ziel: Retten Sie sich über den Fluss auf das Festland
Sie haben 3 Bretter als Hilfsmittel zur Verfügung.
Sie können die 4 Pfeiler nutzen.
Wenn Sie oder ein Brett das Wasser berühren, müssen alle zurück.
Springen ist nicht erlaubt.

Acid River

Die Insel und das Festland werden jeweils mit Seilen markiert. Die drei Bretter werden auf die Insel gelegt. Die Klötze werden mit den in der Zeichnung angegebenen Abständen zwischen Insel- und Festlandmarkierung gesetzt.

Vorbereitung

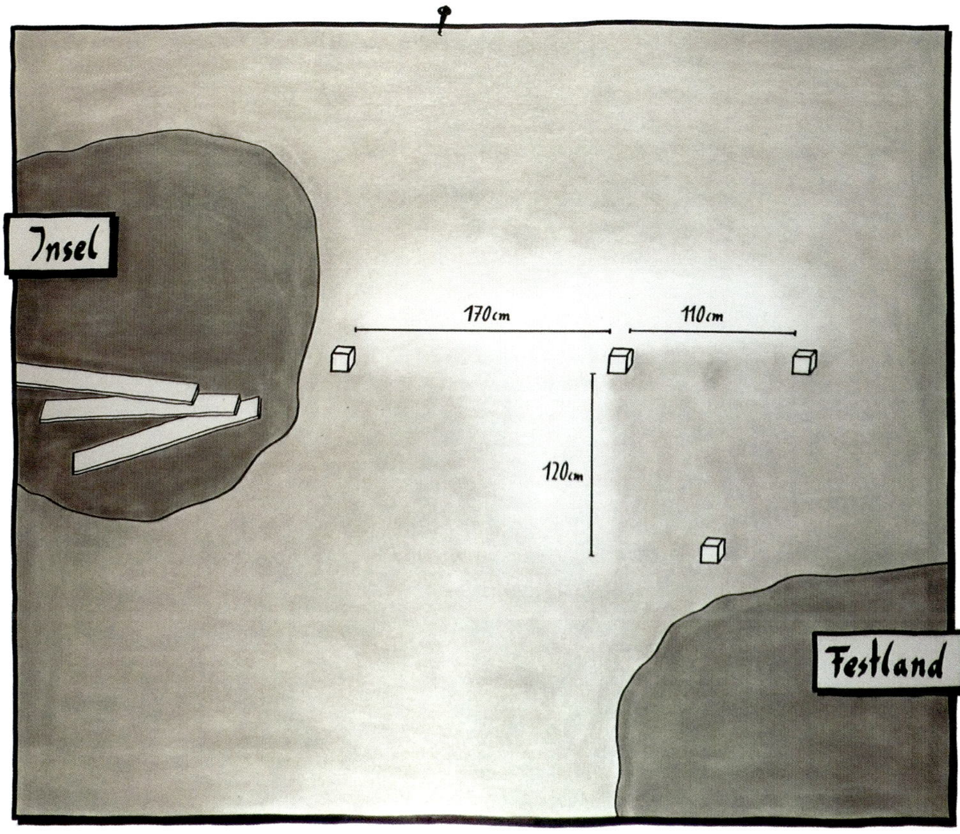

Das Team befindet sich auf einer Insel inmitten eines Flusses. Dieser wurde durch einen Chemieunfall verseucht. Die Teilnehmer bekommen drei Bretter, die in Kombination mit den Pfeilern, einer ehemaligen Brücke, einen möglichen Fluchtweg bieten. Die Brückenpfeiler sind fest im Fluss verankert, dürfen also nicht versetzt werden. Berührt ein Teammitglied oder ein Brett das Wasser, müssen alle wieder zurück zum Startpunkt. Die Aufgabe ist gelöst, wenn alle Teammitglieder auf dem Festland angekommen sind. Das Team erhält für Planung und Durchführung 30 Minuten Zeit.

Aufbau

Intro

„Sie sind nun Mitarbeiter einer Chemiefabrik. Die Fabrik steht auf einer kleinen Insel inmitten eines großen Flusses. Leider gab es einen Unfall: Lebensgefährliche Säure ist in den Fluss gelangt und die Fabrik droht zu explodieren. Der einzige Weg zur Rettung ist: so schnell wie möglich auf die andere Seite des Flusses aufs Festland zu kommen. Leider gibt es keine Brücke. Aber: Im Fluss gibt es noch vier Pfeiler, die Reste einer ehemaligen Brücke. Diese sind fest im Flussbett verankert. In Ihrem Materiallager haben Sie zusätzlich drei Bretter gefunden.

Ihre Aufgabe ist es nun, als Team unverletzt auf die andere Flussseite zu gelangen. Dabei darf kein Teammitglied oder ein Brett das säurehaltige Wasser berühren. Ist dies der Fall, müssen alle wieder zurück auf die Insel und die Übung startet von vorne. Aus Sicherheitsgründen ist Springen nicht erlaubt. Die Zeit ist schon fortgeschritten und es ist damit zu rechnen, dass es in 30 Minuten zu einer Explosion in der Fabrik kommt. Haben Sie noch Fragen? Die Zeit läuft ab jetzt!"

Hintergründe

Die erste Schwierigkeit besteht darin, dass die Bretter eine Länge von 130 cm haben und der Abstand der ersten beiden Klötze 170 cm beträgt.

Das Team steht zunächst vor einem Rätsel, findet in der Regel aber sehr schnell die Lösung: Zur Überbrückung des Abstandes von 170 cm werden zwei Bretter genutzt. Zwei bis drei Teilnehmer stabilisieren ein Brett, dessen Ende Halt für ein weiteres Brett gibt, das dann bis zum zweiten Klotz gelegt wird. Die Personen, die das Brett auf der Insel stabilisiert haben, können die Insel verlassen, indem zwei bis drei andere Teilnehmer von der anderen Seite auf die gleiche Art ein Brett stabilisieren. Die folgende Skizze auf der rechten Seite zeigt den entscheidenden Lösungsansatz.

Um die Übung gut zu bestehen, braucht es gegenseitige Unterstützung. Zudem sind Konzentration und das Fokussieren des Ziels bis zum Schluss eine zentrale Herausforderung. Einzelne Teammitglieder sind sich oft zu schnell sicher, die Übung bereits geschafft zu haben. Nach dem Motto: „Ich weiß wie es geht! Alles klar – Übung geschafft!“. Dadurch folgen Fehler, die dazu führen, dass alle wieder auf der Insel starten müssen.

Tipps

- Für die Durchführung sollte eine ebene Fläche verwendet werden, damit die Klötze einen sicheren und festen Stand haben.
- Die Übung kann auch indoor durchgeführt werden.

Material

- Drei Eichenbretter: 130 cm x 19 cm x 3 cm hoch (L/B/H), vier Eichenklötze: 12 cm x 12 cm x 20 cm (L/B/H), zwei Seile für die Darstellung der Insel und des Festlandes von je 15 Metern.

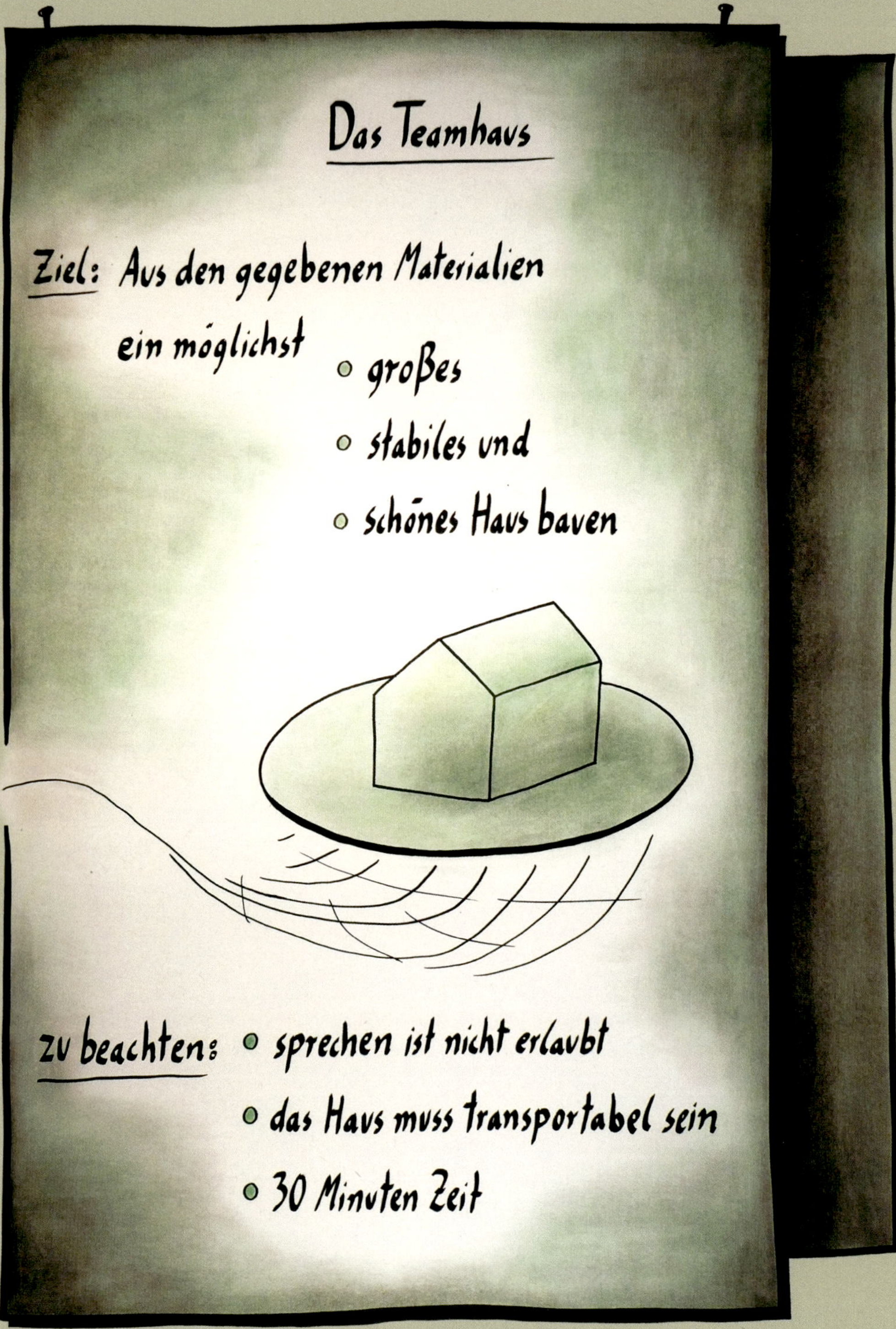
Das Teamhaus
Ziel: Aus den gegebenen Materialien
ein möglichst
großes
stabiles und
schönes Haus bauen
zu beachten:
sprechen ist nicht erlaubt
das Haus muss transportabel sein
30 Minuten Zeit

Das Teamhaus

Aufbau

In Kleingruppen von 3–5 Personen bekommen die Teilnehmer die Aufgabe, aus den vorgegebenen Materialien ihren nächsten Firmensitz zu bauen. Dieser sollte möglichst groß, schön und stabil sein. Das Gebäude muss transportabel sein, um bzgl. des Präsentationsortes flexibel sein zu können. Die Gruppen haben keine Vorbereitungszeit und starten direkt nach Erklärung der Aufgabe. Ab diesem Zeitpunkt dürfen sie nicht mehr sprechen. Nach 30 Minuten werden die Häuser begutachtet.

Intro

„Nachdem Sie sich nun zu dritt zusammengefunden haben, möchte ich Sie nun für Ihre nächste Teamherausforderung begeistern. Den Gewinnern winkt ewiger Ruhm. Sie haben nun die Aufgabe, mithilfe dieser Materialien ein Haus zu bauen, genauer, Ihren nächsten Firmensitz. Dieser sollte natürlich möglichst groß, schön und stabil sein. Die Größe wird durch die Anzahl der Stockwerke und durch die Grundfläche des Hauses definiert. Die besondere Herausforderung bei dieser Übung ist: Sie starten sofort und Sie dürfen während der ganzen Übung nicht miteinander sprechen. Ihnen stehen 30 Minuten zur Verfügung. Anschließend treffen wir uns hier im Plenum und begutachten Ihre Bauwerke. Los geht's."

Hintergründe

Die besondere Herausforderung der Übung ist die nonverbale Kommunikation. Die Frage ist: Wie kann ohne Sprechen eine gemeinsame Lösung gefunden und der Bau umgesetzt werden? Für den Trainer sind bei der Beobachtung insbesondere folgende Aspekte interessant: Wer bringt welche Ideen ein und kann diese auch durch- und umsetzen? Wer übernimmt die Steuerung und den Bau des Hauses? Wie funktioniert die Teamarbeit ohne zu sprechen? Diese Fragen können auch für eine anschließende Reflexion genutzt werden.

Tipps

- Für das Workshop-Protokoll kann ein Foto von jedem Haus mit entsprechendem Team gemacht werden.
- Die Übung kann durch einen Stabilitätstest ergänzt werden: Die Kleingruppen erhalten die zusätzliche Aufgabe, in mindestens 40 cm Höhe eine Plattform zu integrieren, die einem Wasserglas standhält.

Material

- Pro Team ca. 100 Moderationskarten verschiedener Farben und Formen, eine Schere, eine Tesafilm-Rolle, ein Klebestift, ein Bleistift

Das Kugelbahnlabyrinth
Bauen Sie mit den gegebenen Hilfsmitteln ein Kugelbahnlabyrinth in den Karton!
Die Konstruktion sollte:
innovativ und stabil sein
Spaß machen und herausfordernd sein
Die Präsentation des Produkts ist in 30 Minuten.
Überlegen Sie sich hierfür bitte einen Namen und weitere Verkaufsargumente.
Nutzen Sie nur die gegebenen Materialien!

Kugelbahnlabyrinth

Aufbau

Die Teilnehmer werden in Kleingruppen zu je vier Personen eingeteilt. Sie erhalten die Aufgabe, ein Kugelbahnlabyrinth herzustellen. Dies bedeutet, mithilfe von Pappe, Tesafilm, zwei Scheren und einem Moderationsstift ein Labyrinth in einen Pappkarton zu bauen. Durch das Hin- und Herbewegen des Kartons muss eine Murmel ihren Weg durch das Labyrinth vom Start zum Ziel finden. Die Konstruktion soll einzigartig, innovativ und stabil sein. Ihre Handhabung soll Spaß machen und herausfordernd sein. Die Gruppen haben 30 Minuten Zeit.

Intro

„Ich darf Sie recht herzlich bei der T & K GmbH begrüßen, der Firma für Forschung und Entwicklung nachhaltiger Lern- und Konzentrationsspiele. Wir möchten Ihre Kompetenzen, Ihr Wissen und Know-how nutzen, um ein neues Produkt im Bereich Kugelbahnlabyrinth auf den Markt zu bringen.

Ich möchte Sie bitten, dass Sie mit den Materialien hier, einem Karton, Pappe, Tesafilm, zwei Scheren und einem Moderationsstift, ein Kugelbahnlabyrinth bauen. Dieses soll in der Konstruktion einzigartig, innovativ, aber auch stabil sein. Im Spiel wiederum soll es herausfordernd sein und der Spaßfaktor darf nicht zu kurz kommen. Für den Bau stehen Ihnen 30 Minuten zur Verfügung. Dann werden Sie Ihr Produkt der Weltöffentlichkeit vorstellen. Überlegen Sie sich für Ihr Produkt bitte einen werbewirksamen Namen und weitere Verkaufsargumente. Wir alle freuen uns auf Ihre Konstruktionen und aufs Ausprobieren! Haben Sie noch Fragen? Ansonsten können Sie jetzt starten!“

Hintergründe

Bei der Teamübung geht es in der Planungsphase vor allem um Kreativität und Einfallsreichtum. Die Teilnehmer müssen ihre unterschiedlichen Sichtweisen diskutieren und sich am Ende auf eine Gestaltungsform einigen. Der Trainer kann die Dynamik im Team unter folgenden Gesichtspunkten beobachten:

- Welche Person bringt sich wie ein?
- Wer übernimmt die Moderation der Diskussion?
- Wie wird sich auf eine Lösung geeinigt?

Film

In der Bauphase müssen die Ideen zielgerichtet umgesetzt werden. Hierbei sind für den Trainer in seiner Beobachterrolle folgende Aspekte interessant:

- Wer führt das Team? Wer wirkt wie mit?
- Wie werden Aufgaben aufgeteilt?
- Sollte die Umsetzung nicht wie geplant funktionieren: Bleibt das Team bei seiner Anfangsidee oder wird eine neue Konstruktionsform gewählt?

Tipp

- Als zusätzliche Übung kann beim Ausprobieren der Kugelbahnen jeweils die Zeit gestoppt werden, um das schnellste Team zu ermitteln. Den Gruppen können zusätzliche Materialien, wie z.B. bunte Stifte, Naturmaterialien etc. zur Verfügung gestellt werden, um die Kugelbahn gestalten zu können.

Material

- Pro Kleingruppe eine Murmel, ein Schuhkarton, Pappe, eine Tesafilm-Rolle, zwei Scheren, ein Moderationsstift, evtl. zusätzliche Materialien zum Gestalten

  Auf der linken Seite sind beispielhafte Kugelbahnlabyrinthe zu sehen, die im Teamworkshop entstanden sind. Bei dem unteren Labyrinth hatte die Gruppe die Idee, ihre Kugelbahn mit einem Teil zu versehen, der nur im Blindflug durchrollt werden kann.

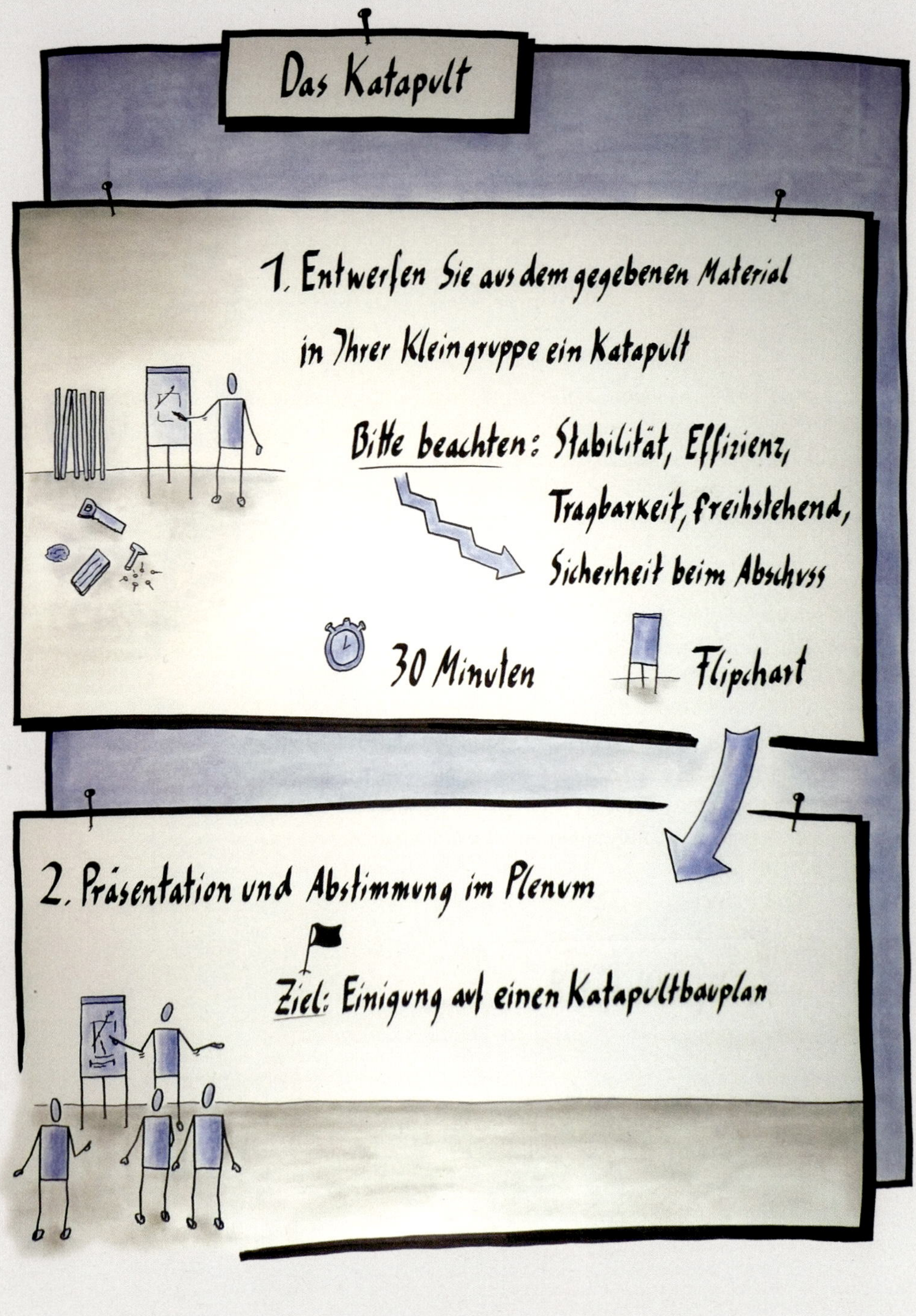
Das Katapult
1. Entwerfen Sie aus dem gegebenen Material in Ihrer Kleingruppe ein Katapult
Bitte beachten: Stabilität, Effizienz, Tragbarkeit, freihstehend, Sicherheit beim Abschuss
30 Minuten
Flipchart
2. Präsentation und Abstimmung im Plenum
Ziel: Einigung auf einen Katapultbauplan

Das Katapult

Vorbereitung

Die Materialien werden bereitgelegt. Für den Bau sollte eine freie Fläche von 20 Meter x 20 Meter zur Verfügung stehen. Je nach Konstruktionen können Wurfreichweiten bis zu 15 Metern erzielt werden.

Aufbau

1. **Phase: Modellentwurf**: Das Team wird in zwei Gruppen mit einer Größe von drei bis sieben Personen aufgeteilt. Jede Gruppe entwirft innerhalb von 30 Minuten eine individuelle Konstruktion eines Katapults auf einem Flipchart. Danach gibt sie ihrem Katapult einen Namen und überlegt sich, welche Besonderheiten und Vorteile ihre Variante aufweist.

2. **Phase: Einigung auf einen Bauplan**: Im Anschluss stellen beide Gruppen ihren Entwurf im Plenum vor. Nach den beiden Präsentationen einigen sich alle Teilnehmer auf die Variante, die im weiteren Verlauf der Übung tatsächlich gebaut werden soll.

3. **Phase: Modellbau**: Die Teilnehmer finden sich nun wieder in Kleingruppen zusammen und starten mit dem Bau. Dabei ist es wichtig, dass die beiden Gruppen sich nicht in Sichtweite befinden. In der Bauphase können die beiden Kleingruppen alle 10 Minuten für die Dauer von maximal 5 Minuten über einen „Lotsen" aus ihren jeweiligen Kleingruppen kommunizieren, um den identischen Bau abzustimmen. Die Lotsen treffen sich an einem separaten Ort. Notizen sind hierbei erlaubt, Materialmitnahme nicht. Für die Bauphase stehen den Teilnehmern 60 Minuten zur Verfügung.

4. **Phase: Vergleich und Praxistest**: In der letzten Übungsphase werden die Katapulte verglichen und Gemeinsamkeiten und Unterschiede festgestellt. Die Übung endet mit einem Praxistest, bei dem die Wurfreichweite der Katapulte gemessen wird.

Intro

Diese Gesamtübung sollte aufgrund der Komplexität nicht auf einmal beschrieben werden. Die Phasen eins und zwei und die Phasen drei und vier werden jeweils zusammen erläutert.

„Ihre nächste Teamherausforderung besteht nun darin, in den bereits eingeteilten zwei Kleingruppen jeweils ein Katapult zu bauen.

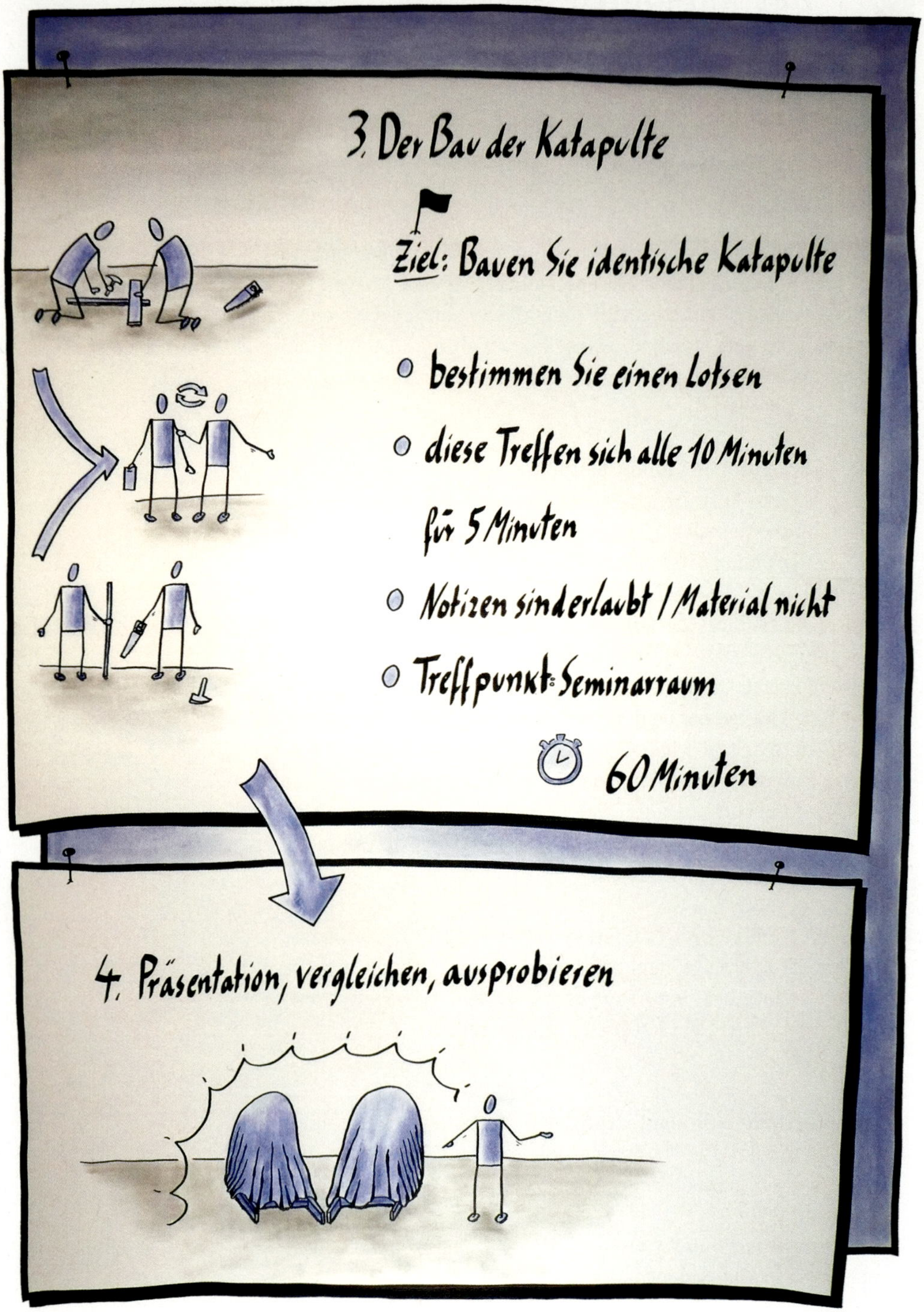
3. Der Bau der Katapulte
Ziel: Bauen Sie identische Katapulte
bestimmen Sie einen Lotsen
diese Treffen sich alle 10 Minuten für 5 Minuten
Notizen sind erlaubt / Material nicht
Treffpunkt: Seminarraum
60 Minuten
4. Präsentation, vergleichen, ausprobieren

1. *In der ersten Phase der Übung entwerfen Sie ein Katapult in Ihrer Kleingruppe. Ein Katapult zeichnet sich dadurch aus, dass ein Hebel, unter Zuhilfenahme eines elastischen Bandes, Steine schleudern kann. Bitte beachten Sie, dass das Katapult stabil, sicher, effizient, tragbar und freistehend sein soll. Wichtig ist ebenso die Sicherheit beim Abschuss. Bitte überlegen Sie sich anschließend einen Namen für Ihr Katapult und welche Vorteile und Alleinstellungsmerkmale Ihre Konstruktion hat.*

   Für diese Phase haben Sie 30 Minuten zur Verfügung. Nutzen Sie gerne ein Flipchart für Ihre Präsentation. Für den späteren Bau der Katapulte stehen Ihnen diese Materialien zur Verfügung: ein Brett, sechs Dachlatten, ein Fahrradschlauch, ein Gummizug, Nägel, eine Säge, ein Hammer und Handschuhe. Hier sehen Sie das Geschoss, der Stein wiegt ca. 500 g.

2. *In der zweiten Phase präsentieren Sie Ihre Konstruktion im Plenum. Nach den Präsentationen müssen sich alle für eine Variante entscheiden, denn beide Katapulte sollen am Schluss identisch sein. Haben Sie noch Fragen? Dann sehen wir uns in 30 Minuten wieder hier für die Präsentation. Ich wünsche Ihnen viel Spaß!"*

3. Nach der Präsentation: *„Nun, in der dritten Phase, starten wir mit dem Bau der identischen Katapulte. Hier dürfen Sie mit dem anderen Team über einen Lotsen, den Sie innerhalb Ihrer Gruppe bestimmen, kommunizieren. Der Lotse behält seine Funktion während der gesamten Übung. Diese Aufgabe wird also nicht an ein anderes Teammitglied weitergegeben. Für die Bauphase stehen Ihnen 60 Minuten zur Verfügung. Die Lotsen dürfen alle 10 Minuten für jeweils 5 Minuten miteinander kommunizieren. Sie treffen sich hierfür im Seminarraum. Die Lotsen dürfen sich Notizen machen, aber keine Materialien zu der Abstimmungsphase mitnehmen.*

   Bitte achten Sie in der Bauphase auf Ihre Sicherheit und nageln Sie nicht in den Fahrradschlauch, um zu gewährleisten, dass er später hält. Benutzen Sie die Handschuhe, insbesondere wenn Sie sägen, und verwenden Sie nur die vorgegebenen Materialien. Es findet keine Testphase statt – also kein Schleuderwurf vor der Präsentation.

4. *In der vierten und letzten Phase werden die Katapulte präsentiert und verglichen. Wir werden sie dann natürlich auch ausprobieren."*

Hintergründe

Jede Übungsphase stellt andere Herausforderungen an das Team. Daher sind diese besonders hilfreich, um zu analysieren, in welchen Bereichen der täglichen Zusammenarbeit noch Potenziale liegen:

1. Ideen und Lösungen entwickeln
2. Gemeinsame Einigungen inszenieren
3. Kommunikation und Abstimmung, Verabredungen einhalten
4. Umgang mit Erfolg und Misserfolg

Sowohl durch den Schwierigkeitsgrad der Übung als auch durch die Vielzahl an unterschiedlichen Aufgaben, die das Team bewältigen muss, werden in der Regel viele Themen zur Reflexion eröffnet.

Tipps

- Es hat sich als sinnvoll erwiesen, ein Team in maximal zwei Gruppen aufzuteilen. Werden mehr als zwei Gruppen gebildet, wird der Abstimmungsprozess für die „Lotsen" deutlich komplexer und braucht mehr Zeit.
- Von der Vorgabe, dass ein Lotse innerhalb eines Teams nicht wechseln darf, kann abgewichen werden. Bei einem Lotsenwechsel erhält der Aspekt „Kommunikation und Abstimmung" eine völlig neue Dynamik und stellt an das Team in diesen Punkten höhere Anforderungen.
- Die Steingeschosse sollten zunächst in der Obhut des Trainers bleiben und nur für den eigentlichen Wettbewerb ausgehändigt werden.
- Die Übung kann vereinfacht werden, wenn alle Teams die Aufgabe haben, ein Katapult nach bestimmten Kriterien zu bauen. Es wird kein Lotse bestimmt und die Abstimmungsphase entfällt.
- Die Abstimmungsphase kann erschwert werden, wenn die Lotsen nur sprechen und sich keine Notizen oder Skizzen machen dürfen.

Material

- Flipchartpapier, Moderationsstifte, ein Seil für die Startlinie, ein Stein (500 g) zum Katapultieren

- Zum Katapultbau: Pro Kleingruppe ein Brett 30 cm x 10 cm x 2 cm (L/B/H), sechs Dachlatten 200 cm x 4 cm x 2 cm (L/B/H), zwei Paar Arbeitshandschuhe, 50 Nägel, ein Fahrradschlauch, ein Hammer, eine Säge und ein Gummizug ca. 60 cm. Der Gummizug besteht aus einem Gummiseil, das durch eine Bügelklemme zusammengehalten wird.

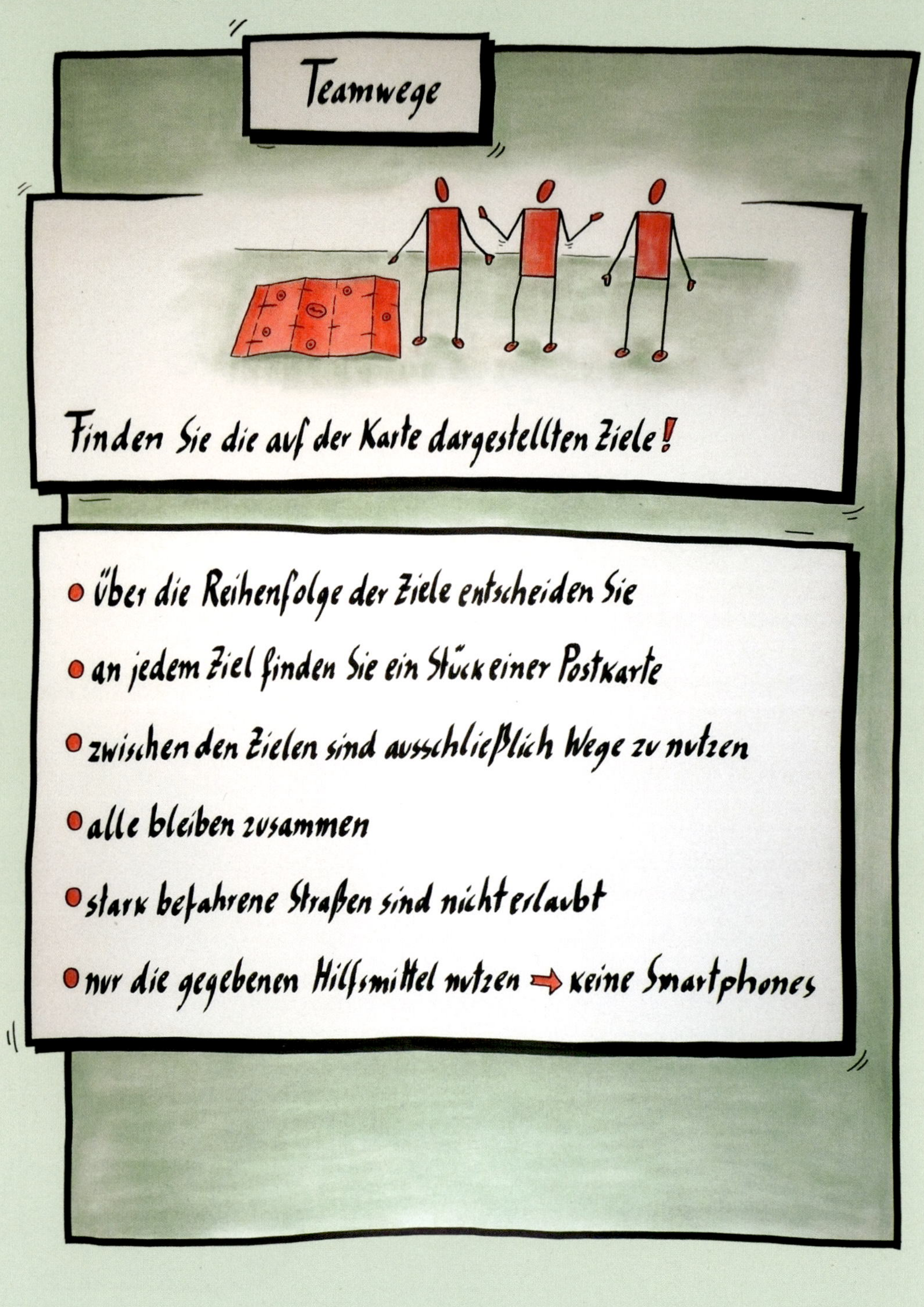
Teamwege
Finden Sie die auf der Karte dargestellten Ziele!
über die Reihenfolge der Ziele entscheiden Sie
an jedem Ziel finden Sie ein Stück einer Postkarte
zwischen den Zielen sind ausschließlich Wege zu nutzen
alle bleiben zusammen
stark befahrene Straßen sind nicht erlaubt
nur die gegebenen Hilfsmittel nutzen → keine Smartphones

Teamwege

Vorbereitung

Ein Bild oder eine Postkarte wird in mehrere Teile geschnitten. Diese werden dann in Wald und Flur als Zielmarkierung positioniert. Gleichzeitig werden der Start- und die verschiedenen Zielpunkte in eine Landkarte eingezeichnet.

Aufbau

Das Team bekommt die Aufgabe, verschiedene Zielpunkte in der Natur zu finden, die auf einer Landkarte eingezeichnet sind. An den einzelnen Zielpunkten ist jeweils ein Bild- oder Postkartenstück versteckt. Hat das Team alle Einzelteile gefunden, kann das Bild oder die Postkarte vollständig zusammengesetzt werden. Bei der Suche sind bestimmte Regeln zu beachten (siehe Flipchart).

Intro

„Ich darf Sie nun zu Ihrer nächsten Teamaktion einladen. Sie erhalten von mir gleich eine Landkarte und einen Kompass. Auf der Karte sind unterschiedliche Zielpunkte eingezeichnet. Ihre Aufgabe ist es, alle Zielpunkte zu finden. Dabei spielt es keine Rolle, welche Reihenfolge Sie wählen. An jedem Zielpunkt ist ein Stück einer Postkarte befestigt. Bitte beachten Sie, dass das Postkartenstück vom Weg aus nicht sichtbar ist. Damit gehen wir sicher, dass es von niemand Externem abgenommen wird. Bei der Übung ist es wichtig, dass Sie ausschließlich befestigte Wege nutzen und z.B. keine Wiesen oder Weiden querfeldein überqueren. Während der Übung bleiben Sie bitte immer zusammen und nutzen keine stark befahrenen Straßen. Es darf nur mit Landkarte und Kompass gearbeitet werden, keine anderen Hilfsmittel sind erlaubt! Gibt es von Ihrer Seite noch Fragen? Dann starten wir nun."

Hintergründe

Die Methode ermöglicht dem Team, Entscheidungen über den gemeinsamen Weg zu treffen. In der Regel lohnt sich es besonders, diesen Entscheidungsprozess zu reflektieren. Ebenso, wie sich die Entscheidungsprozesse im Verlauf der Übung verändern. Wichtig für das Gelingen der Übung ist der Schwierigkeitsgrad, den der Trainer auf Basis der Geländekenntnisse und Gruppenkompetenz individuell dem Team anpassen muss.

Die Suche kann erschwert werden, wenn die ausgehändigte Orientierungskarte nur Teilausschnitte der Gesamtkarte enthält oder wenn das Team sich die Zielpunkte im Workshopraum merken muss. Gleichzeitig fördert das gemeinsame Laufen die informelle Kommunikation und das

Teamwege
Ziel: Finden Sie die auf der Karte dargestellten Ziele!
Rahmen:
über die Reihenfolge der Ziele entscheiden Sie
an jedem Ziel finden Sie ein Stück einer Postkarte
zwischen den Zielen sind ausschließlich Wege zu nutzen
alle bleiben zusammen
stark befahrene Straßen sind nicht erlaubt
nur die gegebenen Hilfsmittel nutzen ⚡ keine Smartphones

Wir-Gefühl des Teams. Insbesondere wenn Konflikte aufkommen, kann die Übung für den notwendigen Klärungsfreiraum sorgen, weil sie lange, informelle Gespräche ermöglicht.

Tipps

- Die geeignete Vorlage für eine Orientierungskarte findet man im World Wide Web.
- Die Zusammensetzung der einzelnen Fundstücke kann z.B. ein passendes Zitat oder eine neue Aufgabe für das Team ergeben.
- Ab acht Teammitgliedern macht es Sinn, die Gruppe zu teilen, da es sonst zu viele „Mitläufer" gibt.
- Die Postkartenstücke sollten nicht zu schwierig versteckt werden. Wir bringen Sie in der Regel auf Augenhöhe an der Rückseite von Bäumen mit einem Pinn an.
- Wenn die Übung zur Rollenfindung dienen soll, insbesondere der der Führungsrolle, ist es sinnvoll, dem Team nur eine Orientierungskarte auszuhändigen. Gibt der Trainer dem Team mehrere Karten, stehen die kooperativen Elemente im Vordergrund.

Material

- Orientierungskarte, Kompass, Postkarte für die Zielpunkte, Pinns

Reflexion gestalten – Transfer ziehen

Nachhaltiges Lernen durch Teamaktionen wird ermöglicht, indem der Einzelne bzw. das Team sein Erleben durchdenkt und auswertet. Dabei werden die erlebten Handlungen und Emotionen auf den Ebenen „Prozess“ (Aufgabe), „Team“ und „Individuum“ betrachtet.

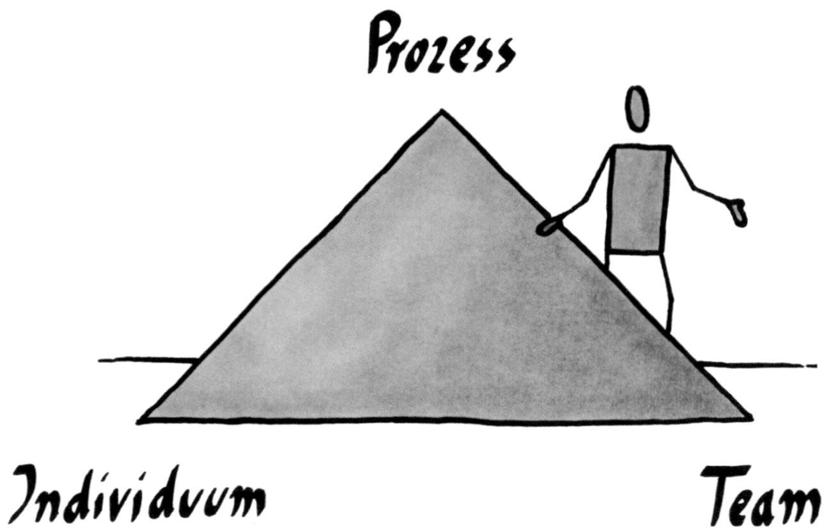

Reflexion und Dialog über die erlebte Teamaktion reichen allerdings nicht aus, damit zukünftig neue Verhaltensweisen gelebt werden. Es braucht den Transfer in den Arbeitsalltag. Dabei werden die gewonnenen Erkenntnisse auf die Zusammenarbeit im Unternehmen übertragen, die entstandenen Veränderungsimpulse und Lösungsideen konkretisiert und schriftlich festgehalten. Im weiteren Workshopverlauf kann zum einen immer wieder überprüft werden, inwieweit bestimmte Impulse und Verabredungen bereits gelebt werden. Zum anderen können die bisherigen Ergebnisse bei Bedarf weiter ergänzt werden.

Reflexions- und Transferfragen

Als Einstieg in die Reflexion sollten möglichst offene Fragen gestellt werden. Diese laden den Einzelnen dazu ein, alle Aspekte seiner Sichtweise darzustellen. Dadurch wird die Bandbreite der vorhandenen Ansichten deutlich. Geschlossene Fragen eignen sich für den weiteren Prozessverlauf, wenn es darum geht, dass der Einzelne sich positioniert oder eine Situation konkret bewertet.

Der Trainer kann die Reflexion entweder anhand einer in diesem Kapitel beschriebenen Methode durchführen oder alternativ über einen Dialog im Plenum. Für die zweite Möglichkeit eignet sich am besten das Vorgehen nach den drei E:

- Erleben: *„Was haben Sie erlebt?“*
- Entdecken: *„Woher kennen Sie dies?“*
- Ergebnis: *„Wie können Sie dies nutzen?“*

Im Folgenden eine kleine Sammlung von Reflexions- und Transferfragen. Bei der Reflexion macht es in der Regel Sinn, die Planungs- bzw. Durchführungsphase einer Teamaktion differenziert zu betrachten.

Erleben

Allgemeine Fragen

- *„Was haben Sie persönlich erlebt?*
- *Wie zufrieden sind Sie mit Ihrer Leistung?*
- *Wie haben Sie die gegenseitige Unterstützung erlebt?*
- *Wie haben Sie die Atmosphäre wahrgenommen?*
- *Wie motiviert waren Sie?*
- *Haben Sie sich verantwortlich gefühlt bzw. wer fühlte sich verantwortlich?*
- *Wer hat die Führung übernommen? Wodurch wurde er oder sie Teamleader?*
- *Wie sind Sie mit Problemen umgegangen?*
- *Wie war die Rollenverteilung? War sie zweckdienlich?*
- *Wie haben Sie miteinander gesprochen? Hat jeder jeden gehört?*
- *Haben Sie die komplette Teamintelligenz genutzt? Wie?“*

Fragen zur Planungsphase

- *„Wie haben Sie sich organisiert?*
- *Wurde eine Strategie festgelegt? War der Plan jedem klar?*
- *Wie lange haben Sie geplant? War das nötig?*
- *Wie sind Sie mit Vorschlägen umgegangen? Wurden alle gehört und besprochen?*
- *Gab es einen Plan B?*
- *Wie sind Sie mit unterschiedlichen Stimmungen und Meinungen umgegangen?*
- *Wer hat die Steuerung der Gesprächsführung übernommen?*
- *Wie konnten Sie Ihren Plan in die Praxis umsetzen?"*

Fragen zur Durchführungsphase

- *„Wie haben Sie sich an die Verabredungen gehalten?*
- *Warum haben Sie Ihren Plan beibehalten als ...?*
- *Wie sind Sie mit Fehlern umgegangen?*
- *Wie haben Sie Entscheidungen in kritischen Situationen getroffen? Waren daran alle beteiligt?*
- *Haben Sie Ihren Erfolg gefeiert? Wie sind Sie mit dem Erfolg umgegangen?*
- *Wie sind Sie damit umgegangen, die Aufgabe nicht geschafft zu haben?"*

Entdecken

- *„Kennen Sie die hier gemachten Erfahrungen aus Ihrer Teamarbeit im Unternehmen?*
- *Welche besonders?"*

Ergebnis

- *„Wie können Sie das nutzen?*
- *Was davon möchten Sie konkret im Unternehmen umsetzen?*
- *Inwiefern sind das Lösungen für den Alltag?*
- *Wie werden Sie in Zukunft gleichartige Aufgaben angehen?*
- *Was wollen Sie in Zukunft anders machen?*
- *Welche Bedeutung kann das Erlebte für Ihre Zusammenarbeit im Unternehmen haben?*
- *Was nehmen Sie daraus für sich, für Ihre Zusammenarbeit im Team und/oder für Ihre Arbeitsprozesse mit?"*

Um möglichst klare Ergebnisse herauszuarbeiten, werden – evtl. unter Einbezug von LOP-Liste und Themenspeicher (s. S. 253 und S. 217) – Teamregeln und Ziele entwickelt sowie konkrete Maßnahmen geplant.

Tipps

- Es gibt formelle und informelle Reflexionen. Formelle finden im Workshopraum statt und informelle in den Pausen. Befindet sich das Team in einer schwierigen Phase, kann es hilfreich sein, eine Pause einzubauen, um den informellen Austausch zu nutzen. Dies wirkt auf den Prozess oft wie ein Katalysator: Die Teilnehmer kommen in den Dialog und klären Irritationen. Die anschließende formelle Reflexion gestaltet sich nun leichter.

- Die Reflexion einer Teamaktion sollte indoor stattfinden, um die Fokussierung auf die zu besprechenden Inhalte zu erleichtern. Die Akustik ist gut, alle sitzen bequem, keiner wird von der Sonne geblendet oder von eventuellen Nebengeräuschen abgelenkt.

- Auch hier liegt die Lösung im Team selbst. Der Trainer gibt durch offene Fragen den Rahmen vor, aber überlässt es dem Team, in welche Richtung die Ideen und Lösungsansätze gehen. Am Ende des Prozesses ergänzt der Trainer sein persönliches Feedback, um ggf. auf fehlende Aspekte aufmerksam zu machen oder Themen besonders hervorzuheben.

- Zur Visualisierung der Ergebnisse kann das Flipchart genutzt werden. Möchte der Trainer näher am Team sein (z.B. indem er mit im Stuhlkreis sitzt), können wichtige Punkte auf jeweils eine Moderationskarte geschrieben werden, die im Anschluss an einer Pinnwand befestigt werden.

- Reflexionen sind anstrengend, insbesondere wenn es um das Individuum, seine Rolle im Team und seine Funktion geht. Es ist wichtig, dass ausreichend Pausen zum „Verdauen“ eingebaut werden. In längeren Workshops arbeiten wir gerne mit einem Tagebuch, für das die Teilnehmer immer wieder Zeit bekommen und Persönliches niederschreiben können.

Index

Die Elementereflexion
Die Teilnehmenden reflektieren eine Teamaktion durch das Positionieren nach unterschiedlichen Qualitäten im Workshopraum. .... S. 183

Theaterreflexion
Die Methode ermöglicht eine ausführliche und kreative Reflexion nach einer Teamaktion. Hierbei wandeln die Teilnehmenden die erlebte Übung in ein Theaterstück um. .... S. 187

Berge und Täler
Im Zentrum der Methode steht die Reflexion der erlebten Hoch- und Tiefpunkte innerhalb einer Teamaktion. Der jeweilige Übungspartner stellt diese in Form einer „Berg-und-Tal-Skala" grafisch dar. ...... S. 191

Teamgeist
Die Teilnehmer beurteilen die Stärke ihres Teamgeists nach einer absolvierten Teamaktion. Dazu positioniert sich jeder entsprechend auf einer Skala. .... S. 195

Naturkunst
Ein Reflexionsprozess, bei dem Kleingruppen mithilfe von Leitfragen eigenständig eine Teamaktion reflektieren. Die gewonnenen Erkenntnisse werden in Form eines Naturkunstobjektes dargestellt. ...... S. 199

4 Perspektiven
Die Teilnehmer reflektieren ihre Teamaktionserlebnisse eigenständig in Kleingruppen anhand von vier Fragegestellungen. Die Fragen stellen unmittelbar den Praxisbezug her. .... S. 203

Stärken – auf den Punkt gebracht
Die wichtigsten Erfolgsfaktoren einer vorhergehenden Teamaktion werden mithilfe eines Brainstormings reflektiert. Die Ergebnisse werden ressourcenorientiert in den Teamalltag transferiert. .... S. 205

Unsere Zusammenarbeit
Die Teilnehmer bewerten ihre Zusammenarbeit in einer Teamaktion anhand einer Skala von 0 % bis 100 %. .... S. 209

Elementereflexion
Welches Element ist am deutlichsten da?
Welches Element ist momentan am wenigsten sichtbar?
Wo ist jeder persönlich beheimatet?
Wovon in Zukunft mehr / weniger / gleich viel?

Die Elementereflexion

Vorbereitung

Zur Vorbereitung werden die vier Elementekarten (siehe nächste Seite) an die vier Raumseiten angebracht. Hierbei stehen sich Feuer und Wasser bzw. Luft und Erde als unterschiedliche Qualitäten gegenüber.

Aufbau

Die Teilnehmenden werden zuerst gebeten, sich zu dem Element zu stellen, das ihrer Meinung nach am deutlichsten in der vorhergehenden Teamaktion im Team vorhanden war. Der Trainer interviewt dann einzelne Teilnehmende, um die Gründe der Positionierung in die Reflexion zu holen. Er visualisiert simultan wichtige Aussagen auf einem Flipchart. Danach folgen die drei verbliebenen Fragen (siehe Flipchart), die nach dem gleichen Schema bearbeitet werden. Am Ende betrachten alle gemeinsam noch einmal das Flipchart mit den Notizen, ziehen Bilanz und nehmen sich je nach Situation ein bis zwei Punkte für die nächste Teamaktion vor.

Intro

„Nun kommt der wichtigste Teil der Übung, die Reflexion. Nachdem Sie sich als Team der herausfordernden Teamaktion gestellt haben, ist es uns wichtig, gemeinsam auf die Zusammenarbeit zu blicken und möglichst viele Erkenntnisse für Sie aus der Übung zu ziehen.

Sie sehen an jeder Wandseite unseres Workshopraumes ein Element, das für unterschiedliche Qualitäten steht."

- Das Feuer steht für: durchsetzen, entflammen, etwas bewegen, konfrontieren, motivieren, Macht, Energie, Leidenschaft, Motivation, „ich will".
- Das Wasser steht für: Einfühlung, soziale Kompetenz, Ruhe, Gelassenheit, Kooperation, Beziehung, Teamorientierung, „ich fühle".
- Die Luft steht für: Vision, Kreativität, Innovation, Freiheit, Wandel, Risiko, „ich denke".
- Die Erde steht für: Struktur, Klarheit, Organisation, Halt, Standfestigkeit, Richtungweisung, Sicherheit, „ich führe aus".

„Wenn Sie jetzt an die Übung zurückdenken: Welches Element ist bei Ihnen am deutlichsten da? Bitte gehen Sie zu diesem Element. Nehmen Sie sich Zeit!" Die Teilnehmer positionieren sich. *„Frau Müller, sie stehen als einzige bei ‚Feuer', wo haben Sie die Qualitäten dieses Elementes besonders wahrgenommen?"* Der Trainer moderiert den Dialog und notiert

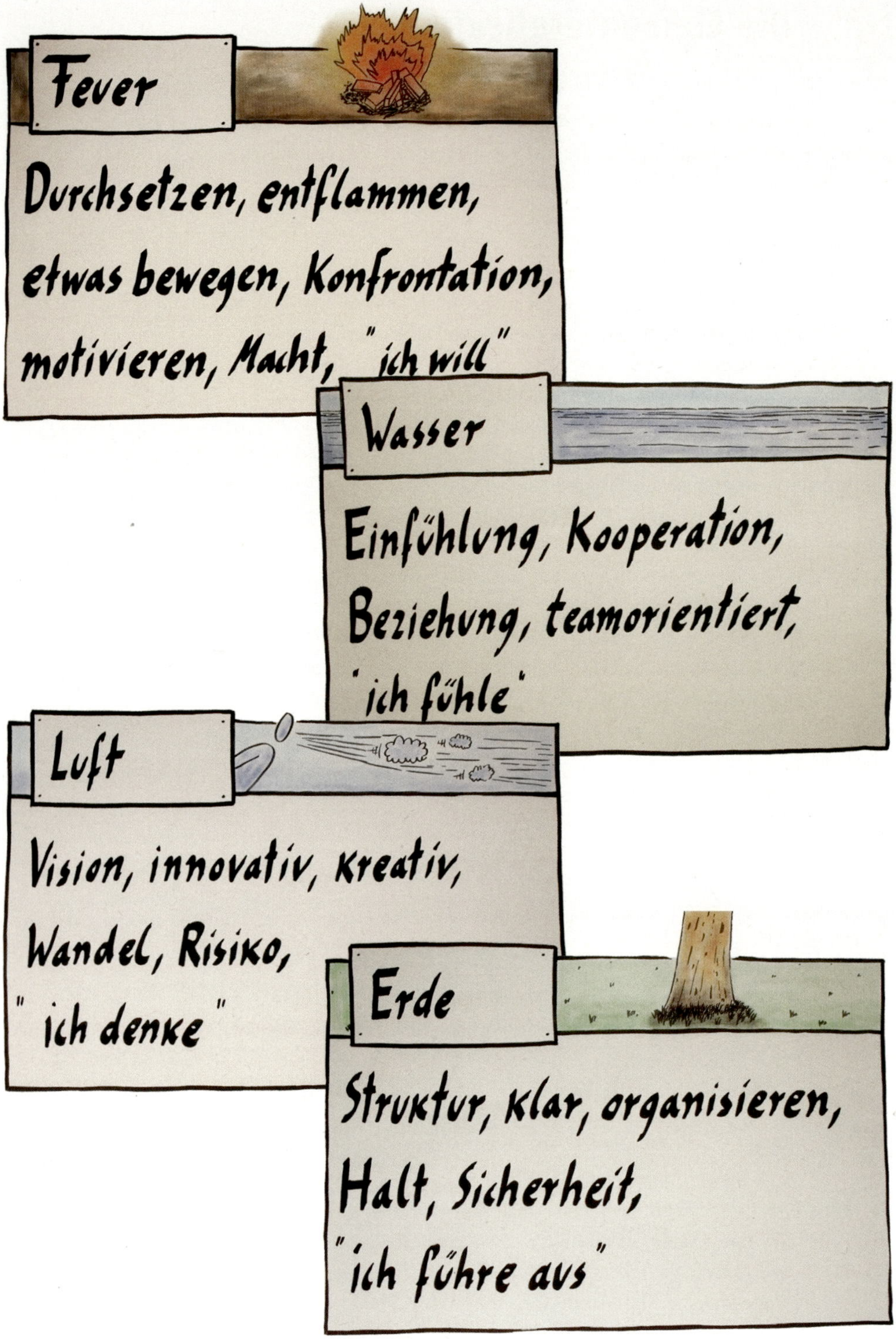
Feuer
Durchsetzen, entflammen, etwas bewegen, Konfrontation, motivieren, Macht, "ich will"
Wasser
Einfühlung, Kooperation, Beziehung, teamorientiert, "ich fühle"
Luft
Vision, innovativ, kreativ, Wandel, Risiko, "ich denke"
Erde
Struktur, klar, organisieren, Halt, Sicherheit, "ich führe aus"

wichtige Erkenntnisse auf einem Flipchart. Im Folgenden wird mit den drei restlichen Fragen (s. Flipchart „Elementereflexion") ebenso verfahren.

Hintergründe

Durch Aufstellung werden unterschiedliche Sichtweisen im Team sehr deutlich und es werden, wie zum Beispiel in der ersten Flipchartfrage, Qualitäten benannt, die dem Team vorher vielleicht nicht bewusst waren. Ebenso geht es mit der zweiten Flipchartfrage weiter, in der das Potenzial des Teams besprochen wird. In der dritten Flipchartfrage reflektiert jeder Einzelne die Hauptzüge seiner Rolle im Team und bezieht Stellung dazu. Manchmal erfahren Teilnehmer im Feedback, dass das Team sie anders wahrnimmt. Oder sie werden ermutigt, ihre Qualitäten noch mehr einzubringen. Die letzte Flipchartfrage eröffnet den Blick nach vorne und worauf in der nächsten Teamaktion und in der zukünftigen Zusammenarbeit geachtet werden soll. Wichtig hierbei ist, dass das Team maximal zwei bis drei Punkte fokussiert, damit der Transfer in die nächste Übung die notwendige Fokussierung hat.

Tipps

- Die Elementereflexion kann durchaus auch ein zweites Mal nach einer anderen Teamaktion angewendet werden. Hier ist es besonders interessant, herauszuarbeiten, was sich wie in welcher Form verändert hat.
- Die Simultanvisualisierung aus der ersten Reflexion bietet hierbei eine Hilfestellung. Durch diese Vorgehensweise kann ein besserer Bezug hergestellt werden.
- Wenn absehbar ist, dass die Reflexion länger dauert, dann lohnt es sich, dass jeder Teilnehmer seinen Stuhl mitnimmt. Die Reflexion wird sonst nach einiger Zeit unruhig.

Material

- Elementekarten, Flipcharts, Klebeband (zum Anbringen der vier Elementekarten)

Quelle

- Reichel, R.; Rabenstein, R.: Kreativ beraten. Ökotopia Verlag, 2001.

THEATER-REFLEXION
1. Der Titel?
2. Welches Musikstück passt zur Aufführung?
3. In welchem Genre spielt es?
4. Was passiert hauptsächlich? Wendepunkte?
5. Welche Rolle spielt jeder Schauspieler?
6. Wie reagiert das Publikum?
7. Wenn es ein Lehrfilm über ... wäre,
was möchten Sie umschreiben?

Theaterreflexion

Aufbau

Die Teilnehmenden werden in zwei bis drei Gruppen eingeteilt. Diese bekommen die Aufgabe, die vom Trainer vorgegebenen Fragen zu besprechen (siehe Flipchart „Theaterreflexion"). Die Antworten werden von jeder Gruppe auf einem Flipchart visualisiert und anschließend im Plenum präsentiert.

Intro

„Nach dieser sehr lebendigen Herausforderung werden wir jetzt eine ebenso lebendige und kreative Reflexion anschließen. Wir machen nun eine Theaterreflexion. Angenommen, die Teamaktion war ein Theaterstück: Welchen Titel würden Sie diesem geben? Welches Musikstück passt? In welchem Genre spielt es? Ist es ein Western, eine Oper oder eine Komödie? Was sind die Haupthandlungsstränge? Welche Rolle spielt jeder von Ihnen? Bitte visualisieren Sie hierzu jeden Namen und vergeben Sie eine Rolle im Stück. In der Präsentation wäre es schön, wenn Sie die jeweilige Rollenvergabe begründen.

Die letzten beiden Fragen beinhalten den Blick von außen: Wie reagiert das Publikum? Was würden Sie bei erneuter Durchführung anders machen? In dieser Frage liegt der Fokus darauf, was Sie für sich als Team aus der Teamaktion mitnehmen.

Für das Festhalten Ihrer Ergebnisse stehen Ihnen Flipcharts zur Verfügung. Bitte notieren Sie auf diesen Ihre Antworten. Bitte finden Sie sich selbst in Fünfergruppen zusammen. Für die Besprechung der Fragen in Ihrer Kleingruppe stehen Ihnen 45 Minuten zur Verfügung. Wir treffen uns abschließend im Plenum und jede Gruppe präsentiert ihre Ergebnisse."

Hintergründe

Die vorhergehende Teamaktion wird durch diese Methode von verschiedenen Seiten reflektiert. Die Teilnehmer müssen einen Titel finden, geben sich selbst Rollen, sie werden selbst Publikum und haben die Herausforderung, sich auf ein passendes Musikstück zu einigen.

Durch die Vielschichtigkeit der Fragen üben die Teilnehmenden, ihr Handeln aus verschieden Perspektiven heraus zu reflektieren. Dies ist eine Möglichkeit, systemisches Denken zu trainieren und die Auswirkungen des eigenen Handelns in einem größeren Zusammenhang wahrzunehmen.

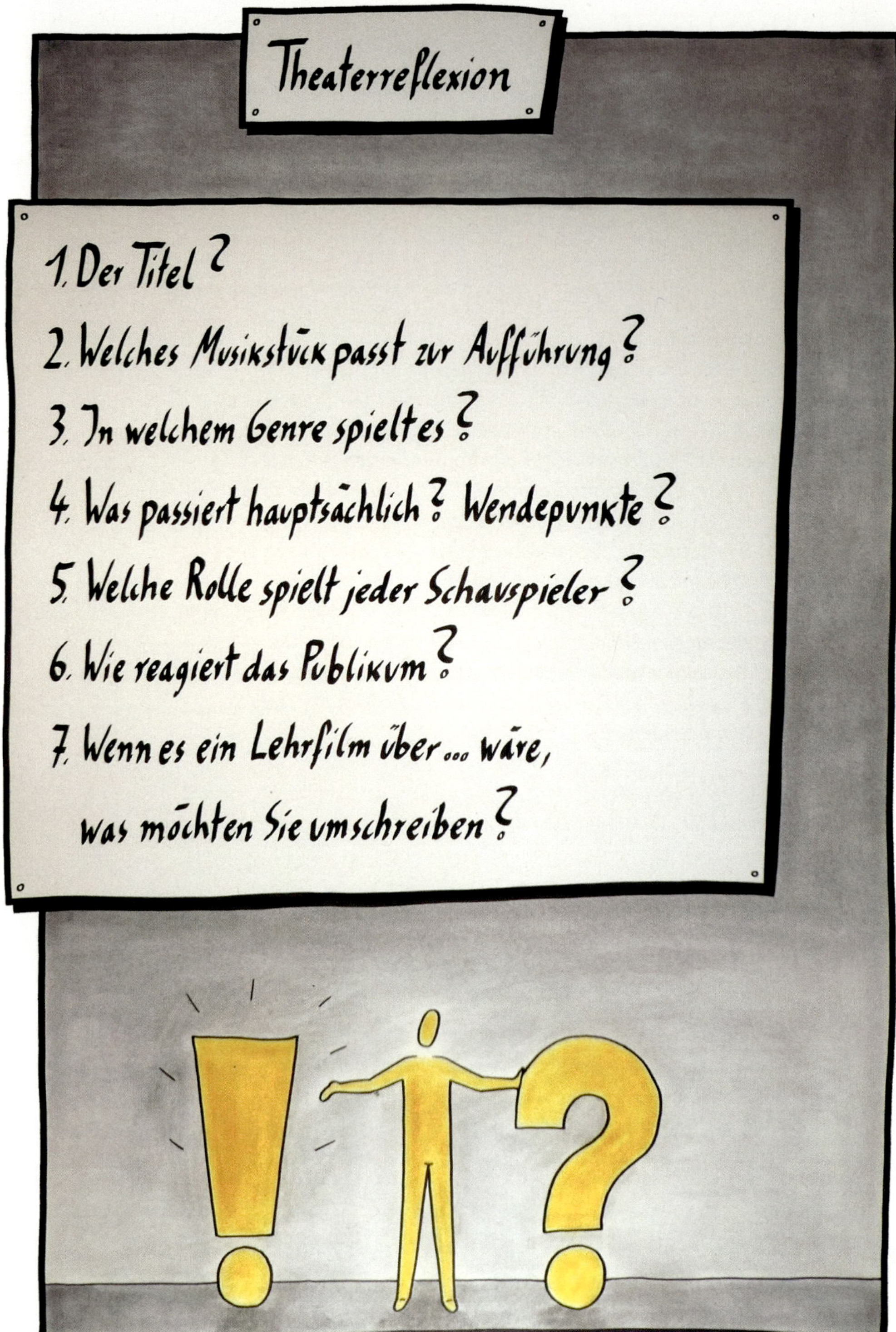
Theaterreflexion
1. Der Titel?
2. Welches Musikstück passt zur Aufführung?
3. In welchem Genre spielt es?
4. Was passiert hauptsächlich? Wendepunkte?
5. Welche Rolle spielt jeder Schauspieler?
6. Wie reagiert das Publikum?
7. Wenn es ein Lehrfilm über ... wäre,
was möchten Sie umschreiben?

Das Übertragen in ein Theaterstück erleichtert es, atmosphärische Bedingungen zu hinterfragen und an die Oberfläche zu holen. Insbesondere rationale Menschen bekommen einen anderen bzw. neuen Zugang zu ihren Kollegen und zu Teamsituationen. Auch Teilnehmern, die sonst eher im Hintergrund stehen, fällt es durch den Austausch in kleineren Gruppe leichter, ihre Eindrücke und Wahrnehmungen einzubringen. Sehr oft sind gerade diese Beiträge für den Gruppenprozess sehr wichtig.

Je nach Ablauf der vorherigen Teamaktion kann durch diese Form der Reflexion Tiefe oder Humor im Workshop entstehen.

Tipps

- Für diese Reflexionsmethode muss ausreichend Zeit eingeplant werden. Je nach Gruppengröße und Intensität der vorhergehenden Teamaktion kann diese Reflexion ein bis drei Stunden in Anspruch nehmen.
- Je nach Zielsetzung des Workshops kann die fünfte Frage *„Welche Rolle spielt jeder Schauspieler?“* als Aufhänger genutzt werden, um einen Impulsvortrag zum Thema „Rollenverteilung im Team“ zu geben.
- Wenn es zum Team passt, kann das Vorspielen einer Sequenz aus dem jeweilig erarbeiteten Theaterstück zusätzliche Intensität und/ oder Humor in diese Reflexionseinheit bringen.

Material

- Moderationsstifte, Flipcharts (alternativ: Pinnwände)

Quelle

- Lehner, B.: Selbstsicher werden. Beltz Verlag, 1996.

Berge und Täler
1. Skizzieren Sie, welche Berge und Täler
Sie in der Übung erlebt haben.
2. Benennen Sie die wichtigsten Punkte.

Berge und Täler

Aufbau

Die Teilnehmer werden paarweise eingeteilt und haben die Aufgabe, sich über die letzte Teamaktion auszutauschen. Hier können solche Fragen eine Hilfestellung sein: *„Was waren die Highlights? Bei welchen Übungsteilen gab es Schwierigkeiten?"* Während ein Übungspartner von seinen Höhen und Tiefen berichtet, fertigt der andere darüber eine Grafik an. Wichtig ist, dass hier Erlebnisse, Erkenntnisse und Emotionen in Stichworten aufgeführt werden.

Die erstellten Flipcharts werden nach der Fertigstellung im Workshopraum ausgestellt. Nachdem das gesamte Team die Ausstellung betrachtet hat, treffen sich alle wieder im Plenum. Dort wird die zentrale Abschlussfrage besprochen: *„Was ziehen Sie für Ihre zukünftige Zusammenarbeit aus der Teamaktion?"* Der Trainer notiert die wichtigsten Punkte auf einem Flipchart (siehe Flipchart nächste Seite §).

Intro

„Nach unserer dynamischen Teamherausforderung kommen wir nun zu deren Reflexion. Ich teile Sie dafür gleich in Zweiergruppen ein. Ihre Aufgabe ist es, Ihrem Übungspartner von Ihren erlebten Höhen und Tiefen zu berichten. Die Aufgabe Ihres Partners besteht darin, Ihre Erlebnisse in Form von Bergen und Tälern aufzeichnen. So wie hier auf dem Flipchart. Die Berge stehen für die Höhepunkte – vielleicht sogar Glücksmomente, die Täler stehen für die Tiefpunkte und das dazwischen für ebendieses. Bitte schreiben Sie besondere Momente, Emotionen, Erkenntnisse usw. in Stichworten hinzu.

In 30 Minuten werden wir alle Flipcharts im Workshopraum aufhängen und Sie haben die Gelegenheit, alle zu betrachten. Bitte nutzen Sie hier die Chance, mit den anderen über die Bilder und erlebten Situationen ins Gespräch zu kommen. Gegen 14:30 Uhr treffen wir uns alle gemeinsam im Plenum. In der Abschlussrunde werden wir gemeinsam die für Sie wichtigsten Punkte für Ihre zukünftige Zusammenarbeit zusammenfassen. Gibt es von Ihrer Seite noch Fragen? Dann zur Gruppeneinteilung ..."

Hintergründe

Diese Reflexionsmethode bietet sich insbesondere an, wenn die vorhergehende Teamaktion besonders reich an Grenzerfahrungen war und/oder die Teilnehmer viele Formen der Emotionalität durchlaufen haben. Die Zweierkonstellation bringt – im Gegensatz zu Dreierteams – Ruhe und Vertrauen in das Team. Der Austausch wird dadurch intensiver, was die darauffolgende Plenumsreflexion effektiver macht. Sowohl der

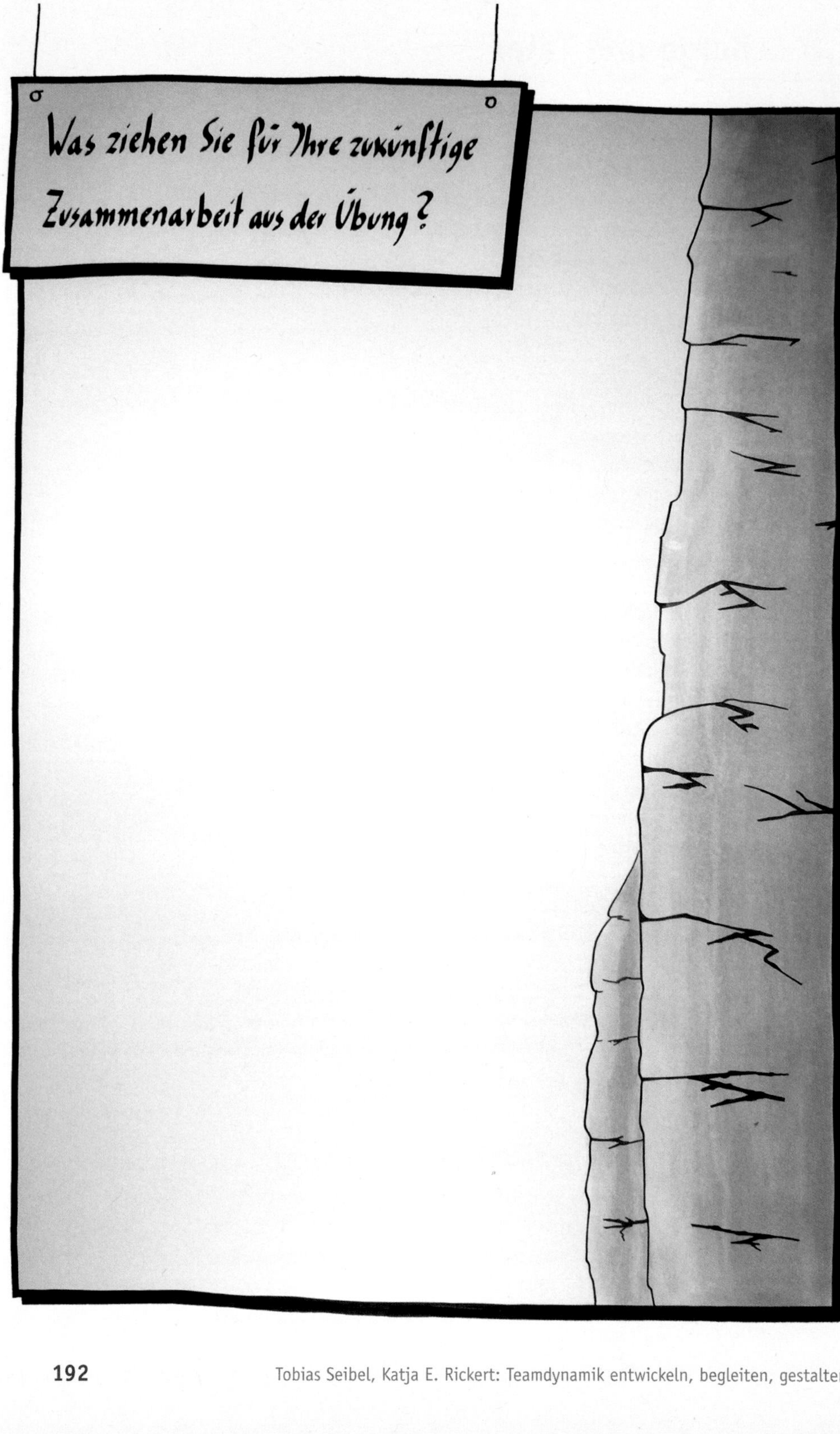
Was ziehen Sie für Ihre zukünftige Zusammenarbeit aus der Übung?

Dialog mit dem Übungspartner als auch die anschließenden Gespräche während der Ausstellung sensibilisieren jeden Einzelnen für die Blickwinkel der anderen Teammitglieder.

Tipps

- Die Methode kann ebenso als Einzelreflexion genutzt werden: Hierfür fertigt jeder Teilnehmer eine Skizze der eigenen Erlebnisse an.
- Wenn die Skizzen einen einheitlichen Hintergrund oder Rahmen haben sollen, können Sie den Teilnehmern entsprechende DIN-A3-Vordrucke zur Verfügung stellen (Download-Ressource).

Material

- Flipchart-Papier (pro Person mindestens 1 Blatt) oder DIN-A3-Papier (ggf. mit Vorvisualisierung), Moderationsstifte, Malerkrepp zum Befestigen der Flipcharts

Teamgeist

Teamgeist

Vorbereitung

Fünf Moderationskarten werden jeweils mit einem der folgenden Werte beschrieben: 0 %, 25 %, 50 %, 75 %, 100 %.

Aufbau

Nach einer Teamaktion findet zum Einstieg in die Reflexion ein Dialog über die Definition von Teamgeist statt. Der Trainer visualisiert auf einem Flipchart simultan mit und bietet am Ende eine weitere Definition an (s. Intro).

Im Anschluss legt der Trainer die vorbereiteten Moderationskarten in eine Reihe mit etwas Abstand auf den Boden, sodass eine Skala von 0 % bis 100 % entsteht. Es folgt die Frage an die Teilnehmenden, wie sie ihren Teamgeist bei dieser Teamaktion erlebt haben und die Bitte, sich entsprechend auf der Skala zu platzieren. Nachdem die Teilnehmer sich auf einen Skalenplatz gestellt haben, befragt der Trainer jeden Einzelnen, warum er sich für den entsprechenden Platz entschieden hat. Je nachdem, welche Statements geäußert werden, kann es sinnvoll sein, einzelne Aussagen ebenfalls auf einem weiteren Flipchart oder auf Moderationskarten simultan zu visualisieren. Am Schluss der Reflexion fasst der Trainer diese dann noch einmal zusammen.

Intro

„Wir haben eben die Teamaktion ... durchgeführt. Ich möchte diese nun mit Ihnen gemeinsam reflektieren. Das Thema dieser Reflexion ist Ihr Teamgeist. Zunächst einmal die Frage an Sie: ‚Was verstehen Sie unter Teamgeist?'"

Es folgt ein Dialog mit den Teilnehmern, der durch den Trainer simultan visualisiert wird. Zum Schluss formuliert der Trainer seine Definition: *„Teamgeist steht für mich für ein zielgerichtetes Wir-Gefühl. Das umfasst Ihre Verbindung untereinander und Ihren gemeinsamen Willen, Ihre Ziele zu erreichen.*

Als Nächstes möchte ich mit Ihnen nun auf Ihren Teamgeist schauen. Hierzu habe ich Ihnen eine Skala auf den Boden gelegt. Bitte positionieren Sie sich zu der Frage: ‚Wie haben Sie den Teamgeist bei der letzten Teamaktion erlebt?' 0 % steht für ‚nicht vorhanden', 50 % für ‚befriedigend', 100 % für ‚super'."

Teamgeist
0%
50%
100%
Teamgeist ist nicht.
Er entsteht.
Torsten Marold

Sobald sich alle positioniert haben, befragt der Trainer die einzelnen Teilnehmer zu ihrer Entscheidung. Zum Beispiel: *„Herr Meier, was hat Sie dazu bewegt, sich genau auf die 75 % zu stellen?"*

Nachdem jeder Teilnehmer die Wahl seiner Position begründet hat, kann es sinnvoll sein, das Zitat von Torsten Marold (siehe Flipchart) zu nutzen, um im Prozess gut weitergehen zu können: *„Vielen Dank für den konstruktiven Austausch. Mir ist im Kontext ‚Teamgeist' dieses Zitat sehr wichtig: ‚Teamgeist ist nicht. Er entsteht.' Teamgeist ist etwas, an dem wir tagtäglich arbeiten müssen. Immer wenn Menschen zusammenkommen, gibt es Reibungen. Das ist ganz normal. Entscheidend ist, dass Sie immer darüber sprechen, wenn es Probleme gibt. Das gilt für die Teamebene genauso wie für einzelne Beziehungen. Ich werde Ihnen im weiteren Workshopverlauf viele Möglichkeiten geben, um an Ihrem Teamgeist zu arbeiten. Ihre visualisierten Aussagen aus der Aufstellung bringe ich hier an der Wand an, so sind diese weiter im Raum."*

Hintergründe

Die Reflexionsmethode „Teamgeist" ist besonders geeignet, wenn der Trainer bei der vorgelagerten Teamaktion Defizite in folgenden Bereichen beobachten konnte: „Wir-Gefühl", „Identifikation mit der Aufgabe" bzw. „Identifikation mit dem Ziel oder der Zielsetzung". Die Übung berücksichtigt sowohl die Beziehungsebene im Team als auch die gemeinsame Zielperspektive. Durch sie können diese Ebenen reflektiert werden und sich im weiteren Workshop neu entwickeln.

Tipps

- Der Dialog der Teilnehmer wird erleichtert, wenn die Moderationskarten anstatt in einer geraden Linie als Bogen auf den Boden gelegt werden: Nun können die Teilnehmer sich gegenseitig sehen und Blickkontakt aufnehmen. Ein Seil kann hier zusätzlich als Hilfsmittel verwendet werden.
- Der Abstand zwischen den einzelnen Moderationskarten sollte, in Abhängigkeit von der Teamgröße, mindestens fünf Meter betragen.
- Auch bei der Wahl einer niedrigen Prozentzahl (mit Ausnahme der 0 %-Marke) kann der Trainer positive Aspekte herausarbeiten, zum Beispiel mit der Frage: *„Was beinhalten die 10 % an Teamqualitäten?"*

Material

- Moderationskarten, ggf. ein Seil

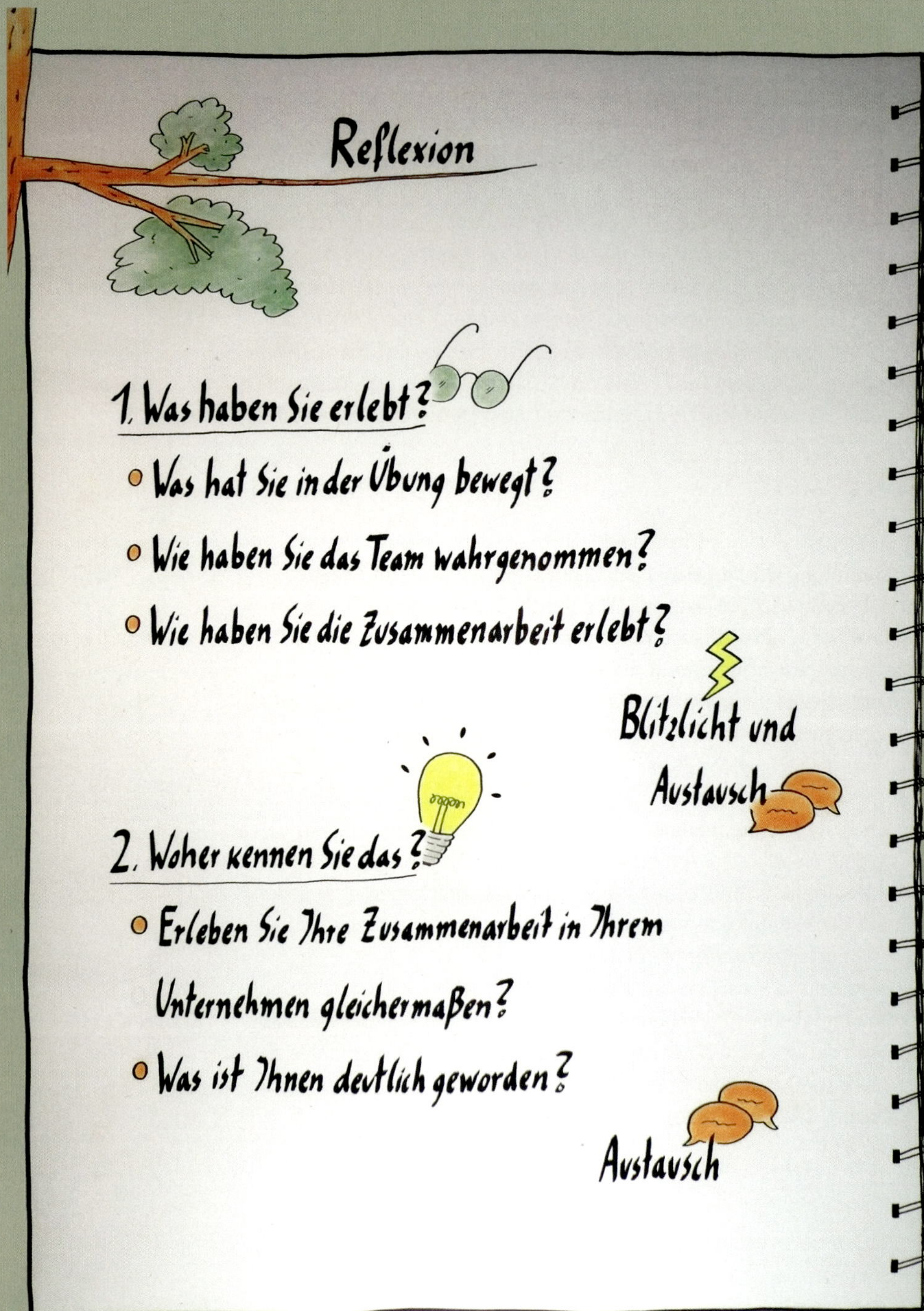
Reflexion
1. Was haben Sie erlebt?
Was hat Sie in der Übung bewegt?
Wie haben Sie das Team wahrgenommen?
Wie haben Sie die Zusammenarbeit erlebt?
Blitzlicht und Austausch
2. Woher kennen Sie das?
Erleben Sie Ihre Zusammenarbeit in Ihrem Unternehmen gleichermaßen?
Was ist Ihnen deutlich geworden?
Austausch

Naturkunst

Aufbau

Das Team erhält die Aufgabe, in Vierergruppen die vorhergehende Teamaktion anhand von Fragen (siehe Flipchart) zu reflektieren. Hierbei führt jede Kleingruppe zuerst ein Blitzlicht durch, bei dem sich jeder äußert, wie er die Teamaktion erlebt hat. Im Anschluss spricht die Gruppe über Parallelen zur Zusammenarbeit im Unternehmen. Für die Arbeit in der Kleingruppe erhalten die Teilnehmer 20–40 Minuten Zeit.

Anschließend erhalten die Kleingruppen den Auftrag, zu erörtern welche Veränderungsimpulse notwendig sind, um die Zusammenarbeit zu verbessern (siehe zweites Flipchart). Die Quintessenz, die hierbei herauskommt, wird als Kunstwerk aus Naturmaterialien dargestellt und zum Schluss im Plenum präsentiert. Für diesen Teil der Reflexion erhalten die Kleingruppen 30 Minuten Zeit.

Intro

„Nun geht es darum, dass Sie sich über Ihre gemachten Erfahrungen, Erlebnisse und Erkenntnisse aus der letzten Teamaktion in Kleingruppen austauschen. Ich habe Ihnen hier einige unterstützende Fragen zusammengestellt. Lassen Sie uns diese einmal durchgehen: Starten Sie bitte mit einem Blitzlicht, in dem jeder etwas zu seinem persönlichen Erleben der Teamaktion sagt. Zum Beispiel, was Sie selbst bewegt hat oder wie Sie das Team und die Zusammenarbeit wahrgenommen haben. Dann tauschen Sie sich innerhalb Ihrer Kleingruppe über das im Blitzlicht Gehörte aus und überlegen gemeinsam, ob es Parallelen zu Ihrer Zusammenarbeit im Unternehmen gibt. Machen Sie sich bitte Notizen. Wir kommen in 30 Minuten wieder zusammen. Sie werden dann noch nichts präsentieren, sondern eine weiterführende Aufgabe bekommen."

Die Kleingruppen haben sich nun ausgetauscht und kommen zurück in den Workshopraum. Der Trainer nutzt nun das zweite Flipchart zur Erklärung der nächsten Aufgabe. *„Nun kommen wir zum zweiten Schritt unserer Reflexion. Sie tauschen sich in Ihrer Kleingruppe bitte darüber aus, was es aus Ihrer Sicht für Veränderungen braucht, damit Ihre Arbeit im Team besser funktioniert. Welches Zukunftsbild oder welche Impulse haben Sie für das Team? Dann suchen Sie bitte einen stimmigen Ort, passendes Material und eine geeignete Form für ein Naturkunstobjekt, das Ihren wichtigsten Veränderungsimpuls ausdrückt."*

Hier hatten wir z.B. schon kleine Steinwege mit einer Quelle am Ende, gelegte Symbole wie Yin und Yang und vieles mehr. Es geht hierbei nicht darum, Stein-Monumente zu installieren oder Bäume zu fällen.

Naturkunst

3. Wie können Sie das Besprochene nutzen?

- Was wollen Sie verändern?
- Welchen Impuls haben Sie für das Team?

Entwickeln Sie aus diesem Impuls heraus ein Naturkunstobjekt!
Beachten Sie die Stimmigkeit von Ort, Material und Form!

Bitte nicht die Natur beschädigen
30 Minuten Zeit

„Entwickeln Sie bitte kleine und feine, aber für Sie aussagekräftige, Kunstwerke. Bitte achten Sie bei der Erstellung/Entwicklung Ihres Naturkunstwerkes auch darauf, nichts aus der Natur zu beschädigen. Für den Austausch und die Gestaltung Ihres Kunstwerkes haben Sie insgesamt 30 Minuten Zeit. Suchen Sie sich bitte einen Ort, an dem Sie ungestört miteinander arbeiten können. Wir treffen uns um 13:00 Uhr vor dem Haupteingang und gehen dann von Kunstwerk zu Kunstwerk. Bitte sprechen Sie in Ihrer Kleingruppe ab, wer das Kunstwerk oder Objekt präsentiert."

Hintergründe

Diese Methode ermöglicht einen intensiven Austausch. Sie sollte nach Teamaktionen angewandt werden, bei denen viel in Bewegung gekommen ist. Insbesondere nach einem „Big Point" ist diese Reflexion angebracht, da durch die starke Symbolkraft des Kunstobjektes der Transfer in den Alltag einen starken Anker bekommt. (Der „Big Point" bezeichnet eine besonders große Herausforderung in der Zusammenarbeit.)
Die Natur bietet hierbei eine Fülle an metaphernreichen Materialien und damit eine große Palette an Möglichkeiten, um Emotionen, Erwartungen und innere Bilder plastisch darzustellen.

Diese Methode eignet sich ebenfalls sehr gut, wenn es Konflikte im Team gibt. Der Freiraum, den die Natur bietet, verbunden mit der gemeinsamen Arbeit an einem Lösungsvorschlag, ermöglicht einen Weg zur Konfliktlösung. Da innerhalb der Kleingruppen eigenständig reflektiert und transferiert wird, setzt die beschriebene Form der Methode eine gewisse Trainingserfahrung der Teilnehmenden voraus. Eine Möglichkeit, fehlende Erfahrung zu kompensieren, besteht z.B. darin, als Trainer und Co-Trainer die Gruppenarbeit kontinuierlich zu begleiten.

Tipps

- Es lohnt sich besonders, Orte mit Bachläufen, felsige Landschaften oder Wälder aufzusuchen, die viele Metaphern und Materialien bieten.
- Stellen Sie den Kleingruppen die Reflexionsfragen in gedruckter Form zur Verfügung.
- Um den Transfer zu verstärken, ist ein Teamfoto mit dem Kunstwerk eine gute Möglichkeit. Die Bilder bleiben besonders gut im Gedächtnis der Teilnehmer, wenn sie an einem zentralen Ort im Unternehmen aufgehängt werden.

Material

- Reflexionsfragen als Ausdruck, Fotoapparat. Unter den Download-Ressourcen können Beispielfotos von Naturkunst aus anderen Teamworkshops heruntergeladen werden.

1. Wie haben Sie Ihre Zusammenarbeit erlebt?
2. Was davon kennen Sie aus Ihrer tägl. Teamarbeit?
Reflexion
4. Was sollten die ersten Schritte sein, die Sie dahin führen?
3. Wie sollte Ihre zukünftige Zusammenarbeit aussehen?

4 Perspektiven

Aufbau

Die Teilnehmer werden in Kleingruppen eingeteilt. Sie erhalten die Aufgabe, die vorangegangene Teamaktion anhand von vier Fragen (siehe Flipchart) zu reflektieren. Die Ergebnisse hält jede Gruppe auf dem vorbereiteten Flipchart fest. Im Anschluss erfolgt die Präsentation im Plenum mit anschließendem Austausch. Die wichtigsten Erkenntnisse aus Frage 4 kommen z.B. auf die „LOP-Liste“ und/oder in den „Themenspeicher“ (s. S. 253 und S. 217).

Intro

„Nachdem wir in unserer Teamaktion viel erlebt haben, geht es nun um die Reflexion. Ich teile Sie gleich in Kleingruppen ein. Jede Kleingruppe erhält ein vorbereites Flipchart. Bitte beantworten Sie innerhalb Ihrer Kleingruppe jeweils die vier Fragen in der vorgegebenen Reihenfolge.“

Der Trainer stellt die Fragen vor. *„Bitte achten Sie bei Ihren Aufzeichnungen auf die ‚Acht-Wochen-Regel‘. Sie müssen Ihre Antworten in acht Wochen immer noch lesen und vor allem verstehen können. Nutzen Sie zum Schreiben bitte ausschließlich die Felder und fokussieren Sie sich auf das für Sie Wesentliche! Für die Kleingruppenarbeit stehen Ihnen 30 Minuten zur Verfügung. Anschließend präsentieren Sie Ihre Ergebnisse im Plenum. Haben Sie noch Fragen? Dann zur Gruppeneinteilung ...“*

Hintergründe

Die vier Fragestellungen bieten die Möglichkeit einer intensiven Reflexion mit einer Fokussierung auf den Transfer in den Arbeitsalltag. Deshalb eignet sie sich besonders gut als letzte Reflexionsmethode des Workshops. Die Dramaturgie der Fragen ist in vier Schritten aufgebaut:

1. Die Reflexion der Teamaktion – hier und jetzt
2. Die tägliche Unternehmenssituation – Brücke zur alltäglichen Ist-Situation
3. Der Veränderungswunsch – Soll-Situation
4. Schritte zur Umsetzung der Ergebnisse

Tipp

▶ Es ist wichtig, dass der Trainer durch die Kleingruppen geht, um diese bei Bedarf unterstützen zu können.

Material

▶ Ein vorgefertigtes Flipchart pro Kleingruppe, Moderationsstifte

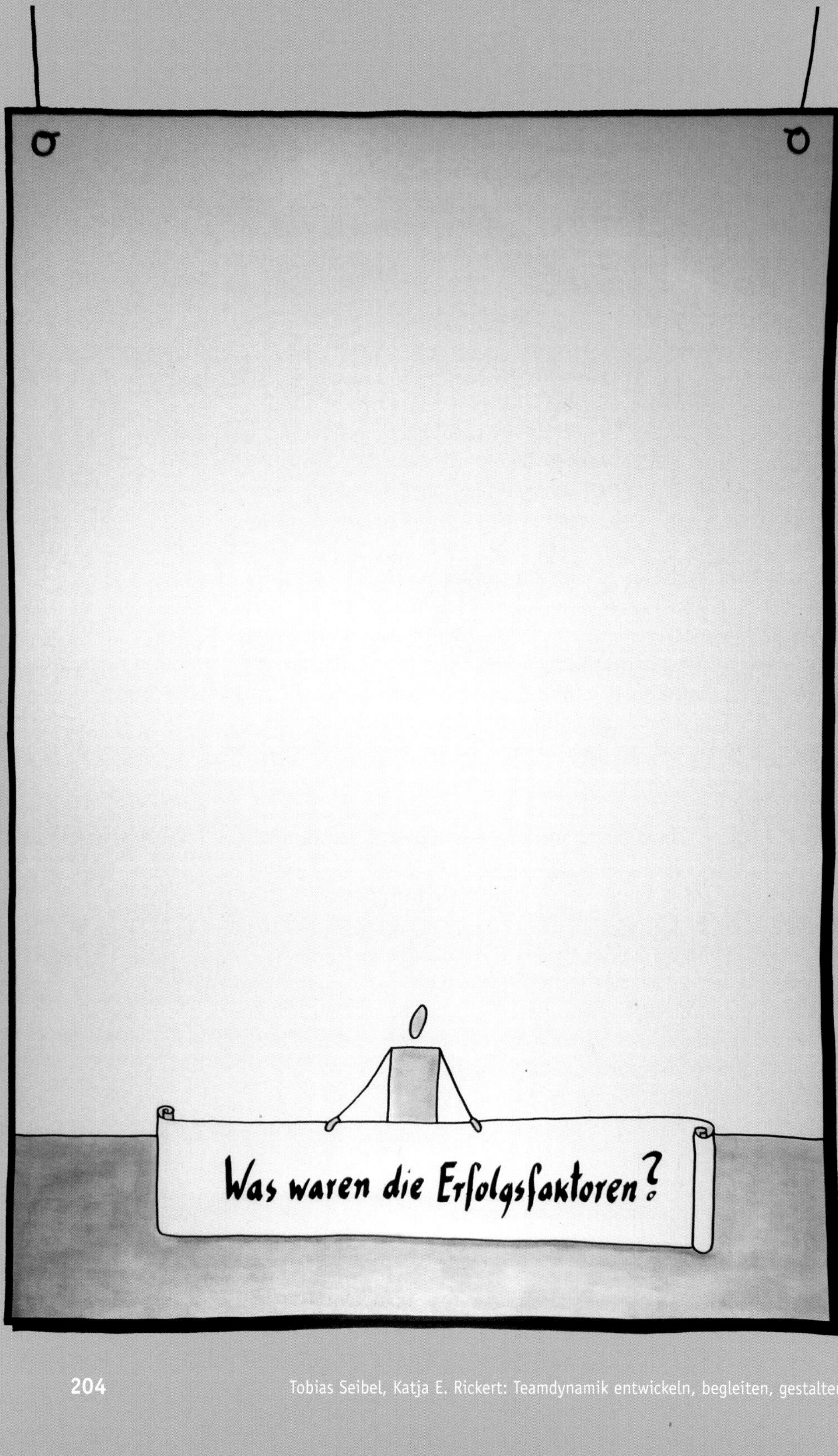
Was waren die Erfolgsfaktoren?

Stärken – auf den Punkt gebracht

Aufbau

Zu Beginn erfolgt ein Brainstorming zu der Fragestellung, welche Faktoren bei der Lösung der vorangegangenen Teamaktion eine Rolle gespielt haben. Der Trainer schreibt die Antworten in chronologischer Reihenfolge auf ein Flipchart.

Wenn alle Erfolgsfaktoren visualisiert sind, fasst der Trainer diese noch einmal zusammen. Nun folgt der Transfer in den Arbeitsalltag mit den Fragestellungen: *„Wofür nutzen Sie die genannten Erfolgsfaktoren im Unternehmen bereits? An welchen Stellen Ihrer Zusammenarbeit könnten diese mehr integriert werden?"* Die Teilnehmer nennen wieder spontan ihre Ideen. Der Trainer notiert diese auf zwei verschiedene Flipcharts. Im Anschluss wird mit den entstandenen Praxisideen weitergearbeitet.

Intro

„Wenn Sie nun an Ihre gemeinsame Teamaktion zurückdenken, was waren für Sie die Erfolgsfaktoren bei der Durchführung? Ihre Ideen werde ich auf dem Flipchart mitschreiben. Es gibt keine Reihenfolge, es startet wer möchte."

Nachdem der Trainer das Brainstorming beendet und noch einmal zusammengefasst hat, wird die Reflexion mit den beiden nächsten Fragestellungen fortgeführt. *„Nach unserem ersten Brainstorming würde ich gerne mit Ihnen darauf schauen, wofür Sie die genannten Erfolgsfaktoren im Unternehmen bereits nutzen und an welchen Stellen Sie diese mehr integrieren könnten. Wir beschreiben beide Flipcharts gleichzeitig. Wer hat eine Idee?"*

Nachdem auch dieses Brainstorming beendet ist, werden wichtige Erkenntnisse für die Zusammenarbeit im Unternehmen weiter besprochen und evtl. Umsetzungen etc. geplant. *„Wir haben auf diesem Flipchart wichtige Ressourcen, die Sie in Ihrer täglichen Zusammenarbeit bewahren sollten, zusammengefasst. Hier ist es wichtig, sich diese immer wieder bewusst zu machen und zu schätzen. Lassen Sie uns nun auf die Notizen des anderen Flipcharts schauen, wo Sie die Punkte genannt haben, bei denen Sie Ihre Stärken als Team noch nicht optimal nutzen. Vielleicht sind einige konkrete Punkte dabei, die Sie kurz- oder mittelfristig im Unternehmen umsetzen möchten. Hat jemand einen Punkt im Blick?"*

Wofür nutzen Sie die Erfolgsfaktoren bereits?
An welchen Stellen könnten diese mehr integriert werden?

Hintergründe

Diese Reflexionsmethode eignet sich besonders gut, wenn die Teamaktion sehr erfolgreich vom Team gelöst wurde. Diese Situation sollte genutzt werden, um die Erfolgskriterien herauszuarbeiten und in den Fokus zu stellen. Der zweite Teil der Reflexion stellt einen unmittelbaren Bezug her, wie diese Ressourcen im Unternehmen genutzt werden. Gleichzeitig wird deutlich, in welchen Bereichen noch Optimierungsbedarf besteht.

Tipps

- Wenn Sie die zweite und dritte Fragestellung bearbeiten, sollten die Teilnehmer auch das erste Flipchart sehen können. Dazu bietet sich an, die Flipcharts mit den Fragestellungen: *„Wofür nutzen Sie die Erfolgsfaktoren bereits?/An welchen Stellen könnten diese mehr integriert werden?"* nebeneinander an einer Pinnwand zu platzieren und das Flipchart *„Was waren die Erfolgsfaktoren?"* parallel hierzu.
- Halten Sie einen Themenspeicher und eine LOP-Liste zur Weiterarbeit bereit.
- Wenn die Dramaturgie des Workshops den Wechsel von einem erfahrungsorientierten in einen themenorientierten Prozess braucht, bietet diese Methode eine gute Brücke dafür.
- Wenn im ersten Brainstorming zu wenige Ideen genannt werden, sollte vom Unternehmenstransfer (*„Wofür nutzen Sie die Erfolgsfaktoren bereits?"*) abgesehen werden. Stattdessen kann z.B. der Prozess mit einer weiteren Teamaktion fortgesetzt werden, welche eine größere Herausforderungen für das Team beinhaltet und somit evtl. mehr Potenziale reflektierbar macht.

Material

- Flipcharts, evtl. noch Themenspeicher oder LOP-Liste

TEAM
0%
50%
100%
Wie zufrieden waren Sie mit Ihrer Zusammenarbeit?

Unsere Zusammenarbeit

Vorbereitung

Drei Moderationskarten werden mit jeweils einer der Prozentzahlen 0 %, 50 % und 100 % beschriftet.

Aufbau

Der Trainer legt die Moderationskarten mit den Prozentzahlen mit etwas Abstand auf den Boden des Workshopraums. Anschließend stellt er die Frage: *„Wie zufrieden waren Sie mit Ihrer Zusammenarbeit?“* und bittet die Teilnehmenden, sich entsprechend zu positionieren.

Im nächsten Schritt befragt der Trainer die Teilnehmer nacheinander, welche Erlebnisse in der Teamaktion sie dazu bewogen haben, sich auf den jeweiligen Platz zu stellen. Der Trainer schreibt die Antworten stichwortartig auf einem Flipchart mit. Ziel der Übung ist, die wichtigsten Punkte der Zusammenarbeit herauszuarbeiten und dann einen Transfer in den Arbeitsalltag herzustellen.

Intro

„Wir haben eben die Teamaktion [...] durchgeführt. Ich möchte diese jetzt mit Ihnen gemeinsam reflektieren. Sie sehen hier auf dem Boden Moderationskarten mit verschiedenen Prozentangaben. Bitte positionieren Sie sich zu der Frage: ‚Wie zufrieden waren Sie mit Ihrer Zusammenarbeit?‘ Die Prozentangabe entspricht dem Grad Ihrer Zufriedenheit: 100 % bedeutet: ‚war super‘, 50 %: ‚hätte besser sein können‘ und 0 %: ‚nicht zufrieden stellend‘.“ Nachdem die Teilnehmer sich positioniert haben, befragt sie der Trainer.

Hintergründe

Die Reflexionsmethode „Zusammenarbeit“ ist eine sehr offene Reflexionsmethode und lohnt sich insbesondere dann, wenn der Trainer bei der Teamaktion keine besonderen Auffälligkeiten beobachten konnte. Zusätzlich eignet sie sich sehr gut, um zu reflektieren, inwieweit bisherige Erfahrungen aus diesem Teamworkshop bzw. bereits getroffene Vereinbarungen bzgl. Teamzusammenarbeit von den Teilnehmern umgesetzt werden konnten. Im Gegensatz zur Übung „Teamgeist“ (s. S. 195) wird hier nur der Aspekt der Zusammenarbeit betrachtet.

Wie war Ihre Zusammenarbeit?
Planungsphase:
Umsetzungsphase:

Tipps

- Siehe Tipps „Teamgeist“ (S. 197)
- Bestand die vorhergehende Übung aus einer Planungs- und einer Durchführungsphase, lohnt es sich, zwei Aufstellungen zu folgenden Fragen durchzuführen: *„Wie erlebten Sie die Zusammenarbeit in der Planungsphase? Wie erlebten Sie die Zusammenarbeit in der Umsetzungsphase?“*
- Die Skala (s. S. 208) könnte anstatt auf dem Boden auch auf einem Flipchart oder einer Pinnwand dargestellt werden. Hierbei kennzeichnen die Teilnehmer ihre Position mit Klebepunkten oder Marker. Danach wird im Team, wie in der Methode beschrieben, über das entstandene Bild und die Beweggründe der vorgenommenen Positionierung reflektiert.
- Sollte die Bewertung besonders positiv ausfallen, kann zum Abschluss von der Teilnehmeraufstellung ein Foto gemacht werden.

Material

- Moderationskarten, ggf. ein Seil, ggf. Klebepunkte

4 Kapitel

Themenorientierter Prozess

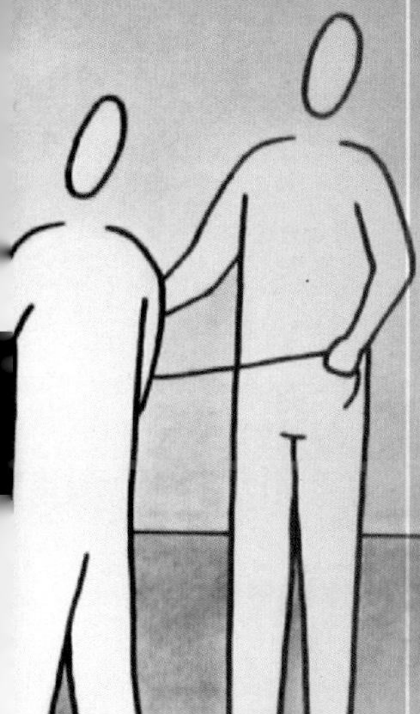

Themen sammeln, strukturieren, priorisieren
Themen besprechen, konkretisieren und entscheiden
Themen überprüfen und abschließen
Themenorientierter Prozess

In diesem Kapitel

Der themenorientierte Prozess ermöglicht es, auf einer Sachebene strukturiert Punkte wie „Arbeitsstruktur und -organisation" zu bearbeiten. Ebenso können Aspekte der Beziehungsebene in den Fokus gestellt werden. Er unterteilt sich in drei Bausteine:

1. Themen sammeln, strukturieren und priorisieren
2. Themen besprechen, konkretisieren und entscheiden
3. Ergebnisse überprüfen und abschließen

Wesentlich ist, dass alle Themen, Ansichten, Lösungsideen und auch Widerstände, die von einzelnen Teammitgliedern eingebracht werden, als wichtig betrachtet und in den Prozess integriert werden. Nur durch das Einbeziehen aller Feldkompetenzen, Sichtweisen und Fähigkeiten wird die gesamte Gruppenintelligenz genutzt und das bestmögliche Ergebnis erzielt. Daher ist es die Aufgabe des Trainers, durch seine Haltung und die von ihm gewählten Methoden dieses Wissen zu generieren, es sichtbar und für den Transfer in die tägliche Arbeit nutzbar zu machen.

Es ist hilfreich, wenn der Trainer Hintergründe, Argumente und Ideen schriftlich festhält und damit kontroverse Dialoge für alle Anwesenden visuell greifbar macht. Eine wichtige Regel für die Moderation lautet: Wenn in einer Diskussion länger als 15 Minuten nichts visualisiert wurde, sollte der Trainer für sich (und dann mit dem Team) reflektieren, ob noch lösungsorientiert und fokussiert gearbeitet wird. Um die Nachhaltigkeit des themenorientierten Prozesses zu gewährleisten, ist die Visualisierung der Ergebnisse ein *Muss!* Die Initiierung eines themenorientierten Prozesses erfolgt z.B., wenn

- der offizielle Auftrag die Bearbeitung von bestimmten Themen vorsieht.
- die Teilnehmer in der Erwartungsabfrage konkrete Themenwünsche geäußert haben.
- der themenorientierte Prozess aufgrund der sich zeigenden Teamdynamik zu diesem Zeitpunkt am stimmigsten und zielführendsten ist.
- es sich um einen Folgeworkshop handelt und sich hieraus fest umrissene Themen zur Weiterarbeit ergeben haben.

Themen sammeln, strukturieren und priorisieren

Was steht an? Wo drückt der Schuh konkret? Wo ist der Leidensdruck am größten? Welche Themen müssen in diesem Teamworkshop besprochen und geklärt werden? Wo sollen wir mit der Bearbeitung beginnen? Alle diese Fragen werden in dem Teil „Themen sammeln, strukturieren und priorisieren" geklärt.

Die Lösung liegt immer im System, also im Team. Damit diese jedoch Gestalt annehmen kann, ist es wesentlich, das Team in Kontakt zu bringen und einen Gedankenaustausch zu ermöglichen. Unsere Vorgehensweise richtet sich in der Regel nach folgendem Grundsatz: „vom Kleinen zum Großen". Dies bedeutet, bei den unterschiedlichen Übungen tauschen sich die Teilnehmer erst zu zweit oder in einer Kleingruppe aus, um ihre Themen, Ideen und/oder Vorschläge zu sammeln. Erst im zweiten Schritt bringen sie diese im Plenum ein. Anschließend werden die Themen gemeinsam strukturiert und die weitere Bearbeitung festgelegt.

Der Themenspeicher

Im Workshop kann es dazu kommen, dass die Teilnehmer Themen nennen, die nicht weiterbearbeitet werden können. Dies ist der Fall, wenn das vorgeschlagene Thema nicht dem offiziellen Arbeitsauftrag entspricht. Oder eine Bearbeitung aufgrund der zur Verfügung stehenden Zeit den Rahmen sprengen würde bzw. Mitarbeiter aus dem Unternehmen benötigt, die nicht anwesend sind. Hier hat es sich bewährt, ein Flipchart im Workshopraum parat zu haben, auf dem diese Themen festgehalten werden. In diesen Fällen arbeiten wir mit dem „Themenspeicher". Die genannten Themen bekommen damit einen Platz und die entsprechenden Teilnehmer das Gefühl, dass auch ihr Anliegen wichtig ist und ernst genommen wird. Vor der Abschlussrunde holt der Trainer den Themenspeicher noch einmal in den Fokus. Es wird abgesprochen, wie mit den aufgeführten Punkten weiter umgegangen werden soll.

Der Trainer kann Empfehlungen geben, in welcher Form ein Weiterbearbeiten der Themenspeicherinhalte sinnvoll ist. Er ist allerdings nicht für die Bearbeitung oder Lösung der Themen verantwortlich, da dies außerhalb seines Einflussbereiches liegt. Damit keine falschen Erwartungen bei den Teilnehmern geweckt werden, sollte der Trainer dies klar und deutlich vermitteln.

Index

Gestaltwerkstatt
Diese Methode dient zur Weiterentwicklung der Arbeitsstrukturen und -prozesse eines Teams. Hierzu werden mithilfe von vier Fragestellungen Themen gesammelt, präsentiert und weiter bearbeitet. .... S. 221

Veränderungsprozesse
In Kleingruppen sammeln die Teilnehmer Themenbereiche, die sich im Unternehmen verändert haben. Danach folgt die Überlegung, welche spezifischen Anpassungen es braucht, um weiter effektiv als Team arbeiten zu können. .... S. 227

Positive Erfahrungen
Die Teilnehmenden führen ressourcenorientierte Interviews, bei denen der Schwerpunkt auf positiven Erfahrungen und Erfolgen liegt. Auf dieser Basis werden anschließend Veränderungspotenziale identifiziert. .... S. 229

Ideenwerkstatt
Die Führungskraft stellt unternehmensbezogene Weiterentwicklungsthemen vor. Das Team ergänzt diese mit eigenen Ideen und Vorschlägen. Es folgt eine Priorisierung im Dialog, bevor abschließend konkrete Absprachen vereinbart werden. .... S. 233

Klarheit
Es werden einzelne Aspekte eines fest umrissenen Teamthemas gesammelt. Die Einteilung erfolgt nach Beurteilung des jeweiligen Klärungsbedarfs. .... S. 237

Steine auf dem Weg
Mithilfe einer Metapher werden zu besprechende Teamthemen gesammelt. .... S. 241

Die SOFT-Analyse
Dies ist eine Meilenstein-Reflexion, die dazu dient, einen Veränderungsprozess oder Projektabschnitt zu überprüfen und weiterzuentwickeln. .... S. 243

Teamenergie
Die Teilnehmer analysieren die Ist-Situation ihres Arbeitsalltags. Dabei werden sowohl die positiven Seiten als auch belastende Aspekte in den Fokus gestellt. .... S. 247

Das Teamrad
Eine umfassende Teamanalysemethode, die sowohl Kriterien auf der Sach- als auch auf der Beziehungsebene beinhaltet. .... S. 249

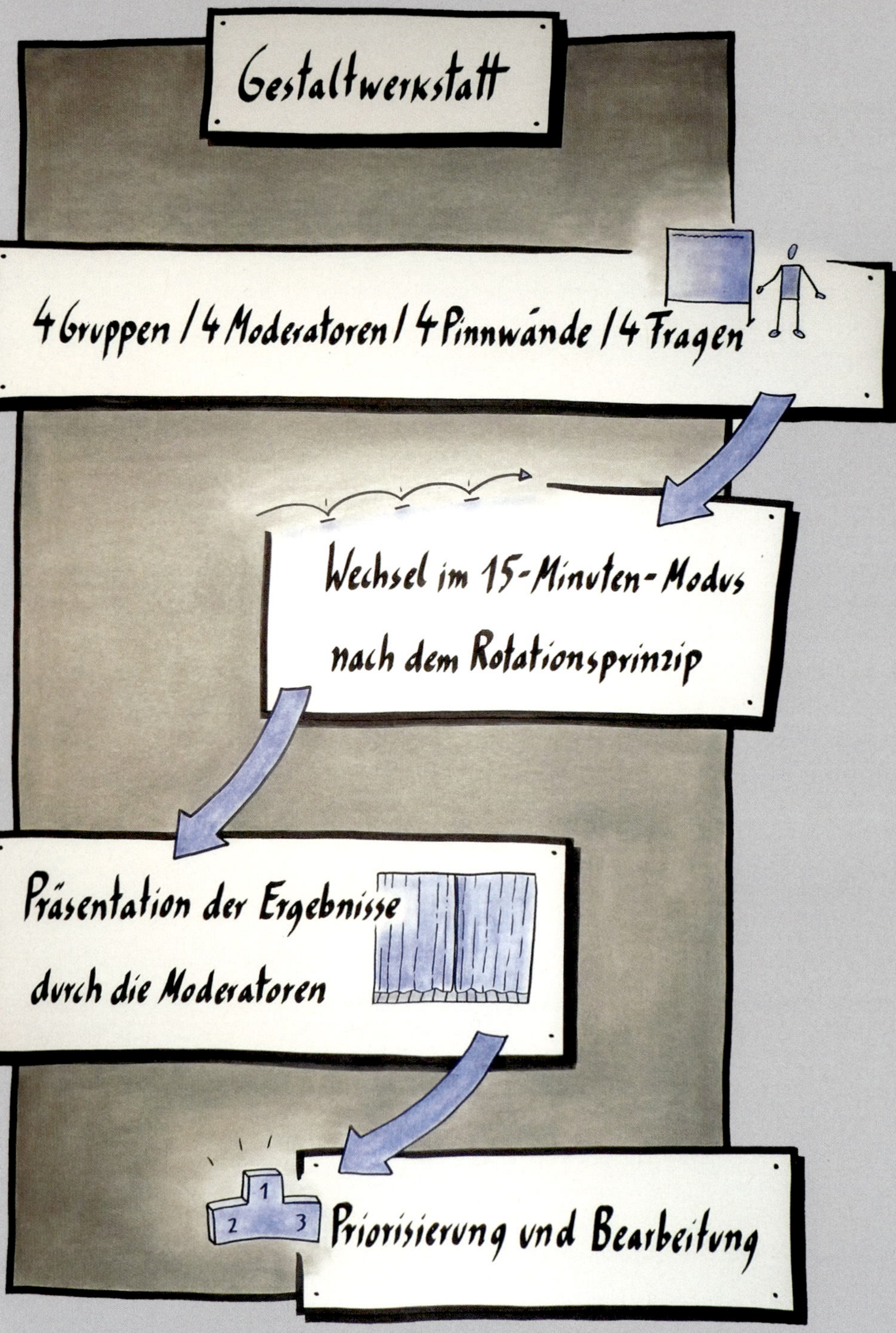
Gestaltwerkstatt
4 Gruppen / 4 Moderatoren / 4 Pinnwände / 4 Fragen
Wechsel im 15-Minuten-Modus
nach dem Rotationsprinzip
Präsentation der Ergebnisse
durch die Moderatoren
1
2
3
Priorisierung und Bearbeitung

Gestaltwerkstatt

Aufbau

Der Trainer bereitet vier Pinnwände vor, auf denen jeweils eine der vier Fragen visualisiert ist (siehe Intro). Die Durchführung besteht aus folgenden Phasen:

1. **Phase**: Das Team wird in vier Kleingruppen eingeteilt und ernennt jeweils einen Moderator. Der Gesamtgruppe werden die vier Fragen und Regelungen (Bild 2: „So gelingt es") vorgestellt. Daraufhin bekommt jede Kleingruppe eine Pinnwand (s. S. 224–225) und beginnt mit der Themensammlung. Nach jeweils 15 Minuten wechselt jede Gruppe im Uhrzeigerprinzip zu nächsten Pinnwand, sodass sich nach vier Runden jede Gruppe zu jedem Thema ausgetauscht hat. Die Moderatoren bleiben kontinuierlich an derselben Pinnwand stehen.

2. **Phase**: Die Moderatoren präsentieren die Ergebnisse ihrer Pinnwand.

3. **Phase**: Im Plenum findet eine Priorisierung der Ergebnisse, z.B. durch Bepunktung (Klebepunkte), statt (s. Flipcharts auf S. 224/5).

4. **Phase**: Die Themen werden im Plenum besprochen und Verabredungen getroffen.

Intro

„Im nächsten Baustein unseres Workshops liegt der Schwerpunkt auf der Weiterentwicklung Ihrer Arbeitsstrukturen und -prozesse. Hierfür haben wir vier Pinnwände mit vier unterschiedlichen Fragestellungen vorbereitet, die Sie in Kleingruppen im Rotationsprinzip bearbeiten werden. Die Fragen lauten:

1. *Was ist gut und soll erhalten bleiben? Was funktioniert und soll bleiben?*
2. *Was ist destruktiv und sollte gestoppt werden?*
3. *Was fehlt und sollte bereitgestellt oder entwickelt werden?*
4. *Was ist da, aber bislang nicht entwickelt? Was sollte gefördert werden?*

An jeder Pinnwand haben Sie 15 Minuten Zeit. Schreiben Sie bitte ausschließlich in die linke Spalte, die rechte brauchen wir später für die Bewertung der Themen. Der in der ersten Runde von Ihnen ernannte Moderator bleibt bei jedem Wechsel an der jeweiligen Pinnwand stehen und stellen diese nach den vier Runden vor. Achten Sie bitte auf folgende fünf Regeln, damit wir möglichst viel Nutzen aus der Methode ziehen."

So gelingt es!
keine Wiederholungen
alle sind wichtig
alles ist wichtig
Nachvollziehbarkeit (8-Wochen-Regel)
Lesbarkeit

Vorstellung des Flipcharts „So gelingt es!“: *„Schreiben Sie jedes Thema bitte nur einmal auf die Pinnwand. Alle Meinungen sind wichtig und jede Einzelmeinung hat ebenfalls ihre Berechtigung und wird notiert. Achten Sie darauf, dass Sie die Punkte so formulieren, dass Sie auch noch in acht Wochen verständlich sind. Achten Sie bitte auf die Lesbarkeit. Im Anschluss an die Rotation werden wir die Themen mit Klebepunkten priorisieren und in der gesamten Gruppe weiter besprechen.“*

Hintergründe

Die Methode bietet die Möglichkeit, an die Themen zu kommen, die das Team wirklich bewegen. Der offene Rahmen setzt ein Team voraus, das bereits seminar- und workshoperfahren ist. Für Teams mit weniger Workshoperfahrung bietet sich alternativ die Geschäftsprozessmethode „Ideenwerkstatt“ an (s. S. 233).

Tipps

- Eine DIN-A4-Kopie des Flipcharts „So gelingt es“ sollte den Moderatoren vor der ersten Runde ausgehändigt werden. So kann der Trainer sicher sein, dass jede Gruppe einen Moderator bestimmt hat.
- Insbesondere am Anfang sollte der Trainer durch die Arbeitsgruppen gehen und bei Bedarf unterstützen.
- Die gegebene Zeit pro Pinnwand ist nicht in Stein gemeißelt. Es sollte individuell abgewogen werden, wie lange den Gruppen Zeit gegeben wird.
- Die Pinnwand „Was ist gut und soll erhalten bleiben? Was funktioniert und soll bleiben“ sollte ebenfalls priorisiert werden. Hier bekommt die „positive Seite“ die gleiche Gewichtung und Aussagekraft.

Material

- 4 Pinnwände, Klebepunkte, Moderationsstifte, vier DIN-A4-Kopien des Flipcharts „So gelingt es“ (Download-Ressource). Die Vorlage für die Pinnwände ist auf der nächsten Doppelseite zu sehen.

Was ist gut und soll erhalten bleiben? Was funktioniert und soll bleiben?
Priorität
Was ist da, aber bislang nicht entwickelt? Was soll gefördert werden?
Priorität

Was ist destruktiv und sollte gestoppt werden?
Stop
Priorität
Was fehlt und sollte bereitgestellt und entwickelt werden?
Priorität

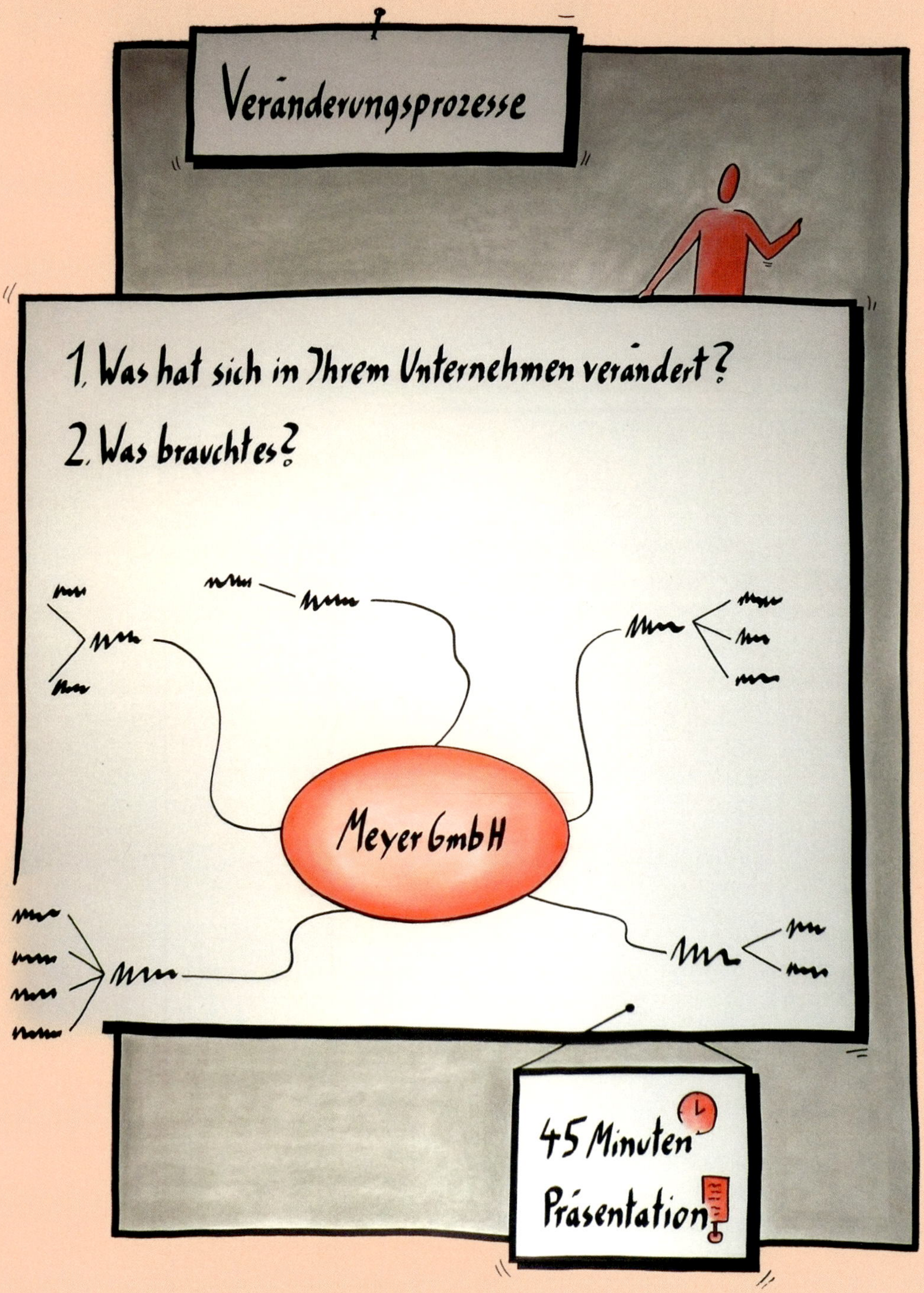
Veränderungsprozesse
1. Was hat sich in Ihrem Unternehmen verändert?
2. Was braucht es?
Meyer GmbH
45 Minuten
Präsentation!

Veränderungsprozesse

Aufbau

Die Teilnehmer erhalten die Aufgabe, zu viert über die Fragen zu sprechen, was sich in ihrem Unternehmen, z.B. im letzten Jahr stark verändert hat und welche Anpassung es braucht, um weiterhin effektiv als Team zusammenarbeiten zu können. Sie haben 45 Minuten Zeit, Antworten zu erarbeiten und diese auf einem Flipchart in Form eines Mind-Maps zu visualisieren. Dann folgt die Präsentation im Plenum. Die Themen werden im Anschluss priorisiert und im weiteren Verlauf des Workshops bearbeitet.

Intro

„Jedes Unternehmen ist einem stetigen Veränderungsprozess unterworfen: Vielleicht verändern sich die Kundenansprüche, die Produktanforderungen, die Kalkulationsgrundlagen, die Führungs- und Teamstrukturen oder auch die Unternehmenskultur. Solche Veränderungen bringen es immer mit sich, dass Prozesse und Strukturen angepasst werden müssen. In unserer nächsten Übung wollen wir die Veränderungen, die Sie wahrgenommen haben und bei denen Sie eine Anpassungsnotwendigkeit sehen, in den Fokus holen. Ich teile Sie dafür gleich in Vierergruppen ein. In diesen Gruppen besprechen Sie bitte in 45 Minuten die Fragen, was sich in Ihrem Unternehmen verändert hat und welche Anpassungen es braucht. Hierfür fertigen Sie bitte ein Mind-Map an. Ich habe hier auf dem Flipchart ein Beispiel für Sie vorbereitet. Anschließend präsentieren Sie Ihre Ergebnisse im Plenum."

Hintergründe

Die Methode sensibilisiert das Team dafür, dass es stetig Veränderungen gibt, auf die sie als Unternehmen oder Abteilung reagieren müssen. Durch die dargestellte Normalität von Veränderungen wird deren Akzeptanz gefördert. Dies macht den Weg frei, um Themenbereiche, die von den Auswirkungen einer Veränderung betroffen sind, konstruktiv weiterzuentwickeln.

Tipp

- Bei Gruppen mit mehr als acht Teilnehmern kann die Methode in der beschriebenen Form aufgrund der Themenvielfalt zu unübersichtlich werden. Hier sollten die Kleingruppen den Auftrag erhalten, die Anzahl der Veränderungen auf z.B. die drei für sie wichtigsten zu beschränken.

Material

- Flipchartpapier, Moderationsstifte

Positive Erfahrungen
Austausch
Tauschen Sie sich bitte über positive Erfahrungen aus, die Sie in Ihrem Unternehmen gemacht haben.
Was hat es für diese positiven Erfahrungen gebraucht?
30 Minuten
Welche Themen müssten Sie angehen, damit diese positiven Erfahrungen weiter wachsen können?
Welche Veränderungen braucht es?
1 Thema pro Karte
8 Wochen Regel
15 Minuten

Positive Erfahrungen

Aufbau

Die Teilnehmer werden in Zweierteams eingeteilt: Hierfür bilden sie zuerst eine Skala im Stehen ab. Die Person mit der kürzesten Zugehörigkeit bildet dann mit dem Teilnehmer ein Paar, der die längste Zeit für das Unternehmen tätig ist. Die Person mit der zweitkürzesten Zeit bildet ein Team mit der Person, die am zweitlängsten dem Unternehmen angehört. Diese Einteilung wird fortgesetzt, bis sich alle Teilnehmer in Zweiergruppen zusammengefunden haben. Die Paare erhalten nun die Aufgabe, sich während eines Spaziergangs zu den ersten beiden Punkten (siehe Flipchart) auszutauschen. Nach dem Spaziergang beantworten sie die Fragen des unteren Feldes (siehe Flipchart) und schreiben ihre Ideen auf Moderationskarten. Nach der abschließenden Präsentation im Plenum werden die Ergebnisse thematisch geordnet, priorisiert und prozessorientiert bearbeitet.

Intro

„Nun geht es um die positiven Erfahrungen, die Sie täglich in Ihrem Unternehmen machen und darum, diese für die Weiterentwicklung Ihrer Abteilung bzw. Ihrer Organisation zu nutzen. Ihre Aufgabe ist es gleich, sich zu zweit auf einen Spaziergang zu begeben und sich gegenseitig zu folgenden Fragestellungen zu interviewen:

- *Welche positiven Erfahrungen haben Sie in letzter Zeit im Unternehmen gemacht?*
- *Was hat es für diese positiven Erfahrungen gebraucht?*

Für den Spaziergang haben Sie 30 Minuten Zeit. Anschließend treffen wir uns wieder im Plenum und Sie haben weitere 15 Minuten Zeit, über folgende Frage zu sprechen:

- *Welche Themen müssen Sie angehen, damit die positiven Erfahrungen weiter wachsen können?*
- *Welche Veränderungen braucht es?*

Zum besseren Verständnis ein Beispiel: Sie haben sich während des Spaziergangs daran erinnert, dass es eine schöne Erfahrung war, als Sie Gästen Ihres Hotels als Tipp für eine Unternehmung die Historienspiele auf Ehrenbreitstein nennen konnten. Hieraus könnten Sie nun die Idee entwickeln, täglich eine Gastinformation für aktuelle Ausflugsziele in den Frühstücksraum zu hängen.

Schreiben Sie Ihre Ideen bitte auf Moderationskarten. Es ist wichtig, dass Sie pro Karte nur ein Thema benennen. Denken Sie dabei an die Acht-Wochen-Regel, die besagt, dass Themen so zu beschreiben sind, dass sie

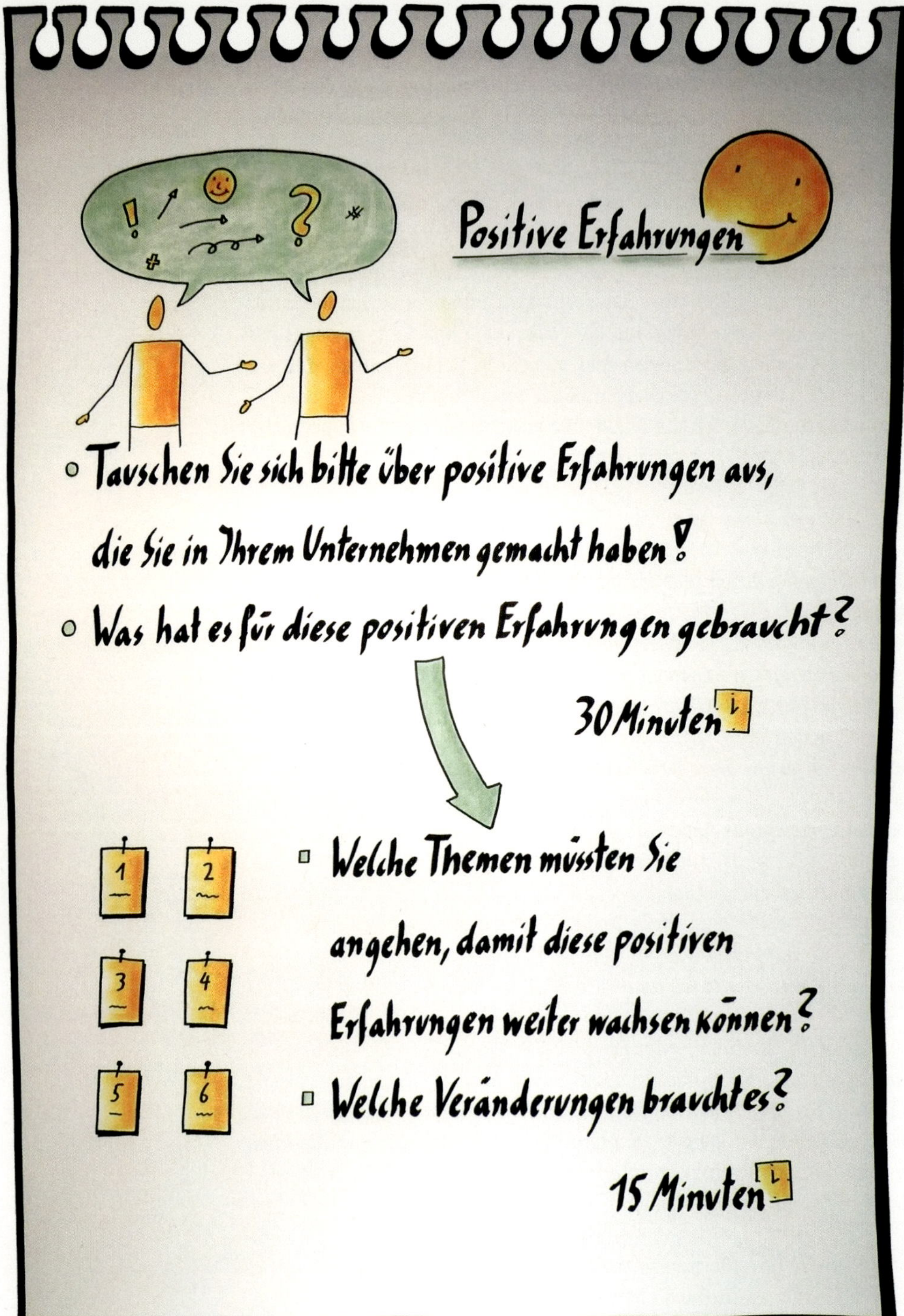
Positive Erfahrungen
Tauschen Sie sich bitte über positive Erfahrungen aus, die Sie in Ihrem Unternehmen gemacht haben!
Was hat es für diese positiven Erfahrungen gebraucht?
30 Minuten
1
2
3
4
5
6
Welche Themen müssten Sie angehen, damit diese positiven Erfahrungen weiter wachsen können?
Welche Veränderungen braucht es?
15 Minuten

auch in acht Wochen noch lesbar und verständlich sind. Zum Abschluss präsentiert jede Kleingruppe ihre Ergebnisse im Plenum. Sie bringen Ihre Moderationskarten in der Präsentation an die Pinnwand an. Wir werden dann die Themen priorisieren, besprechen und ins Leben bringen.

So, nun zur Gruppeneinteilung: Stellen Sie sich bitte entsprechend der Dauer Ihrer Unternehmenszugehörigkeit in einer Reihe auf!" Der Trainer befragt Teilnehmer nach ihren Dienstjahren. *„Bitte bilden Sie von den beiden Enden her jeweils eine Zweiergruppe. Perfekt, nun können wir starten. Wir sehen uns in 30 Minuten!"*

Hintergründe

Bei dieser Übung werden die Teilnehmer gezielt durch den Trainer eingeteilt. Das Sichtbarmachen der unterschiedlich langen Unternehmenszugehörigkeit fördert die Teamentwicklung. Die Zusammenarbeit von Teammitgliedern mit wenig Unternehmenserfahrung mit denen, die bereites viele Dienstjahre aufweisen, unterstützt darüber hinaus die Integration neuer Mitarbeiter.

Die Übung selbst basiert auf einem ressourcenorientierten Ansatz, d. h., der Fokus liegt auf positiven Erfahrungen. Es ist sinnvoll, ein arbeitsfeldnahes Beispiel, wie im Intro beschrieben, in die Übungserklärung einzubauen. Bei der Übung ist es wichtig, eine klare Trennung zwischen den beiden Arbeitsaufträgen zu haben: Im ersten Teil der Übung soll ein allgemeiner Austausch über positive Erfahrungen stattfinden. Erst im zweiten Teil werden die sich hieraus ergebenden Entwicklungsthemen gesammelt und zu Papier gebracht. Damit die Trennung gut funktioniert, bietet sich z.B. an, den Austausch – wie beschrieben – während eines Spaziergangs vorzunehmen.

Tipps

- Wenn die Trennung der Arbeitsaufträge nicht mithilfe eines Spaziergangs möglich ist, sollte zumindest gewährleistet sein, dass die Teilnehmer erst nach Ablauf der ersten 30 Minuten die Moderationskarten und den Moderationsstift erhalten.
- Es macht Sinn, jeweils eine DIN-A4-Kopie des Flipcharts bzw. der Fragestellungen an die Zweierteams auszuhändigen, damit die genaue Fragestellung während der Arbeitsphase präsent bleibt.
- Aus den positiven Erfahrungen und Erfolgen können Headlines formuliert werden, die dann im Unternehmen aufgehängt werden.

Material

- DIN-A4-Fotokopien der Flipchartfragen, Klemmbretter, Moderationsstifte, Moderationskarten, Pinnwände

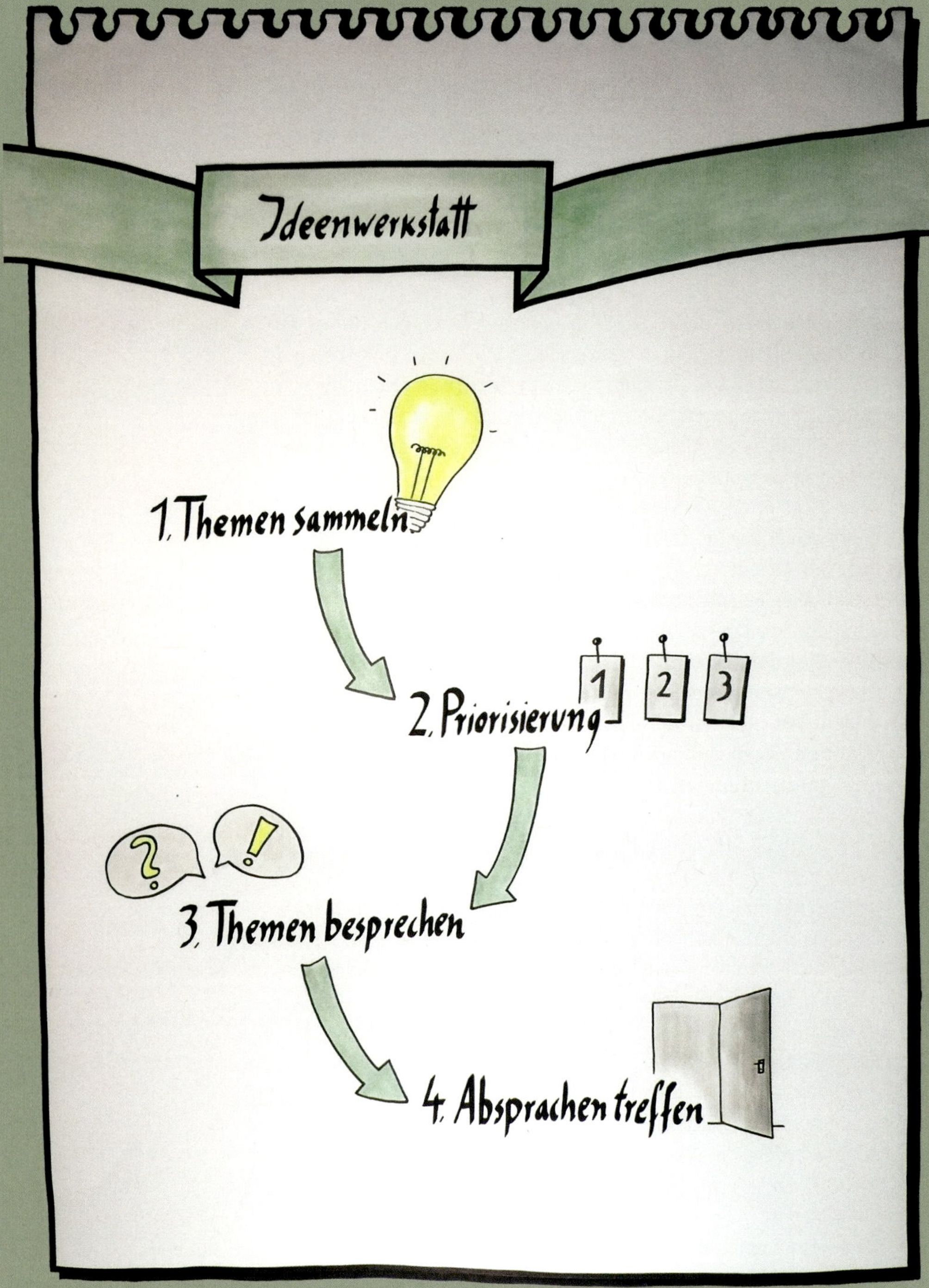

Ideenwerkstatt
1. Themen sammeln
2. Priorisierung
1
2
3
?
!
3. Themen besprechen
4. Absprachen treffen

Ideenwerkstatt

Aufbau

In der Auftragsklärung hat der Trainer mit der Führungskraft die aus seiner Sicht zu behandelnden Themen festgelegt. Zu Beginn der Ideenwerkstatt präsentiert die Führungskraft die Themen, die aus ihrer Sicht für die Weiterentwicklung des Unternehmens, der Abteilung etc. wichtig sind. Sie erläutert Hintergründe, Sichtweisen und welche Punkte die größte Notwendigkeit bzw. höchste Dringlichkeit aufweisen.

Im zweiten Schritt werden die Teilnehmer gebeten, ergänzende Themen einzubringen. Diese werden in einem Zeitrahmen von 15 Minuten zu zweit auf Moderationskarten (pro Thema eine Moderationskarte) gesammelt. Danach erfolgt eine Präsentation im Plenum. Die Moderationskarten werden dabei an eine Pinnwand gepinnt. Anschließend werden die Moderationskarten thematisch geordnet und mit Überschriften versehen. Nun folgt ein Dialog, in dem die Themen priorisiert werden. Die gemeinsam festgelegte Rangfolge wird auf einem Flipchart notiert. Danach werden die Themen bearbeitet.

Intro

„Nach unserem Einstieg geht es nun um Themen, die Ihre Abteilung voranbringen werden. Hierfür habe ich Ihnen die Methode der ‚Ideenwerkstatt' mitgebracht. Diese funktioniert so, dass im ersten Schritt Frau Maier ihre Themen vorstellen wird. Im zweiten Schritt sammeln Sie in Zweierteams Ihre ergänzenden Punkte. Im Anschluss priorisieren wir gemeinsam die Themen und bearbeiten diese weiter. Gibt es Fragen zu unserem Vorgehen? Dann trete ich nun zurück und überlasse Ihnen, Frau Maier, das Feld." Die Führungskraft präsentiert ihre Themen.

„Sie haben soeben von Frau Maier die für sie wichtigsten Themen zur Weiterentwicklung Ihrer Abteilung erläutert bekommen. Nun geht es Frau Maier und mir darum, Ihre ergänzenden Themen in Zweiergruppen zu sammeln.

Hierfür haben Sie 15 Minuten Zeit. Schreiben Sie bitte Ihre Stichworte auf jeweils eine Moderationskarte. Achten Sie bitte darauf, die Karten so deutlich zu schreiben, dass Sie in einem halben Jahr, wenn Sie sich das Fotoprotokoll ansehen, diese immer noch lesen und verstehen können. Haben Sie noch Fragen? Dann zur Gruppeneinteilung."

Hintergründe

Die „Ideenwerkstatt" ist eine sehr wertschätzende und partizipatorische Methode. Sie gibt allen Teilnehmern die Chance, ihre Themen

Sammeln Sie bitte zu zweit Themen, in denen Sie Weiterentwicklungspotential für Ihre Abteilung sehen.
15 Minuten
auf Moderationskarten
1. Themen sammeln

und Vorstellungen einzubringen. Jeder Einzelne wird in den Entwicklungsprozess integriert und übernimmt somit ein Stück weit Verantwortung für die erfolgreiche Umsetzung der vereinbarten Absprachen.

Für einen erfolgreichen Einsatz der Ideenwerkstatt ist es wichtig, dass die Zusammenarbeit von Führungsperson und Team grundsätzlich gut funktioniert. Hier hilft die Einschätzung der Führungskraft im Auftragsgespräch.

Tipps

- Bei sehr kreativen und lebhaften Teams macht es Sinn, die Anzahl der einzubringenden Themen auf jeweils drei pro Kleingruppe zu beschränken. Damit stehen von Anfang an die wichtigsten Themen im Vordergrund.
- Besteht das Team aus mehr als acht Teilnehmern, ist es von Vorteil, die Zweiergruppen zu vergrößern, da sonst die Präsentationsphase zu lange dauert und zu viele Vorschläge doppelt eingebracht werden.

Material

- Moderationskarten, Moderationsstifte, Pinnwand

Was ist schon klar?

Was müsste noch geklärt werden?

Was ist als unklar weiterhin auszuhalten?

Klarheit

Aufbau

Die Teilnehmer besprechen zu zweit die drei Fragestellungen (siehe linke Seite) und notieren ihre Antworten auf einer Kopie des Flipcharts. Hierfür haben sie ca. 15–30 Minuten Zeit. Danach werden die Ergebnisse in einem Blitzlicht präsentiert und vom Trainer simultan auf dem Flipchart schriftlich fixiert. Die Themen aus dem Feld „Was müsste noch geklärt werden?“, werden anschließend gemeinsam priorisiert und prozessorientiert bearbeitet.

Intro

„Wir kommen nun zu den Themen, die Sie im Rahmen Ihres aktuellen Veränderungsprozesses besprechen möchten. Zunächst geht es darum, Klarheit zu schaffen. Ich habe hier ein Flipchart mit drei Fragestellungen, die alle einen unterschiedlichen Schwerpunkt haben. Sie besprechen gleich zu zweit, welche Themen schon klar sind und welche noch geklärt werden müssten. Bei der dritten Frage geht es darum, was unklar ist, Sie aber weiterhin aushalten müssen. Dies können Dinge sein, die aus irgendwelchen Gründen nicht zu klären sind. Mir ist es wichtig, dass wir auch diese Themen benennen. Gegebenenfalls kommen wir zu einem späteren Zeitpunkt auf diese zurück.

Die Punkte, die Ihnen zu den einzelnen Fragen einfallen, notieren Sie bitte auf diesen Vorlagen. Sie haben 20 Minuten Zeit, dann machen wir ein Blitzlicht, in dem Sie Ihre Ergebnisse kurz vorstellen können. Nun zur Einteilung ...“

Hintergründe

Die Methode eignet sich, wenn es innerhalb eines Teams ein konkretes Thema gibt (z.B. einen Veränderungsprozess,) den es zu bearbeiten gilt. Einzelaspekte dieses Themas werden durch die Methode greifbar und können so im weiteren Prozess leichter gelöst werden. Durch die vorgegebenen Fragestellungen kann der Fokus gezielt auf die Themen gelenkt werden, die innerhalb des Teams geklärt werden können.

Dies wird insbesondere dadurch unterstützt, dass die unklaren und nicht zu lösenden Themen einmal deutlich formuliert werden. Danach fällt es den Teilnehmern leichter, sich gedanklich von diesen häufig unterschwellig wirkenden Schwierigkeiten zu lösen.

Was ist schon klar?
Was müsste noch geklärt werden?
Was ist als unklar weiterhin auszuhalten?
Klarheit

Tipps

- Es ist hilfreich, im Feld „Was müsste noch geklärt werden?“ ausreichend Platz für eine Punktepriorisierung (siehe Kapiteleinstiegstext) zu lassen.
- Für die Notizen auf den Flipchart-Kopien sind Klemmbretter günstig.
- Wenn zu erwarten ist, dass viele Inhalte zusammenkommen, z.B. bei großen Teams, ist es empfehlenswert, eine Pinnwand statt eines Flipcharts zu benutzen.
- Anstatt die Ergebnisse der Teilnehmer selbst simultan auf einem Flipchart zu visualisieren, kann der Trainer Moderationskarten austeilen, auf denen die Teilnehmer ihre Ideen festhalten, präsentieren und im jeweiligen Feld des vorbereiteten Flipcharts (bzw. der vorbereiteten Pinnwand) befestigen.
- Handelt es sich bei dem Team um maximal 6 Personen, kann die Methode ebenso als Einzelarbeit durchgeführt werden. Dies ermöglicht einen individuelleren Fokus.

Material

- DIN-A4-Fotokopien des Flipcharts (Download-Ressource), ggf. Klemmbretter, Stifte, ggf. Pinnwand als Alternative zum Flipchart, ggf. Moderationskarten

Quelle

- Hansen, H.: A bis Z der Interventionen in Gruppen. Klett-Cotta, 2017.

Welche Steine müssen wir
aus dem Weg räumen?

Steine auf dem Weg

Aufbau

Bei dieser Methode wird mit einer Metapher gearbeitet. Der Leuchtturm symbolisiert das Ziel des Teams und die Steine stehen für die Hindernisse, die noch im Weg liegen. Auf der Basis dieses Szenarios erhalten die Teilnehmer die Aufgabe, jeweils zu dritt zu überlegen, welche Hindernisse bei der täglichen Arbeit aus dem Weg geräumt werden müssen. Die Ergebnisse werden auf Moderationskarten notiert. Nach 15 Minuten erfolgt eine Präsentation im Plenum an der Pinnwand. Danach werden die Themen priorisiert und bearbeitet.

Intro

„In unserer nächsten Übung arbeiten wir mit einer Metapher. Stellen Sie sich vor, Sie als Team haben diesen Leuchtturm als Ziel! Er symbolisiert alles, was Sie sich für Ihre Zusammenarbeit im Team wünschen. Die Steine stehen für alle Themen, die zurzeit hinderlich sind, um gut zusammenarbeiten zu können. Hierbei kann es um Strukturen und Prozesse, aber auch um Ihre Teamkultur gehen. Nun geht es darum, die Steine zu benennen, um sie aus dem Weg räumen zu können. Sammeln Sie bitte zunächst zu dritt Themen, die eine gute Zusammenarbeit behindern. Schreiben Sie Ihre Ideen auf Moderationskarten. Sie haben insgesamt 15 Minuten Zeit, bevor Sie den anderen Ihre Ergebnisse präsentieren. Im Anschluss werden wir diese gemeinsam strukturieren, bewerten und weiterbearbeiten. Haben Sie Fragen zum Vorgehen? ... Dann zur Einteilung ...“

Hintergründe

Die Methode eröffnet thematisch ein sehr breites Feld, da das komplette Spektrum der Zusammenarbeit einbezogen wird. Sie ermöglicht dem Team, die für sie entscheidenden Themen herauszuarbeiten. Durch die verwendete Metapher ist die Aufgabenstellung sehr greifbar und erleichtert den Teilnehmern die Themensammlung.

Tipp

- Für die Präsentation der Dreierteams kann die Pinnwand in drei Spalten aufgeteilt werden. Jede Spalte erhält als Überschrift einen unterschiedlich großen Felsbrocken (groß, mittelgroß, klein). Dadurch wird die Präsentation mit einem ersten Priorisieren verbunden.

Material

- Moderationskarten, Moderationsstifte, Pinnwände

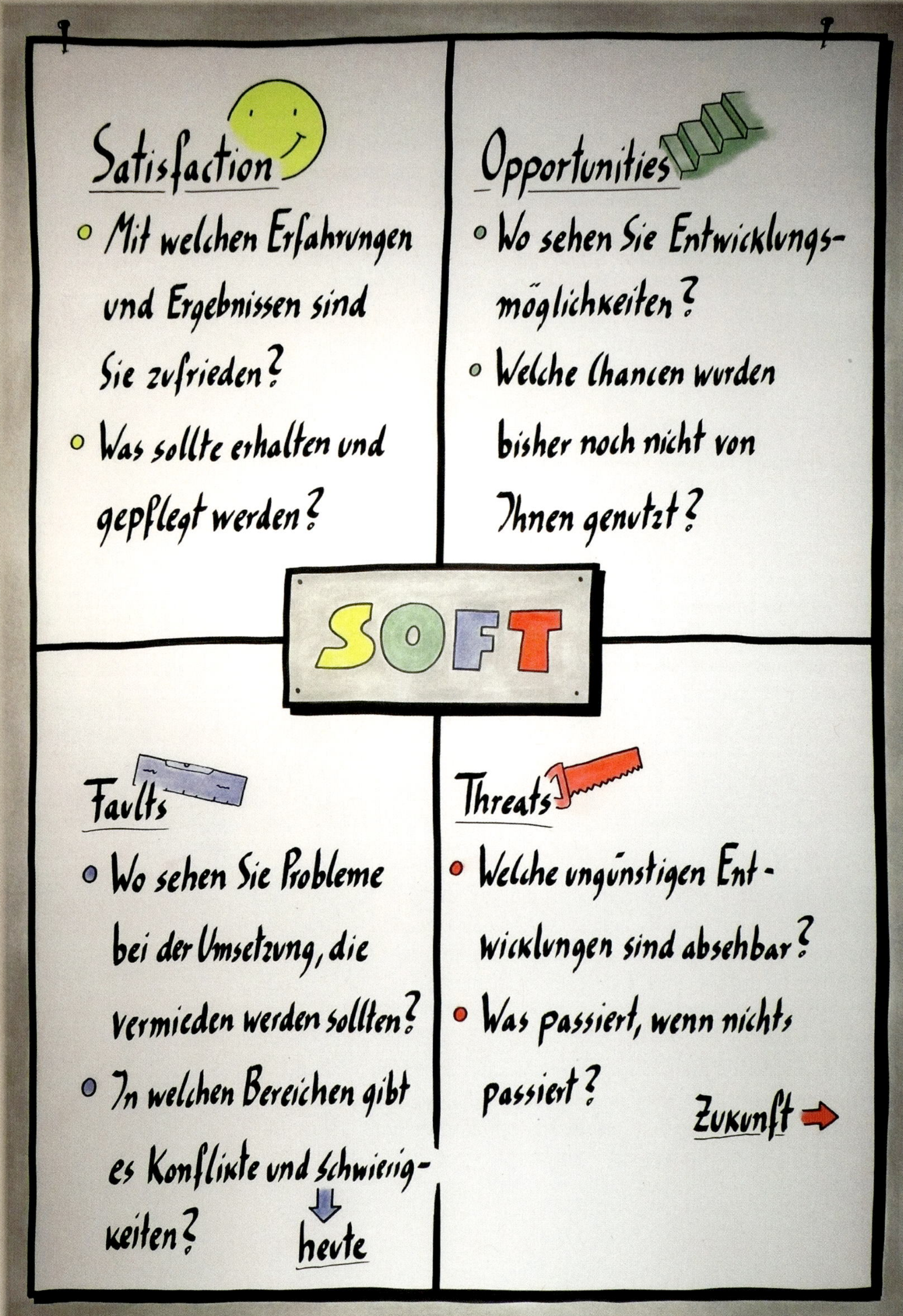
Satisfaction
Mit welchen Erfahrungen und Ergebnissen sind Sie zufrieden?
Was sollte erhalten und gepflegt werden?
Opportunities
Wo sehen Sie Entwicklungsmöglichkeiten?
Welche Chancen wurden bisher noch nicht von Ihnen genutzt?
SOFT
Faults
Wo sehen Sie Probleme bei der Umsetzung, die vermieden werden sollten?
In welchen Bereichen gibt es Konflikte und Schwierigkeiten?
heute
Threats
Welche ungünstigen Entwicklungen sind absehbar?
Was passiert, wenn nichts passiert?
Zukunft

Die SOFT-Analyse

Aufbau

Der Trainer stellt die vier Schwerpunkte der Reflexion „Satisfaction" (Zufriedenheit, Stärken), „Opportunities" (Möglichkeiten, Optionen), „Faults" (Fehler, Schwächen) und „Threats" (Gefahren, Risiken) und die dazugehörigen Fragestellungen vor (siehe Flipchart). Danach werden die Teilnehmer in Vierergruppen eingeteilt und erhalten die Aufgabe, die Fragen zu besprechen und ihre Ergebnisse auf Moderationskarten festzuhalten. Die Moderationskarten haben die Farben Gelb („Satisfaction"), Grün („Opportunities"), Blau („Faults") und Rot („Threats"). So können die Antworten direkt den jeweiligen Bereichen zugeordnet werden. In der Regel sind 30 Minuten Zeit ausreichend. In der gemeinsamen Abschlussrunde werden die Ergebnisse zusammengetragen. Die Teilnehmer stellen ihre Antworten kurz vor und befestigen die Moderationskarten an einer vorbereiteten Pinnwand. Danach werden die Themen bearbeitet, bei denen Handlungsbedarf besteht.

Intro

„Wir haben in unserem letzten Teamworkshop eine Strategie entwickelt, um den ‚First Level Support' zu initiieren. Ich möchte heute mit Ihnen gemeinsam dazu eine Meilenstein-Reflexion durchführen. Hierfür nutzen wir die SOFT-Methode, die Sie auf dem Flipchart sehen können. Auf der Basis dieser Methode reflektieren Sie gleich in Vierergruppen den bisherigen Prozess und werfen einen Blick in die Zukunft. Die SOFT-Methode ist in vier Kategorien aufgebaut, deren Anfangsbuchstaben den Begriff SOFT bilden.

*Im ersten Schritt, ‚**S**atisfaction', setzen Sie sich mit folgenden Fragestellungen auseinander:*

- *Mit welchen Erfahrungen und Ergebnissen sind Sie zufrieden?*
- *Was sollte erhalten und gepflegt werden?*

Es geht um Ihre Zufriedenheit und alles, was bisher gut funktioniert und beibehalten werden sollte.

*Im zweiten Bereich, ‚**O**pportunities', konzentrieren Sie sich auf das Ungenutzte.*

- *Wo sehen Sie Entwicklungsmöglichkeiten?*
- *Welche Chancen wurden bisher noch nicht von Ihnen genutzt?*

*Im Abschnitt drei, ‚**F**aults', richten Sie den Blick auf die Schwächen der festgelegten Verabredungen. Es geht um Schwierigkeiten im Heute!*

Satisfaction
Opportunities
Faults
Threats

- *Wo sehen Sie Probleme bei der Umsetzung, die vermieden werden sollten?*
- *In welchen Bereichen gibt es Konflikte und Schwierigkeiten?*

*Im vierten Abschnitt, bei ‚**T**hreats', geht es darum, was auf jeden Fall vermieden werden sollte. Was könnte in Zukunft passieren, wenn alles so weiterläuft?*

- *Welche ungünstigen Entwicklungen sind absehbar?*
- *Was passiert, wenn nichts passiert?*

Bitte finden Sie sich zu viert in Kleingruppen zusammen und besprechen Sie diese vier Abschnitte. Ihre Ergebnisse zu jedem Abschnitt notieren Sie auf Moderationskarten. Die Farbe der Moderationskarte wählen Sie entsprechend der Visualisierungsfarbe des jeweiligen Bereichs. Wir treffen uns in 30 Minuten wieder im Plenum und tauschen uns über Ihre Erkenntnisse aus. Gibt es von Ihrer Seite noch Fragen? Dann los!"

Hintergründe

Veränderungsprozesse oder die Umsetzung von Projekten gehen immer mit unvorhersehbarer Dynamik einher und müssen daher kontinuierlich reflektiert, angepasst und weiterentwickelt werden, um zu funktionieren. Die SOFT-Methode ist hierfür besonders geeignet, da sie eine umfassende Ist-Analyse ermöglicht. Das Team reflektiert Bereiche, die gut funktionieren, ebenso wie die, bei denen es noch Schwierigkeiten gibt. Dabei wird sowohl die aktuelle Situation als die zukünftige Entwicklung in den Blick genommen.

Tipps

- Bei Teams, die im Tagesgeschäft kein Englisch verwenden, ist es besser, deutsche Begriffe auf Flipchart und Pinnwand zu schreiben.
- Das Flipchart mit den Fragestellungen kann als farbige DIN-A4-Kopie mit in die Kleingruppen gegeben werden.

Material

- Pinnwand, vier verschiedenfarbige Moderationskarten, Moderationsstifte, evtl. DIN-A4-Kopien mit Fragestellungen

Quelle

- *www.projektmagazin.de*

Das trägt uns!
Das gibt uns Leichtigkeit!
Hier brauchen wir mehr Gas!
Das belastet uns!
Unsere Teamenergie

Teamenergie

Aufbau

Die Teilnehmer setzen sich zu zweit mit den vier Aussagen des Flipcharts auseinander und halten ihre Ideen auf einer entsprechenden DIN-A3-Fotokopie fest. Anschließend präsentieren die Paare ihre Ergebnisse im Plenum und befestigen ihre Fotokopien an einer Pinnwand. Gemeinsam mit den Teilnehmern werden Arbeitsthemen herausgefiltert, priorisiert und prozessorientiert bearbeitet.

Intro

„Bei unserer nächsten Übung geht es um Sie als Gesamtteam. Stellen Sie sich vor, Sie als Team fliegen in Ihrem Heißluftballon durch die Welt. Ihre Aufgabe ist es nun, sich zu zweit darüber auszutauschen, was Sie in Ihrer Arbeit trägt. Was gibt Ihnen Leichtigkeit? Wo brauchen Sie mehr Gas? Und zuletzt: Was belastet Sie und zieht Sie herunter? Bitte notieren Sie alle Ihre Ideen auf der DIN-A3-Fotokopie. In 30 Minuten treffen wir uns wieder hier im Plenum und jeder von Ihnen präsentiert seine Ergebnisse!“

Hintergründe

Die Übung eignet sich besonders gut, wenn die Teilnehmer zum ersten Mal gemeinsam einen Teamworkshop durchlaufen. Die Aussagen auf dem Flipchart sind bewusst offen formuliert. So hat jeder die Möglichkeit, seine Sichtweisen einzubringen, ohne auf bestimmten Themenbereich festgelegt zu werden.

Tipp

- Bei der Analyse können Themen auftauchen, die mit einer Führungskraft besprochen werden müssen. In diesem Fall sollte das Thema nur verständlich formuliert und auf einen separaten Themenspeicher geschrieben werden. Zusätzlich sollte mit dem Team verabredet werden, wer das Thema mit der Führungskraft bespricht.

Material

- DIN-A3-Fotokopien (die Kopiervorlage ist unter den Download-Ressourcen), Pinnwand, Stifte

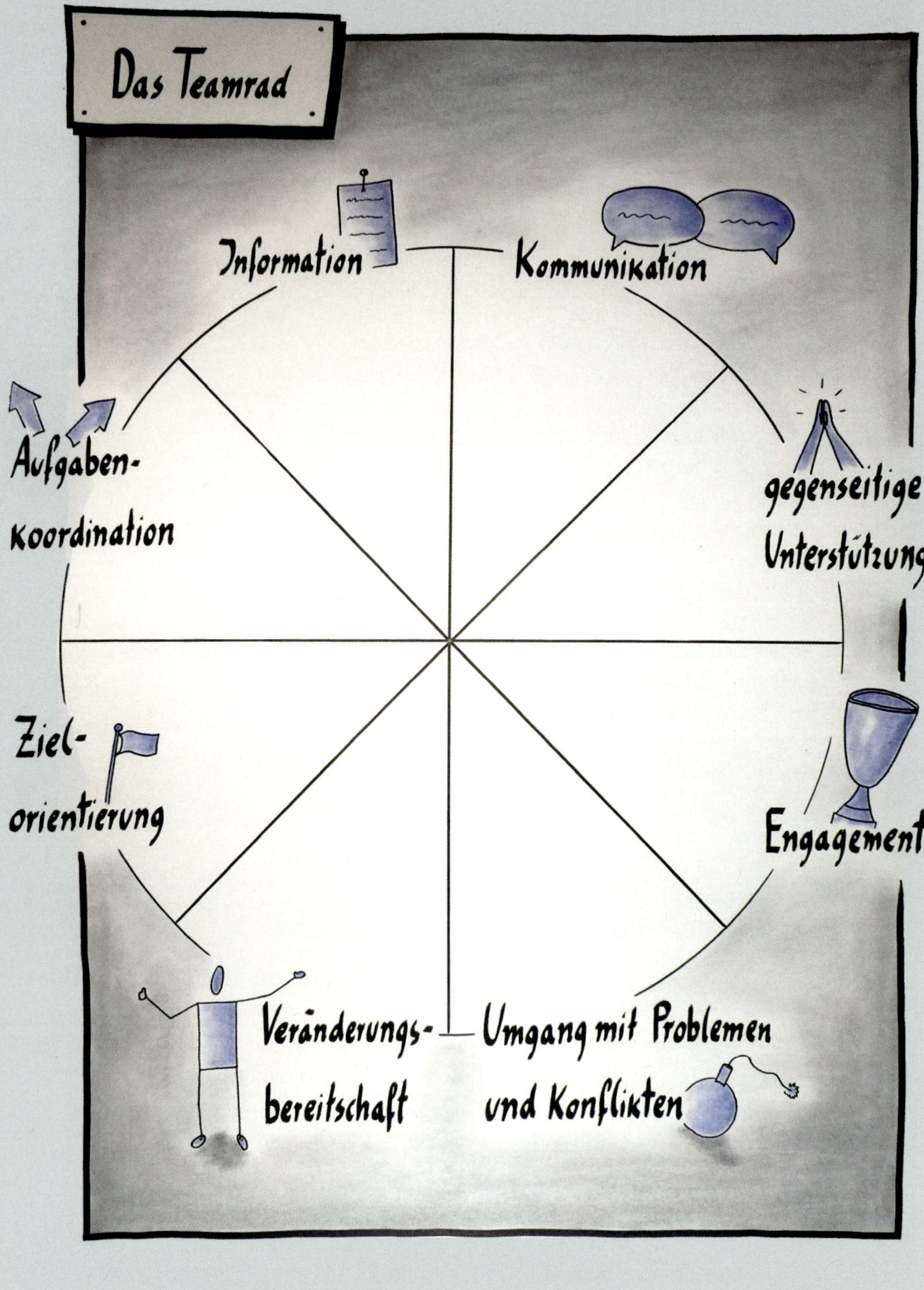

Das Teamrad
Information
Kommunikation
gegenseitige Unterstützung
Engagement
Umgang mit Problemen und Konflikten
Veränderungs-bereitschaft
Ziel-orientierung
Aufgaben-koordination

Das Teamrad

Aufbau

Zum Start erläutert der Trainer anhand des Flipcharts (siehe linke Seite) die einzelnen Teamqualitäten. Diese werden durch die Teilnehmer mithilfe von Klebepunkten bewertet. Je mittiger ein Teilnehmer den Punkt platziert, desto besser ist die Bewertung. Je näher ein Klebepunkt an der Kreislinie angebracht wird, desto schlechter wird die jeweilige Qualität eines Merkmals gesehen.

Im Anschluss findet ein Dialog über die Ergebnisse statt:

- Welche Qualitäten wurden in der Mehrheit mit gut bzw. sehr gut beurteilt?
- Welche Teammerkmale sind noch ausbaufähig?
- Wo zeigen sich auffallende Unterschiede in der Bewertung? Hintergründe?
- Was braucht es bei ..., damit diese Teamqualität höher bewertet wird?
- Wie sieht ein Optimalzustand in der Praxis aus?

Es sollte ein weiteres Flipchart oder eine weitere Pinnwand bereitstehen (siehe nächste Seite), um wichtige Ideen, Erkenntnisse und/oder Impulse des Teams simultan notieren zu können.

Intro

„Ein guter Freund von mir hat einmal gesagt: ‚Du musst wissen, wo Deine Baustelle ist, nur dann kannst Du an dieser arbeiten.' Genau darum soll es nun in der nächsten Übung gehen. Sie sehen hier das Teamrad, bei dem im ersten Schritt die individuelle Einschätzung Ihres Teams im Fokus steht. Auf diesem Rad sind unterschiedliche Teamqualitäten aufgeführt. Sie erhalten gleich Klebepunkte von mir und ich lade Sie ein, die Qualitäten Ihres Teams mit diesen zu bewerten. Nun zunächst noch ein paar Sätze zu den Teammerkmalen. Es ist wichtig, dass wir alle dasselbe unter den Begriffen verstehen. Was verstehen Sie unter Information? ...“

Der Trainer bespricht alle Teamqualitäten mit den Teilnehmern und teilt die Klebepunkte aus. *„Wenn Sie nun einem Teammerkmal eine hervorragende Bewertung geben möchten, kleben Sie Ihren Punkt möglichst nah zur Kreismitte. Bei einer negativen Bewertung möglichst weit nach außen und bei einer mittelmäßigen Bewertung in den Raum dazwischen. Gibt es noch Fragen? Dann los!“*

Das Teamrad

Hintergründe

Das Teamrad bündelt die nach unserer Erfahrung wichtigsten Teammerkmale. Das Team kann seine Stärken und Schwächen umfassend bewerten. Die beschriebene Vorgehensweise ermöglicht zunächst die individuelle Bewertung eines jeden Einzelnen. Gleichzeitig wird auf einen Blick deutlich, wie das Team als Ganzes seine Qualitäten einschätzt. Einzel- und Mehrheitsmeinungen lassen sich visuell deutlich darstellen.

Tipps

- Um das Flipchart nicht immer wieder zeichnen zu müssen, kann ebenso ein DIN-A3-Ausdruck des Teamrades verwendet werden. Zum Besprechen kann der Trainer das Ergebnis abfotografieren und gut sichtbar an die Wand projizieren.
- Die Bepunktung sollte offen durchgeführt werden. So kann jeder sehen, wer welche Bewertung vornimmt. Da es im Anschluss darum geht, offen über das Ergebnis zu sprechen, ist dieser Ansatz sinnvoll.
- Wenn sich die gesamte Gruppe über die vorgenommene Bewertung austauscht, kommt es häufig vor, dass die Gesprächsinhalte sehr abstrakt werden. Dann ist es hilfreich, wenn der Trainer nach konkreten Beispielen aus dem Teamalltag fragt, um die Themen wieder greifbar zu machen.
- In der Regel wird mehr als ein Flipchart für die Simultanvisualisierung des Dialogs nach der Bewertung benötigt. Es lohnt sich, mindestens drei vorzubereiten.
- In kleinen Teams (bis zu fünf Teilnehmenden) eignet sich eine Übungsvariante, die die Sichtweise eines jeden Einzelnen mehr in den Fokus stellt: Jeder Teilnehmer erhält einen DIN-A3-Ausdruck des Teamrades und nimmt seine eigene Bewertung vor (Zeit: 15 Minuten). Nach der anschließenden Präsentation geht es mit dem Dialog im Plenum weiter. Bei mehr als fünf Teilnehmern wird diese Variante schnell zu lang.

Material

- Pinnwand oder Flipchart, Klebepunkte, ggf. DIN-A3-Ausdrucke des Teamrades (Download-Ressource)

Themen besprechen, konkretisieren und entscheiden

Nachdem die relevanten Themen und deren Priorität erarbeitet wurden, folgt nun das Besprechen, Konkretisieren und Entscheiden. Hierfür betrachten die Teilnehmer die Themen in der Regel zuerst aus unterschiedlichen Perspektiven, um dann auf eine gemeinsame Lösung und Entscheidung hinzuarbeiten. Für den Prozess sind folgende Fragestellungen wichtig:

- Welche Faktoren beeinflussen das Thema?
- Welche Sichtweisen müssen bei der Lösung berücksichtigt werden?
- Welche Personen spielen bei der Lösung eine Rolle?
- Welche Personen sind von der Lösung betroffen?
- Wie sehen die Umsetzungsschritte konkret aus?
- Wer ist für was verantwortlich, um das Thema in der Abteilung oder Organisation zu implementieren?

Natürlich kann unabhängig von den in diesem Kapitel beschriebenen Methoden jedes Thema einfach nacheinander im Plenum besprochen und verabschiedet werden. Der Trainer hat dabei die Aufgabe, zu moderieren und die Inhalte bzw. Ergebnisse auf Flipchart oder Pinnwand zu bringen. Bei dieser Vorgehensweise ist es uns wichtig, das Prinzip der „abwechslungsreichen Workshopmoderation" zu beachten. Ein gutes Ergebnis setzt motivierte Teilnehmer voraus, und zwar über den Vormittag hinaus. Deshalb lohnt es sich immer, zwischen Einzel-, Paar-, Kleingruppen- und Plenumsarbeit zu wechseln. Ebenso kann ein „Tapetenwechsel" inspirierend wirken, z.B. indem der Trainer eine dieser Interaktionsformen im Freien durchführt. Für weitere Abwechslung sorgen Aufstellungen, systemische Inszenierungen und – wenn es zum

Team passt – künstlerische Elemente sowie Lebendisierer. So wird der Workshop auch bei einem ausschließlich themenorientierten Prozess lebendig und erfolgreich.

Die LOP-Liste

„Eine kleine Geschichte über vier Kollegen namens ‚Jeder', ‚Jemand', ‚Irgendjemand' und ‚Niemand'. Es ging darum, eine wichtige Arbeit zu erledigen und Jeder war sich sicher, dass sich Jemand darum kümmert. Irgendjemand hätte es tun können, aber Niemand tat es. Jemand wurde wütend, weil es Jeders Arbeit war. Jeder dachte, Irgendjemand könnte es machen, aber Niemand wusste, dass Jeder es nicht tun würde. Schließlich beschuldigte Jeder Jemand, weil Niemand tat, was Irgendjemand hätte tun können.

Damit Jeder, Jemand, Irgendjemand und Niemand wissen, welche Aufgabe sie bis wann zu erledigen haben, arbeiten wir mit der ‚Liste offener Punkte' (LOP-Liste)."

Die LOP-Liste hat eine klare Struktur:

- **Wer?**
  – benennt die zuständige Person bzw. die zuständigen Personen
- **Was?**
  – beschreibt die Aufgabe, die zu erledigen ist
- **Bis wann?**
  – legt einen realistischen Zeitpunkt fest, bis wann die Aufgabe zu erledigen ist

Bei der Erstellung der LOP-Liste ist darauf zu achten, dass unter „Was?" die Aufgabe so konkret und detailliert wie möglich beschrieben wird. Nach dem Workshop muss die verantwortliche Person wissen, welchen Aufgabenschritt sie zu erledigen hat. Es muss für alle nachvollziehbar sein, welche Aspekte darunter zu verstehen sind. Der Zeitpunkt unter „Bis wann?" wird mit der betreffenden Person bzw. den betreffenden Personen geklärt. Hierbei ist es wichtig, dass es nicht darum geht, Aufgaben „schnell" abzuarbeiten, sondern sie in einem realistischen Zeitfenster zu erledigen. Wie der Themenspeicher (vgl. S. 217) ist auch die LOP-Liste im Workshopraum gut sichtbar angebracht. Wenn im Prozessverlauf eine konkrete Aufgabe benannt wird, kann unmittelbar auf der LOP-Liste ein Eintrag erfolgen.

Die Quelle der Geschichte ist: *www.andinet.de/lustiges/geschichten/jeder.php*.

Index

Responsibility for success
Die Teilnehmer erarbeiten für einen definiertes Thema unterschiedliche Lösungsansätze. Dabei werden sowohl Lösungsbeiträge der eigenen Person als auch des gesamten Teams und der Führungsebene differenziert betrachtet. .... S. 257

Rotationsdynamo
Die Teilnehmer erarbeiten in Kleingruppen mithilfe eines Rotationssystems Sichtweisen, Lösungen und erste Schritte zu verschiedenen Entwicklungsthemen. .... S. 261

Strategieaufstellung
Die Teilnehmer erarbeiten eine Strategie, die zu ihrem Ziel führt. Die einzelnen Schritte werden stichwortartig auf Moderationskarten notiert und als Weg auf den Boden gelegt. .... S. 265

Walt-Disney-Methode
Die Teilnehmer bearbeiten ein „Entwicklungsthema“ aus der Perspektive des „Träumers“, des „Machers“ und des „Kritikers“. .... S. 269

Responsibility for success
Was kann mein Beitrag sein?
Was sollte das Team beitragen?
Wie müsste die Führungsebene mitwirken?
15 Minuten Spaziergang
die Ergebnisse auf Flipchart → 30 Minuten
Präsentation im Plenum

Responsibility for success

Aufbau

Im Laufe des Workshops hat sich ein Thema gezeigt, das nun bearbeitet werden soll. Die Teilnehmer bekommen hierfür die Aufgabe, sich in Dreiergruppen auf einem Spaziergang anhand der drei Fragestellungen (siehe Flipchart) zu diesem Thema 15 Minuten lang auszutauschen. Im Anschluss tragen die Kleingruppen ihre Erkenntnisse innerhalb von 30 Minuten auf einem Flipchart zusammen. Nun findet eine Präsentation im Plenum statt. Die Ergebnisse werden im Anschluss diskutiert und im weiteren Prozess zu einer Lösung gebracht. Die abschließende Lösung wird auf einem Flipchart visualisiert.

Intro

„Ich möchte nun auf das von Ihnen gewünschte Thema ‚Telefonannahme' schauen. Dazu würde ich das Thema gerne aus drei Perspektiven betrachten. Zunächst Ihre persönliche Perspektive: Was können Sie selbst dazu beitragen, dass Kunden möglichst schnell einen Ansprechpartner bekommen, wenn sie in Ihrer Firma anrufen? Dann die Perspektive des Teams: Was kann das Team beitragen? Welche Verabredungen müssen z.B. getroffen werden? Zuletzt die Perspektive der Führungsebene: Was müsste Ihre Führungskraft Herr Meier tun, damit sich eine Verbesserung einstellt? Ich darf Sie jetzt einladen, sich für 15 Minuten zu dritt auf einen Spaziergang zu begeben. Für den Spaziergang würde ich mir wünschen, dass Sie vor allem über Lösungen, nicht über das Problem sprechen! Danach treffen wir uns alle wieder um 11:00 Uhr hier. Jede Gruppe hat dann noch einmal 30 Minuten Zeit, ihre Ideen auf einem Flipchart zu notieren. Im Anschluss präsentieren Sie Ihren Teamkollegen Ihre Ergebnisse."

Hintergründe

Diese Methode kann eingesetzt werden, wenn ein Thema im Raum steht, das von jedem einzelnen Teammitglied, vom Team als Ganzes und von der Führungsebene beeinflusst wird. Ein klassisches Beispiel, insbesondere in kleinen und mittleren Unternehmen, ist die ungeliebte Telefonannahme, die oftmals lieber den Kollegen überlassen wird.

Die erste Frage der Übung *„Was kann mein Beitrag sein?"* liegt in der Sensibilisierung des Einzelnen für seinen eigenen Einflussbereich und seine Mitverantwortung. Die Auseinandersetzung mit der Fragestellung *„Was sollte das Team beitragen?"* zeigt auf, an welchen Stellen im Prozess Teamarbeit gefordert ist und was das Team für eine Lösung tun kann. Die Bearbeitung der Frage: *„Wie müsste die Führungsebene mitwirken?"* bezieht sich auf die Bereitstellung von Ressourcen (z.B. Kon-

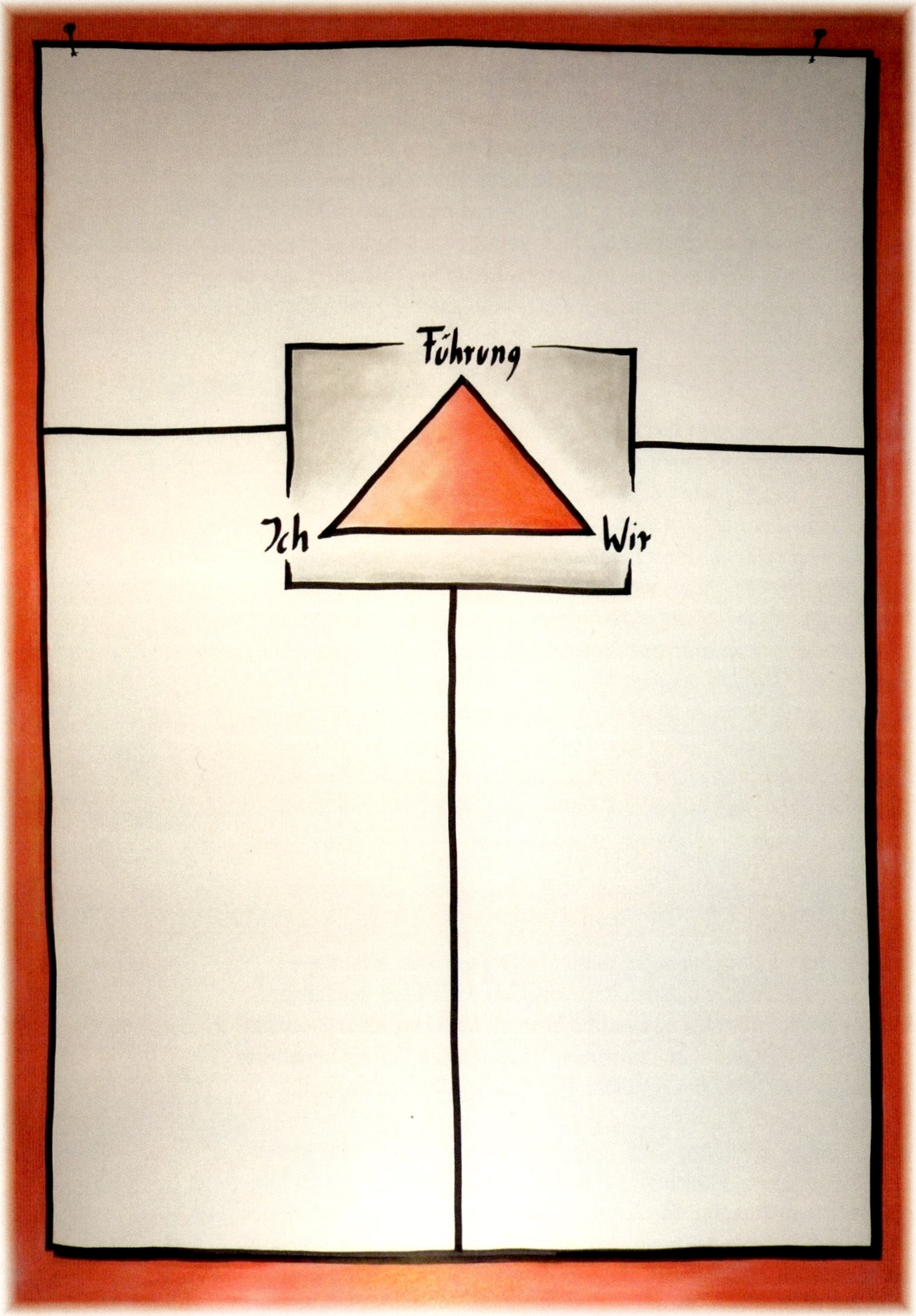
Führung
Ich
Wir

trolle oder Material und Technik) und die Veränderung von Strukturen und Arbeitsprozessen. Gerade bei emotionsbesetzten Themen ist ein Spaziergang sehr hilfreich und sollte deshalb mit eingebaut werden.

Tipps

- Damit die Teilnehmer die Fragestellungen während des Spaziergangs präsent haben, ist es sinnvoll, den Kleingruppen Fotokopien mit den Fragen auszuhändigen.
- Um die gemeinsam erarbeiteten Lösungen aufzuwerten, können abschließend alle Anwesenden die Regelungen unterschreiben.

Material

- Fotokopien mit den drei Fragestellungen (siehe Tipps, vorhanden unter den Download-Ressourcen), Flipcharts, Moderationsstifte

Der Rotationsdynamo
Sichtweisen
Lösungen
Schritte
Kleingruppenarbeit
20 Minuten 15 Minuten 15 Minuten

Rotationsdynamo

Vorbereitung

Für jedes zu bearbeitende Thema wird eine vorbereitete Pinnwand bereitgestellt (siehe S. 262).

Aufbau

Das Team wird in Gruppen von je 3–4 Personen aufgeteilt. Jeder Kleingruppe wird eine Pinnwand mit einem bestimmten Thema zugeteilt. Nun haben die Gruppen 20 Minuten Zeit, um ihre Ideen dazu in die Felder zu schreiben. Anschließend wechseln die Kleingruppen im Uhrzeigersinn zur nächsten Pinnwand, um die Ideen der vorherigen Gruppe zu ergänzen. Nach weiteren 15 Minuten gehen die Gruppen zur nächsten Pinnwand. Wenn jede Kleingruppe an jeder Pinnwand gearbeitet hat, werden die Ergebnisse im Plenum durch die jeweilige letzte Gruppe einer jeden Pinnwand vorgestellt. Die erarbeiteten Themen bestimmen den weiteren Prozess.

Intro

Im folgenden Intro wird von einem Szenario ausgegangen, in dem drei Themen bearbeitet werden: „*... Die drei ersten Themen haben wir nun festgelegt. Um diese vertieft zu bearbeiten, werden wir in Kleingruppen weitermachen. Für die Bearbeitung eines Themas steht Ihnen jeweils eine Pinnwand zur Verfügung. Auf jeder Pinnwand finden Sie drei Spalten. In die erste Spalte tragen Sie ein, welche Sichtweisen bei dem Thema berücksichtigt werden müssen. Hier notieren Sie bitte, wer alles eine Rolle spielt und Details zu der jeweiligen Sichtweise. Zum Beispiel Schnittstellenabteilungen, Kunden, Lieferanten usw. Durch die Einbeziehung unterschiedlicher Sichtweisen wird das Ergebnis stimmiger. In die zweite Spalte kommen die Lösungen, die Ihnen einfallen. Und zuletzt notieren Sie noch die ersten Schritte, die aus Ihrer Sicht notwendig sind. Sie starten mit Ihrer Kleingruppe bei einer Pinnwand. Für die Bearbeitung des Themas haben Sie 20 Minuten Zeit. Danach wechseln Sie zur nächsten Pinnwand. Hier finden Sie nun schon Ideen von ihrer Vorgruppe. Ihre Aufgabe ist es, weitere Aspekte zu ergänzen. Es ist nicht erlaubt, bereits Notiertes zu verändern. Dafür stehen Ihnen diesmal 15 Minuten zur Verfügung.*

Danach wechseln Sie zur letzten Pinnwand, um auch hier über 15 Minuten Ihre Ideen hinzuzufügen. Zum Schluss wird jede Gruppe ihre letzte Pinnwand vorstellen. Wir werden dann jede Wand besprechen und konkrete Maßnahmen beschließen. Achten Sie bitte darauf, lesbar zu schreiben. Nun zur Kleingruppeneinteilung.“

Sichtweisen
Thema
Lösungen
Schritte

Hintergründe

Eine Besonderheit dieser Methode ist die Betrachtung der unterschiedlichen Sichtweisen. Die Teilnehmer entwickeln nicht nur einfach Lösungen, sondern nehmen dabei verschiedene Perspektiven ein. Dies führt dazu, dass Lösungen direkt auf ihre Umsetzbarkeit hin überprüft werden.

Insbesondere bei großen Teams macht die Aufteilung in Kleingruppen Sinn. Das Know-how aller Anwesenden kann so besser genutzt werden. Die Arbeitszeit, die den Kleingruppen zur Verfügung steht, wird nach der ersten Runde auf 15 Minuten verkürzt. Da bereits erste Ideen auf der Pinnwand aufgeführt sind, wird in der Regel nicht mehr die gleiche Zeit wie bei der ersten Runde benötigt.

Tipps

- Die Wechsel der Pinnwände können mit Musik eingeläutet werden.
- Der Trainer sollte die Gruppen trotz der vorgegebenen Zeit pro Runde im Auge haben und diese den aktuellen Notwendigkeiten im Prozess anpassen.

Material

- Eine Pinnwand pro Thema, Moderationsstifte

Strategieaufstellung
Welche Schritte sind notwendig, um das Ziel zu erreichen?
Wer ist hauptverantwortlich?
Wie bekommen wir möglichst viele Unterstützer?
Welche kulturellen Aspekte, Strukturen und Prozesse unserer Organisation müssen wir beachten?

Strategieaufstellung

Vorbereitung

Der Trainer notiert auf einer Moderationskarte das Stichwort „Heute“ und auf einer weiteren Karte das vom Team formulierte Ziel.

Aufbau

Zum Start werden die Stühle an den Rand gestellt und die Gruppe steht auf einer Seite des Workshopraums. Der Trainer legt die vorbereiteten Moderationskarten (siehe Vorbereitung) in einem stimmigen Abstand auf den Boden. Danach werden mit dem Team vom „Heute“ aus die einzelnen Prozessschritte erarbeitet, die es braucht, um von der aktuellen Situation zum Ziel zu kommen. Jeder Prozessschritt wird auf eine Moderationskarte geschrieben und an der passenden Stelle zwischen „Heute“ und „Ziel“ abgelegt. Wenn alle Schritte genannt wurden, geht es als Nächstes um die konkrete Umsetzung. Dazu wird gemeinsam überlegt, wer bis wann für welchen Schritt verantwortlich ist. Der Trainer hält die Ergebnisse auf einem Flipchart fest (z.B. einer LOP-Liste, vgl. S. 253).

Intro

„Nun kennen Sie Ihr Ziel: Sie möchten bis zum 31.12. diesen Jahres eine zeitgemäße Internetseite online schalten, mit der Sie Ihre Kunden begeistern. Jetzt brauchen Sie eine erste Strategie, wie Sie dorthin kommen. Es ist klar, dass Strategien in einem solchen komplexen Prozess immer wieder angepasst werden müssen. Ich möchte nun mit Ihnen einen ersten Entwurf planen.

Hier auf dem Flipchart habe ich ein paar Fragen geschrieben, die sich bisher bei einer solchen Strategieentwicklung als hilfreich erwiesen haben. Oft lohnt es sich, einen Hauptverantwortlichen und/oder eine Arbeitsgruppe zu bilden, die den Veränderungsprozess intern begleitet. Besonders wichtig ist es, möglichst viele Unterstützer zu gewinnen und von Anfang an alle mit ins Boot zu holen, die am Prozess beteiligt sind und informiert werden müssen. Zuletzt noch ein Punkt, den es immer zu bedenken gilt: Welche kulturellen Aspekte in Ihrem Unternehmen sind für die Durchführung wichtig?

Nun zu unserem Vorgehen: Sie sehen dort vorne auf dem Boden die Moderationskarte mit Ihrem Ziel. Wir stehen im Heute. Es geht nun darum, das ‚Dazwischen‘ zu füllen. Was fällt ihnen als erster Schritt ein?“

Nun beginnt der Austausch mit dem Team. Der Trainer schreibt die einzelnen Prozessschritte auf jeweils eine Moderationskarte und legt sie

Wer?
Was?
Bis Wann?
LOP-Liste

an die passende Stelle zwischen dem „Heute" und dem Ziel. Nachdem alle Schritte notiert wurden geht es zum Beispiel mit konkreten Verabredungen weiter: *„So, denken Sie, dass Ihre Strategie in dieser Form erst einmal passt? Dann lassen Sie uns im nächsten Schritt klären, wer was bis wann tun muss, damit der Plan gelingt. Lassen Sie uns nun den ersten Schritt anschauen. Wer kümmert sich um die Präsentation der Ergebnisse dieses Workshops bei der Geschäftsführung? Bis wann ist das erledigt? ..."*

Hintergründe

Durch ihre Plastizität stellt diese Form der Strategieentwicklung eine Möglichkeit dar, sehr praxisnah zu arbeiten. Die Moderationskarten auf dem Boden können flexibel hin und her bewegt werden und bieten eine sehr gute Übersicht.

Tipps

- Gehen Sie am Ende erst für sich, dann evtl. mit dem Team die Hilfsfragen auf dem Flipchart durch, um sicherzugehen, dass diese, wenn sie in den Kontext passen, berücksichtigt wurden.
- Wenn ein Team Schwierigkeiten hat, sich die ersten Schritte zu überlegen, kann es hilfreich sein, beim Ziel anzufangen und Richtung Gegenwart zu arbeiten.

Material

- Moderationskarten, Moderationsstifte

Die Walt-Disney-Methode
Der Träumer
"Alles ist möglich"
1
2
3.
Der Macher
"Wie gehen wir es an?"
Der Kritiker
"Was wäre wenn..."
3× 30 Minuten
Rotationssystem
Der Moderator bleibt
und präsentiert!

Walt-Disney-Methode

Vorbereitung

Der Trainer stellt drei Pinnwände auf – wenn möglich räumlich voneinander getrennt.

Aufbau

Die Teilnehmer nehmen im Verlauf der Übung unterschiedliche Rollen ein, um ein Thema aus verschiedenen Blickwinkeln zu betrachten. Zunächst schlüpfen alle in die Rolle des „Träumers", danach in die des „Machers" und zum Schluss nehmen alle die Rolle des „Kritikers" ein.

Zu Beginn der Übung wird das Team in drei Kleingruppen von je drei bis fünf Personen eingeteilt. Jede Kleingruppe arbeitet im Rotationssystem an einer der drei Pinnwände. Diese befinden sich im Idealfall in unterschiedlichen Seminarräumen. Jede Kleingruppe wählt in der ersten Runde einen Moderator. Während der gesamten Durchführung moderiert er diese Pinnwand. Die Aufgaben des Moderators bestehen darin, die Ideen der jeweiligen Gruppen auf der Pinnwand zu notieren und die nachfolgenden Gruppen über die bisherigen Resultate zu informieren. Zum Schluss der Übung präsentiert der Moderator die Ergebnisse, die an „seiner" Pinnwand erarbeitet wurden.

Wenn alle Kleingruppen das zu bearbeitende Thema in der ersten Runde aus der Perspektive des „Träumers" betrachten, werden sie durch folgende Fragen unterstützt:

- *„Was fällt Ihnen Verrücktes und Ausgefallenes ein?*
- *Welche Ideen wurden noch nie in Betracht gezogen?*
- *Was wäre der Idealzustand für Sie?"*

Nach einer 30-minütigen Arbeitsphase wechseln die Kleingruppen, mit Ausnahme der Moderatoren, im Uhrzeigersinn die Pinnwand.

Sobald sich alle Gruppen an der neuen Pinnwand eingefunden haben, stellt der Moderator zunächst das bisher Erarbeitete vor. Dann nehmen alle Teilnehmer die Rolle des „Machers" ein, um das Thema aus dieser Perspektive zu betrachten. Sie knüpfen hierbei an der Vorarbeit der Vorgänger an. Folgende Fragestellungen sind hierbei hilfreich:

- *„Wie können die Ideen umgesetzt werden?*
- *Gibt es Teilschritte?*
- *Welche Ressourcen werden benötigt?*
- *Gibt es Erfahrungen, die für die Umsetzung genutzt werden können?"*

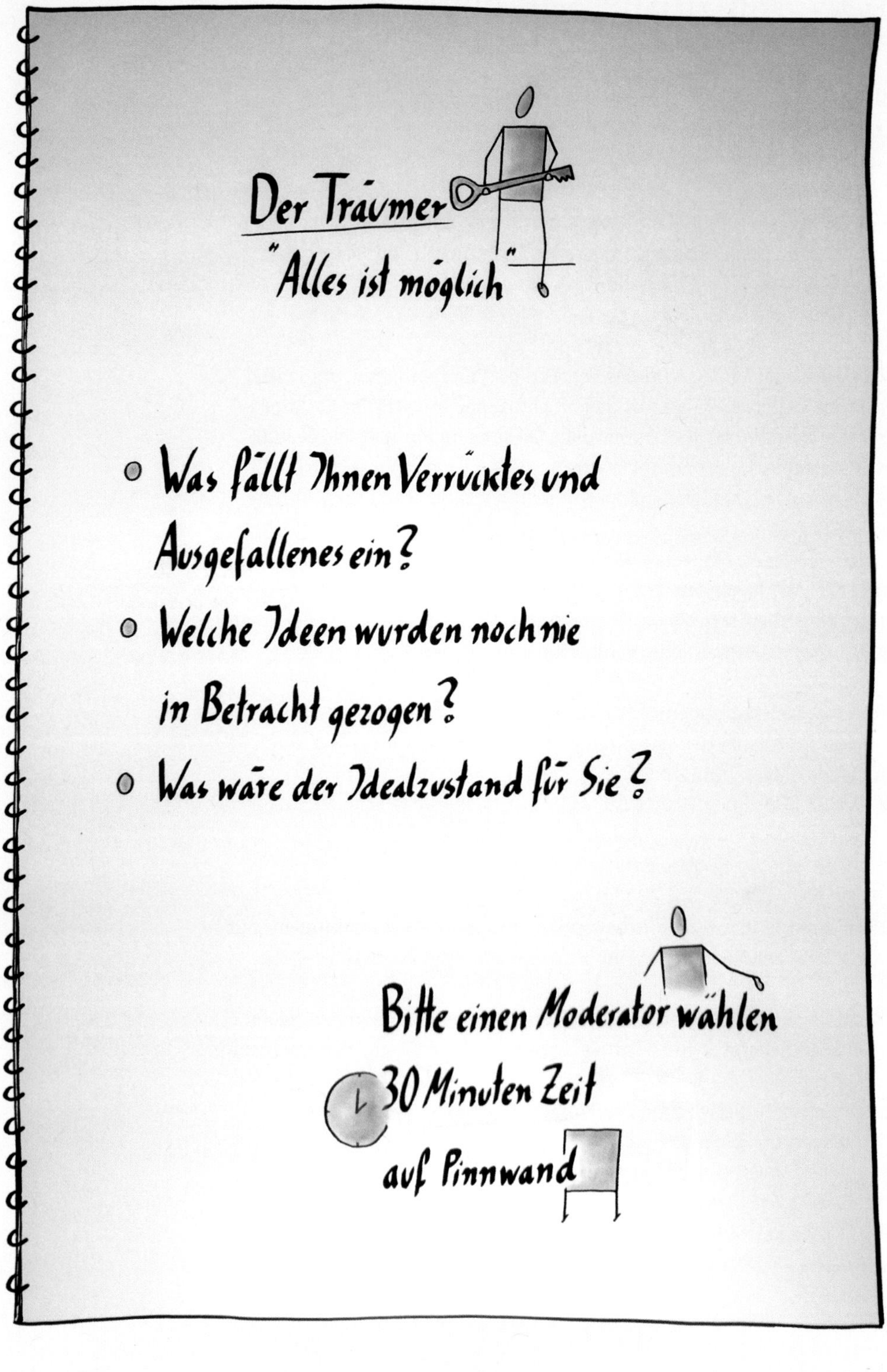

Der Träumer
"Alles ist möglich"
Was fällt Ihnen Verrücktes und Ausgefallenes ein?
Welche Ideen wurden noch nie in Betracht gezogen?
Was wäre der Idealzustand für Sie?
Bitte einen Moderator wählen
30 Minuten Zeit
auf Pinnwand

Aus diesem Blickwinkel heraus tragen die Teilnehmer ihre Ideen zusammen. Der Moderator fügt diese Ergebnisse den bisherigen Aufzeichnungen hinzu.

Nach weiteren 30 Minuten wechseln die Gruppen noch einmal im Uhrzeigersinn die Pinnwände. Nachdem auch hier der Moderator die bisherigen Ergebnisse vorgestellt hat, schlüpfen die Teilnehmer in die Rolle des „Kritikers" und unterziehen das bisher Erarbeitete einer harten Prüfung. Folgende Fragestellungen können eingesetzt werden:

- *„Wie beurteilen Sie die bisherigen Ideen und Umsetzungsschritte?*
- *Was kann überhaupt nicht funktionieren?*
- *Was wurde übersehen?"*

Abschließend werden alle Pinnwände in den Seminarraum gebracht. Die Moderatoren präsentieren dem Plenum die Ergebnisse, die im weiteren Workshopverlauf bearbeitet werden.

Intro

„Sie alle kennen den Weltkonzern Walt Disney. Dieser steht wie kein anderer für Kreativität. Noch heute erfindet der Konzern sich immer wieder neu und ist seit fast 100 Jahren erfolgreich damit. Für diesen Erfolg soll sich Walt Disney einer einzigartigen Methode bedient haben, die wir heute nutzen, um Ihr Thema zu bearbeiten. Ich werde Sie gleich in drei Kleingruppen einteilen und Sie werden parallel in drei Räumen arbeiten. In der ersten 30-minütigen Arbeitsphase schlüpfen Sie in die Rolle des ‚Träumers'. Danach in die Rolle des ‚Machers' und zuletzt in die des ‚Kritikers'.

Ihre Aufgabe ist es, aus diesen Rollen heraus das Thema zu beleuchten und Ihre Ergebnisse auf einer Pinnwand zu notieren. Nach jeweils 30 Minuten wechseln Sie im Uhrzeigersinn an die nächste Pinnwand und knüpfen in der neuen Rolle an der Vorarbeit Ihrer Vorgänger an. Ausschließlich der Moderator, der von jeder Kleingruppe in der ersten Runde benannt wird, bleibt in allen drei Phasen an derselben Pinnwand stehen und präsentiert die Ergebnisse am Ende im Plenum.

Nun zu unserer ersten Rolle: ***Der Träumer****. Bitte beurteilen Sie Ihr Thema anhand folgender Fragen:*

- *Was fällt Ihnen Verrücktes und Ausgefallenes ein?*
- *Welche Ideen wurden noch nie in Betracht gezogen?*
- *Was wäre der Idealzustand für Sie?*

Ich werde Sie nun in die drei Gruppen einteilen. Gruppe 1 geht nun bitte in Raum 1, Gruppe 2 in Raum 2 und die Gruppe 3 in Raum 3."

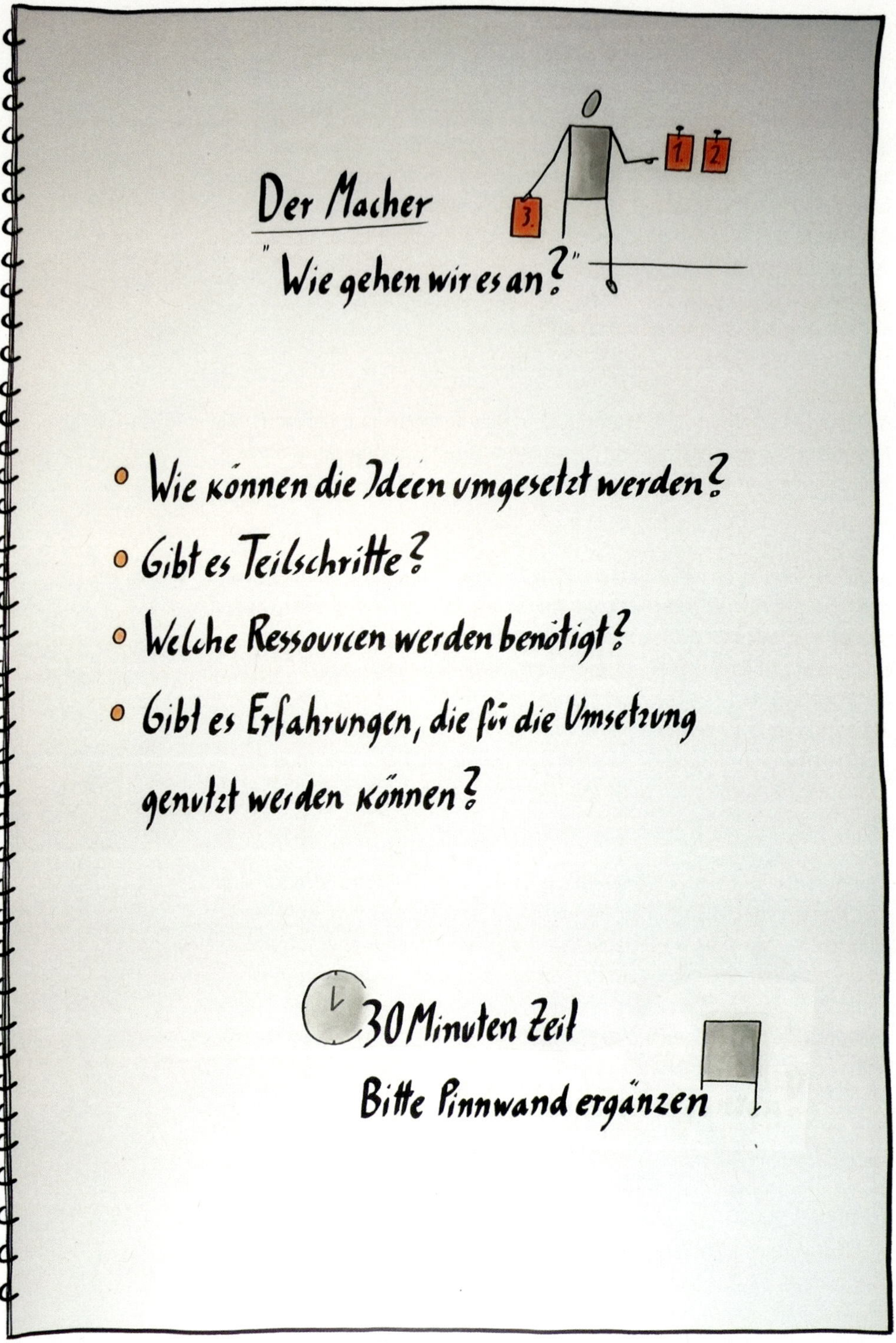
Der Macher
"Wie gehen wir es an?"
1.
2.
3.
Wie können die Ideen umgesetzt werden?
Gibt es Teilschritte?
Welche Ressourcen werden benötigt?
Gibt es Erfahrungen, die für die Umsetzung genutzt werden können?
30 Minuten Zeit
Bitte Pinnwand ergänzen

Nachdem die Einteilung erfolgt ist: *„Bitte gehen Sie jetzt in die unterschiedlichen Seminarräume. In diesen Räumen finden Sie jeweils eine Pinnwand sowie Moderationsstifte und eine Kopie der Fragenflipcharts. Bitte bestimmen Sie in den ersten 5 Minuten Ihren Moderator. Danach haben Sie 25 Minuten Zeit zum Träumen. Der Moderator hält Ihre Ideen auf der Pinnwand schriftlich fest. Wenn Sie dieses Geräusch hören (Hupe), kommen Sie alle in diesen Raum zurück."*

30 Minuten später geht es im Plenum weiter: *„Willkommen zurück! Nun verlassen Sie die Perspektive des Träumers und werden zum* ***Macher****. Jetzt ist von Ihnen Klarheit, Weitsicht und Umsetzungsgeist gefordert. Folgende Fragestellungen helfen Ihnen, diese Perspektive einzunehmen:*

- *Wie können die Ideen umgesetzt werden?*
- *Gibt es Teilschritte?*
- *Welche Ressourcen werden benötigt?*
- *Gibt es Erfahrungen, die für die Umsetzung genutzt werden können?*

Vor dem Start berichten die Moderatoren der Gruppe bitte, welche Ideen bisher entstanden sind! Ich werde Ihnen wieder in 30 Minuten durch unsere Hupe das Zeichen geben, dass wir uns im Plenum treffen. Hier sind die Kopien mit den Fragen zur Macherperspektive. Gruppe 1 geht nun bitte in Raum 2, Gruppe 2 in Raum 3 und die Gruppe 3 in Raum 1."

30 Minuten später die Weiterführung im Plenum: *„In unserer letzten Runde darf ich Sie in Ihrer Rolle als* ***Kritiker*** *begrüßen. Nun haben Sie die Gelegenheit, alles in Frage zu stellen. Seien Sie skeptisch gegenüber allen Ideen und Umsetzungsschritten, die Sie auf der Pinnwand von den Träumern und Machern sehen. Folgende Fragestellungen können Ihnen dabei behilflich sein:*

- *Wie beurteilen Sie die bisherigen Ideen und Umsetzungsschritte?*
- *Was kann überhaupt nicht funktionieren?*
- *Was wurde übersehen?*

In 30 Minuten treffen wir uns wieder im Plenum. Bitte bringen Sie hierzu die Pinnwände aus den Seminarräumen mit, damit die Moderatoren uns das Gesamtergebnis vorstellen können. Nehmen Sie bitte die Kopien der Fragen mit in Ihren Raum. Gruppe 1 geht nun bitte in Raum 3, Gruppe 2 in Raum 1 und die Gruppe 3 in Raum 2."

Der Kritiker
"Was wäre wenn..."
Wie beurteilen Sie die bisherigen Ideen?
Was kann überhaupt nicht funktionieren?
Was wurde übersehen?
30 Minuten Zeit
Bitte Pinnwand ergänzen

Hintergründe

Die Walt-Disney-Methode wird genutzt, wenn sich ein „Entwicklungsthema“ herausgebildet hat – zum Beispiel während der Auftragsklärung oder Erwartungsabfrage. Mit der beschriebenen Methode kann dieses aus unterschiedlichen Blickwinkeln und damit sehr umfassend bearbeitet werden. Der Raumwechsel fördert den Perspektivenwechsel und das bewusste Einnehmen der jeweiligen Rolle. Teilnehmer, die Eigenschaften des Träumers oder Kritikers mitbringen, können sich bei dieser Methode ausleben. In täglichen Besprechungen finden diese Teammitglieder häufig nicht ausreichend Gehör und es gehen wichtige Aspekte verloren. Idealerweise haben die Teilnehmer vor der Durchführung eine längere Pause vollzogen, um die Aufgabe ausgeruht angehen zu können.

Tipps

- Als Einstieg in die Rolle des Träumers kann eine Phantasiereise durchgeführt werden.
- Es besteht ebenso die Möglichkeit, die Kleingruppen in allen drei Phasen ausschließlich an ihrer Pinnwand arbeiten zu lassen.

Material

- Mindestens drei Pinnwände, Moderationsstifte, Fotokopien der Fragen

Themen überprüfen und abschließen

Hier wird noch einmal ein kritischer Blick auf die Verabredungen und/oder Entscheidungen geworfen, um diese abschließend zu überprüfen. Dafür stellt dieses Kapitel Methoden mit unterschiedlichen Schwerpunkten zur Verfügung. Mithilfe der Methode „Entscheidungscheck" wird z.B. deutlich, ob alle Teilnehmer hinter dem Ergebnis stehen. Der „Perspektivencheck" stellt wichtige Sichtweisen nicht anwesender Personen/-gruppen, wie z.B. die der Kunden, in den Vordergrund. Der „Umsetzbarkeitscheck" prüft anhand der Sichtweise eines jeden Einzelnen, ob ein Lösungsansatz realisierbar ist. Die dargestellten Methoden beschäftigen sich mit den folgenden Fragen:

- Glaubt der Einzelne an das Erreichen des Zieles bzw. die Umsetzung des Themas?
- Unterstützt jedes Teammitglied das Gesamtziel bzw. das Thema?
- Sind die verabredeten ersten Schritte für die Umsetzung realistisch?
- Ist der Zeitplan konkret und motivierend?
- Stehen die notwendigen Ressourcen zur Verfügung?
- Gibt es Perspektiven oder Sichtweisen, die nicht berücksichtigt wurden?
- Wurden die Perspektiven aller Personen berücksichtigt, die von der Entscheidung betroffen sind?

Die Einbettung dieser Checks kann – in Abhängigkeit von der individuellen Situation – bereits in der Phase „Themen besprechen, konkretisieren und entscheiden" sinnvoll sein.

Index

Entscheidungscheck
Die Teilnehmer bewerten die im Workshopverlauf entstandenen Entscheidungen, indem sie sich auf einer am Boden liegenden Skala positionieren. .... S. 279

Perspektivencheck
Die im bisherigen Workshopverlauf getroffenen Entscheidungen werden aus unterschiedlichen Perspektiven reflektiert. .... S. 281

Umsetzbarkeitscheck
Die Teilnehmenden bewerten auf einer Skala von 0 %–100 %, inwieweit sie die im Workshop getroffenen Vereinbarungen als umsetzbar erachten. .... S. 285

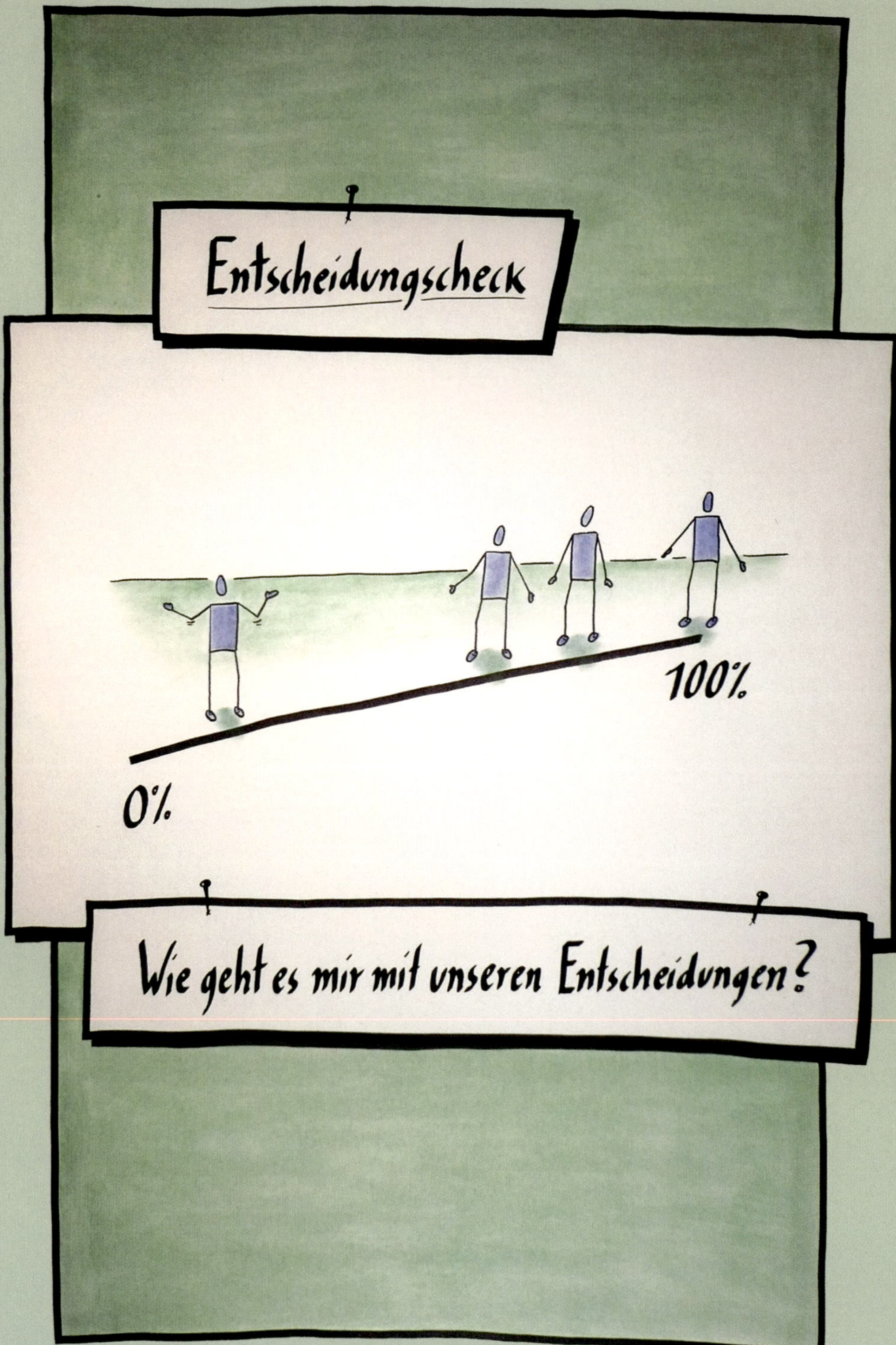
Entscheidungscheck
100%
0%
Wie geht es mir mit unseren Entscheidungen?

Entscheidungscheck

Aufbau

Der Trainer legt drei Karten (0 %, 50 %, 100 %) in einer leichten Kurve mit etwas Abstand auf den Boden. Nun bittet er die Teilnehmer, sich so auf dieser Skala zu positionieren, dass es ihre Haltung zu der getroffenen Entscheidung widerspiegelt. Hierbei bedeutet 0 %: „überhaupt nicht einverstanden“ 50 %: „zum Teil einverstanden“ und 100 %: „absolut einverstanden“. Die Teilnehmer werden nach den Gründen für Ihre Position befragt. Anschließend geht es situationsbezogen weiter.

Intro

„Wir haben in den letzten beiden Tagen viel erarbeitet. Nun möchte ich gerne, dass Sie einen letzten Blick auf die getroffenen Entscheidungen werfen, um diese abschließend zu bewerten.“ Der Trainer geht mit dem Team die Entscheidungen durch. *„Ich lege nun drei Moderationskarten mit Prozentangaben in den Raum. Die 100 % bedeuten: ‚Ich bin mit den Entscheidungen absolut einverstanden.‘ Die 50 %: ‚Ich bin nur zum Teil einverstanden‘ und die 0 %: ‚Ich bin absolut nicht einverstanden‘. Ich würde mir nun wünschen, dass Sie sich noch einmal die Ergebnisse an den Wänden anschauen und sich dann auf der Skala positionieren.“*

Hintergründe

Entscheidungen leben davon, dass sie von den betroffenen Menschen getragen werden. Durch diese Methode wird für alle sichtbar, wie es um den Rückhalt in Bezug auf die getroffenen Entscheidungen steht. Da in Teamworkshops meist partizipatorisch gearbeitet wird, positionieren sich zumeist alle Teilnehmer nahe der 100 %-Marke. Jeder Teilnehmer hat durch die Befragung des Trainers die Möglichkeit, abschließend seine – in der Regel positive – Meinung zu äußern. Dadurch fühlt sich das Thema für alle Teilnehmer „stimmig“ an und kann gut abgeschlossen werden. Es kann durch diese Methode allerdings auch herauskommen, dass das Team nicht oder nur zum Teil hinter den getroffenen Entscheidungen steht. In diesen Fällen ist ein weiterer Prozess notwendig.

Tipps

- Damit sie abgeschlossen werden kann, sollte die Methode nur mit ausreichend Zeit (ca. 1 Std.) zum Workshopende angewandt werden.
- Dieser Check eignet sich ebenfalls als Zwischenintervention, wenn sich der Trainer im Prozess nicht sicher ist, ob alle Teilnehmer mit einer einzelnen Entscheidung wirklich einverstanden sind.

Material

- Moderationskarten

Welche Sichtweisen spielen eine Rolle?

Perspektivencheck

Vorbereitung

Der Trainer positioniert alle visualisierten Workshopergebnisse so im Raum, dass sie von den Teilnehmern gut zu sehen sind.

Aufbau

Mittels Brainstormings nennt das Team nicht anwesende Beteiligte, für die die bisher formulierten Entscheidungen von Bedeutung sind. Das können z.B. Geschäftsführung, Kunden oder die Vertriebsabteilung sein. Der Trainer notiert die Ergebnisse simultan auf einem Flipchart. Anschließend nehmen die Teilnehmenden die erarbeiteten Rollen ein und reflektieren die Entscheidungen aus diesen Sichtweisen. Erneut schreibt der Trainer die geäußerten Impulse der Teilnehmer mit. Zur Unterstützung kann er z.B. folgende Fragen stellen:

- *„Wie geht es der Geschäftsführung/dem Vertrieb ... mit der Entscheidung?*
- *Was findet die Geschäftführung/der Vertrieb ... gut?*
- *Was würde die Geschäftsführung/der Vertrieb ... anders machen?“*

Abschließend beraten die Teilnehmer, ob bei der im Fokus stehenden Entscheidung noch Anpassungsbedarf besteht.

Intro

„Wir haben in den letzten beiden Tagen viele Ergebnisse erarbeitet, die nicht nur für Sie, sondern auch für viele Menschen außerhalb dieses Raumes eine Rolle spielen. Und genau deren Perspektive würde ich nun gerne thematisieren. Wir werden zuerst gemeinsam sammeln, für wen die entwickelten Ergebnisse – neben Ihnen – noch eine Rolle spielen, wer betroffen oder beteiligt ist. Das können Personen der Geschäftsführung sein, andere Abteilungen oder Ihre Kunden. Danach werden wir deren Perspektive einnehmen und Ideen sammeln, was diesen Personen in Bezug auf die jeweilige Entscheidung wichtig sein könnte.

Lassen Sie uns nun erst einmal Sichtweisen sammeln. Wer hat eine Idee?“ Nachdem die Perspektiven gesammelt wurden, werden diese einzeln eingenommen und sich daraus ergebene Veränderungen oder Ergänzungen in die bisherigen Ergebnisse eingearbeitet.

Hintergründe

Ein Veränderungsprozess wirkt sich immer auf verschiedenen Ebenen aus und betrifft daher eine Reihe von Systemelementen. Der Perspektivencheck ermöglicht, diese Elemente in den Workshop zu implemen-

Perspektivencheck
Kundensicht

tieren. Die Sichtweisen, Gedanken und Bedürfnisse weiterer Beteiligter fließen in die Ergebnisse ein und lassen diese ganzheitlicher und durchdachter werden. Die Perspektiven der beteiligten Systemelemente sollten natürlich während des gesamten themenorientierten Prozesses in den Austausch einfließen. Zum Beispiel durch gezielte Fragen des Trainers: *„Was würden Ihre Kunden dazu sagen?"* oder *„Was würde Ihre Konkurrenz dazu sagen?"* Die Methode des Perspektivenchecks ermöglicht vor allem, noch einmal gegen Ende des Workshops gezielt zu überprüfen, ob alle Interessensgruppen aus dem Umfeld wirklich berücksichtigt wurden.

Tipps

- Wenn mehr als vier unterschiedliche Rollen zusammenkommen, wird die Durchführung der Methode im Plenum zu lang. Es ist dann sinnvoll, Kleingruppen zu bilden und die Perspektiven aufzuteilen.
- Das Einnehmen der verschiedenen Sichtweisen wird leichter, wenn die Teilnehmer jeweils auch körperlich eine zu der jeweiligen Rolle passende Position im Workshopraum einnehmen. Für die Perspektive der Geschäftsführung kann dies z.B. das Stehen auf einem Stuhl sein.

Material

- Moderationsstifte, bei Arbeit in Kleingruppen: ggf. Moderationsstifte und Flipcharts

Der Umsetzbarkeitscheck
0%
50%
100%
Inwieweit halten Sie die Ergebnisse für gut umsetzbar?

Umsetzbarkeitscheck

Aufbau

Der Trainer teilt jedem Teilnehmer einen Klebepunkt aus. Danach lädt er dazu ein, diesen auf einer Skala so zu positionieren, dass er der Haltung zur Umsetzbarkeit der entstandenen Vereinbarungen entspricht. 0 % bedeutet: „nicht umsetzbar“, 50 %: „zum Teil umsetzbar“ und 100 %: „komplett umsetzbar“. Es folgt abschließend ein Dialog über die vorgenommene Bewertung.

Intro

„Wir haben viel erarbeitet und das Ende des Workshops naht. Daher ist es mir wichtig, noch einmal darauf zu schauen, wie jeder Einzelne von Ihnen die Umsetzbarkeit der getroffenen Vereinbarungen beurteilt. Ich habe ein Flipchart vorbereitet, auf dem Sie eine Skala von 0–100 % sehen. 0 % bedeutet: ‚Ich halte die Vereinbarungen für nicht umsetzbar‘, 50 % steht für: ‚Ich halte die Ergebnisse nur zum Teil für umsetzbar‘ und 100 % heißt: ‚Ich halte alle Vereinbarungen für umsetzbar‘. Ich würde mir nun wünschen, dass Sie sich noch einmal unseren Prozessplan, die LOP-Liste (vgl. S. 253) *und alle Flipcharts im Raum anschauen, auf sich wirken lassen und dann einen dieser Klebepunkte auf der Skala positionieren.“*

Hintergründe

Diese Methode bietet einen Realitätscheck aus der Sicht des Einzelnen. Sie hat sich in der Praxis sehr bewährt, da sie oft (unterschwellige) Themen auf den Tisch bringt, die wichtig für den Erfolg der besprochenen Maßnahmen sind. Bei einer insgesamt positiven Bewertung sorgt die Methode für Verbindlichkeit: Alle Teammitglieder stehen hinter den Ergebnissen, fühlen sich mitverantwortlich und glauben an eine erfolgreiche Umsetzung.

Tipps

- Die Methode sollte nur mit ausreichend Zeit (ca. eine Std.) bis zum Workshopende angewandt werden.
- Falls keine Klebepunkte zur Hand sind, können die Teilnehmer mit einem Moderationsstift jeweils einen Punkt setzen.
- Wenn der Trainer im Prozess das Gefühl hat, das Team bespricht sich an der Realität vorbei, kann diese Übung auch im Workshopverlauf gute Dienste leisten.

Material

- Klebepunkte, alternativ Moderationsstifte

5 Kapitel

Prozessunterstützer

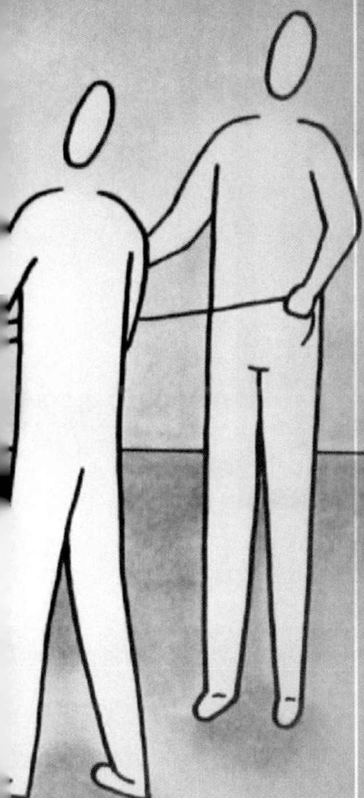

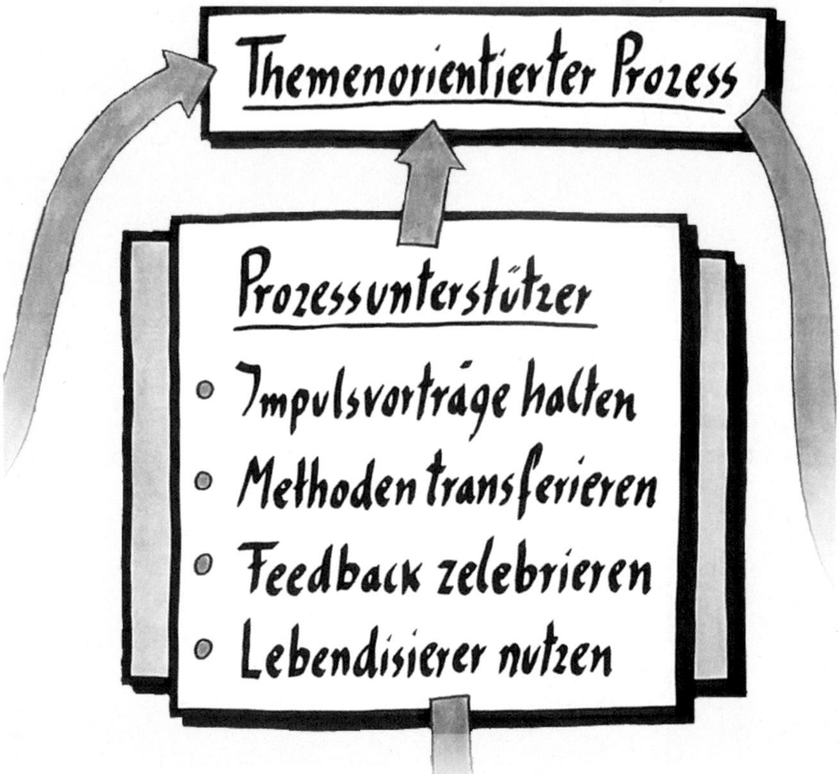
Themenorientierter Prozess
Prozessunterstützer
Impulsvorträge halten
Methoden transferieren
Feedback zelebrieren
Lebendisierer nutzen

In diesem Kapitel

Innerhalb des erfahrungsorientierten und themenorientierten Prozesses braucht der Trainer zusätzliche Tools, um den Workshop passgenau zu planen und flexibel auf die Bedarfe des Teams eingehen zu können. Die folgenden Prozessunterstützer sind dafür bestens geeignet:

- Impulsvorträge ermöglichen dem Trainer, Akzente zu setzen, Ideen einzubringen und entstandenen Themen aufzugreifen bzw. zu vertiefen. Hier kann z.B. mit Inhalten aus dem Bereich der Teamdynamik gearbeitet werden, wie „Teamphasen" oder dem „Komfortzonenmodell". Ebenso lohnt sich der Transfer aus anderen Weiterbildungsschwerpunkten. Hier setzen wir z.B. Inhalte aus der Life-Balance, dem Konstruktivismus oder aus Kommunikationstrainings ein.
- Methoden aus anderen Seminarkontexten, die modifiziert und auf den aktuellen Workshop transferiert werden, bieten ebenso vielseitige Ergänzungsmöglichkeiten. Dies können beispielsweise Übungen aus der systemischen Beratung oder der Achtsamkeitslehre sein.
- Feedback ist ein wichtiger Bestandteil eines jeden Teamworkshops, da es dazu beiträgt, die Beziehung zwischen den einzelnen Teilnehmern zu klären und zu stärken.
- Lebendisierer bringen Leichtigkeit, Witz und Humor in den Workshop. Gerade nach der Mittagspause oder einer intensiven Beschäftigung mit einer Thematik, sind die Teilnehmer oft kognitiv erschöpft. Die aufgezeigten Methoden wirken aktivierend und unterstützen die Regeneration, sodass wieder ein fokussiertes, energiereiches und motivierendes Arbeiten möglich ist.

Um den Rahmen dieses Buches nicht zu sprengen, werden in diesem Kapitel Methoden aus den Themenschwerpunkten „Feedback geben" und „Lebendisierer nutzen" vorgestellt.

Feedback zelebrieren

Feedback ist eine der wirkungsvollsten Interventionen in teamdynamischen Workshops. Eine Feedbackübung bietet allen Beteiligten die Möglichkeit, auf der einen Seite ihre persönliche Sichtweise gegenüber einem Teammitglied zu äußern und auf der anderen Seite Rückmeldungen zu dem eigenen Verhalten zu erhalten. Menschen verwechseln Feedback schnell mit einem Kritik- oder Beurteilungsgespräch. Es geht allerdings in erster Linie um die wertfreie Rückmeldung über das von mir wahrgenommene Verhalten. Durch die Anleitung des Trainers und die Durchführung im Workshop erhält die Methode einen geschützten und wertschätzenden Rahmen.

Vor einigen Jahren haben wir bei einem Teamworkshop mit 18 Führungskräften eines Tagungshotels Folgendes erlebt: Nach einer Feedbackübung gab der Vertriebschef des Hauses die Rückmeldung: *„Das wichtigste Ergebnis dieser Übung war, dass meine Kollegen und ich in 6 Minuten Feedbackgespräch über Themen sprechen konnten, die unsere Beziehungen sehr lange belastet haben!"*

Dieses Zitat stellt die für uns wichtigste Qualität des Feedbackgebens dar. Durch wertschätzende Rückmeldungen kann das Feedback vom

Gegenüber angenommen werden. Dies bewirkt, dass der Einzelne und somit das Team Altes loslassen kann und eine neue Beziehungsqualität untereinander aufgebaut wird.

Feedbacks erzielen in einer Zweierkonstellation, in Kleingruppen und im Plenum unterschiedliche Wirkungen. Zweierkonstellationen wirken unmittelbar auf die Ich/Du-Beziehungen im Team und stellen in Workshops immer ein gutes Fundament und einen wichtigen ersten Schritt dar. Sobald Feedbacks in Kleingruppen oder sogar im Plenum stattfinden, wird Feedback „öffentlich" und wirkt zusätzlich noch stärker auf der Teamebene.

Ob das Feedback zu zweit, in Kleingruppen oder im bzw. vom gesamten Team gegeben wird, alle Feedbackrahmen haben ihre individuelle Qualität und sollten insbesondere in längeren Teamprozessen Schritt für Schritt einfließen. Hierdurch entwickelt sich eine nachhaltige Feedbackkultur.

Feedbacks haben immer eine starke Wirkung auf jeden einzelnen Teilnehmenden. Sie eigenen sich deshalb besonders gut vor Mittagspausen, als eine letzte abendliche Einheit bei mehrtägigen Workshops oder am Ende von Veranstaltungen. Diese Zeitpunkte ermöglichen den Teilnehmern evtl. notwendige Ich-Zeiten, um das Gesagte zu reflektieren und zu verarbeiten.

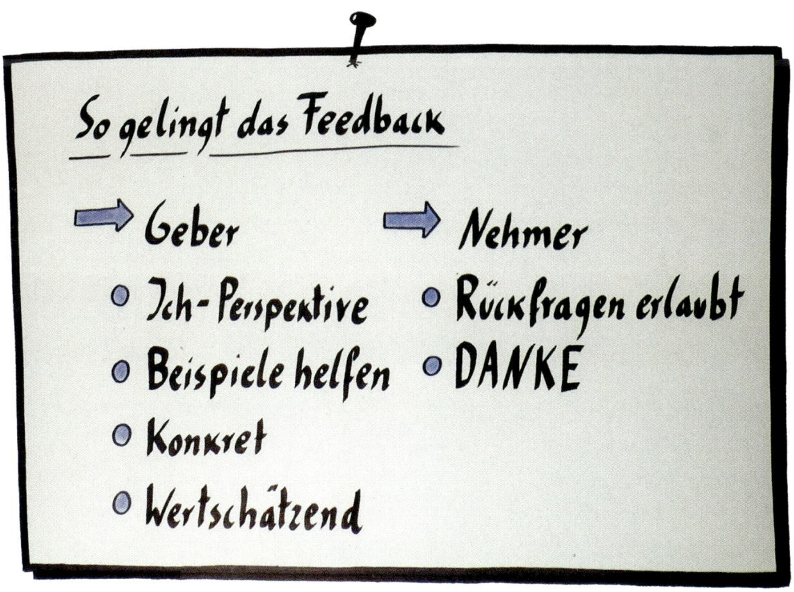

Damit Feedback gelingt, sollte bei allen Methoden darauf geachtet werden, dass die feedbackgebende Person

- aus der Ich-Perspektive spricht. Sie spricht in der Ich-Form über das von ihr wahrgenommene und beobachtete Verhalten.
- konkrete Beispiele oder Erfahrungen aus dem Arbeitsalltag oder dem Workshop benennt. Wird etwas konkret und beispielhaft beschrieben, ist es für den Feedbacknehmer einfacher nachzuvollziehen.
- einfach, klar und konkret formuliert. Ein Feedback bringt das Wichtigste auf den Punkt.
- eine wertschätzende Haltung einnimmt. Der Feedbackgeber ist sich der Qualitäten des Feedbacknehmers bewusst.

Der Feedbacknehmer hat ausschließlich die Aufgabe, aktiv zuzuhören. Er sollte das Feedback als etwas Kostbares und als Chance für persönliche Weiterentwicklung sehen. Hat er etwas nicht verstanden, fragt er nach weiteren konkreten Beispielen. Am Schluss bedankt er sich für das Gesagte.

In diesem Kapitel wird eine breite Palette an Feedbackübungen vorgestellt. Die Methode „Kleingruppenfeedback“, „Musikinstrumente“ und „Flipchartfeedback“ sind in der Regel an jedem Punkt im Workshop gut einsetzbar. Das Erwartungsfeedback sollte frühestens am ersten Nachmittag genutzt werden, da das Team für diese Methode bereits gut im Workshop angekommen sein muss. „Schokoladenfeedback“ und „Mein Geschenk an Sie“ eignen sich gut als Tagesausstieg oder als Ergänzung zum Abschluss des Workshops.

Index

Kleingruppenfeedback
Die Teilnehmer geben sich in Kleingruppen eine Rückmeldung über das gegenseitig wahrgenommene Verhalten im Workshop. .... S. 295

Flipchartfeedback
Die Teilnehmer schreiben sich gegenseitig ein individuelles Feedback auf ihre Flipcharts. .... S. 299

Musikinstrumente
Die Teilnehmer nutzen die Eigenschaften von Musikinstrumenten für ein gegenseitiges Feedback. .... S. 301

Schokoladenfeedback
Jeder Teilnehmende gibt zwei Personen aus dem Team ein wertschätzendes Feedback und überreicht ihnen dabei einen Schokoladenbonbon. .... S. 305

Mein Geschenk an Sie
Jeder Teilnehmer schreibt seinen Namen auf ein Blatt. Im Anschluss rotieren diese, im Kreis von Teilnehmer zu Teilnehmer, sodass jeder danach ein schriftliches Feedback in den Händen hält. S.309

Erwartungsfeedback
Eine Feedbackmethode mit dem Schwerpunkt „Erwartungen". Diese werden zwischen verschiedenen Systemteilen erarbeitet und ausgesprochen. .... S. 311

Kleingruppenfeedback
Ich finde toll an Ihnen...
Ich würde mir wünschen...
Ich schätze an Ihnen...
Nacheinander ist jeder von Ihnen im Fokus und
erhält ein Feedback!
10 Minuten pro Person
Zeitwächter
alles bleibt in der Kleingruppe

Kleingruppenfeedback

Aufbau

Der Trainer teilt das Team in Kleingruppen von vier Personen ein. Diese einigen sich zunächst darauf, wer auf die Zeit achtet. Nacheinander stehen die Teilnehmer nun im Fokus und erhalten von jedem Mitglied ihrer Kleingruppe ein Feedback nach dem vorgegebenen Ablauf:

1. Ich finde toll an Ihnen …
2. Ich würde mir wünschen …
3. Ich schätze an Ihnen …

Für dieses Feedback stehen jeweils 10 Minuten pro Person zur Verfügung. Nach 40 Minuten haben alle ein Feedback erhalten und kehren zurück in das Plenum. Hier fragt der Trainer in die Runde, wie die Übung war und wie das Feedback gewirkt hat. Es stehen hierbei nicht die Inhalte des Feedbacks im Vordergrund, sondern ausschließlich dessen Wirkung. Der Trainer kann die positive Wirkung von regelmäßigem Feedback erläutern und in welchem Rahmen dies regelmäßig durchgeführt werden könnte.

Intro

„Wir haben in den letzten Tagen viel miteinander und voneinander erlebt. Diesen Schatz möchte ich nun mit Ihnen bergen. In der folgenden Übung geht es darum, dass Sie sich in einer kleinen Gruppe gegenseitig eine Rückmeldung geben, wie Sie den anderen in den letzten drei Tagen wahrgenommen haben.

Oft wird Feedback mit Kritik verwechselt. Darum geht es aber nicht. Es geht darum, sowohl Positives als auch – aus Ihrer persönlichen Sicht – Potenzialreiches rückzumelden. Sie sehen es schon. Hier, unser Hamburger ermöglicht genau das. Das Brötchen oben ist leicht und fluffig. Sie starten also mit den einleitenden Worten: ‚Ich finde toll an Ihnen …' In der Mitte kommen die Fleischklopse, auf denen vielleicht mehr herumgekaut werden muss. Hier starten Sie mit: ‚Ich würde mir wünschen …' Zum Schluss fassen Sie noch einmal zusammen, was Sie an Ihrem Teamkollegen schätzen. Durch diese Abfolge geben Sie ein Feedback, in dem sehr viel füreinander steckt. Achten Sie bitte auf die bereits besprochenen Feedbackregeln. Ich werden Ihnen einmal diese Form des Feedbacks vormachen, damit Sie ein besseres Bild erhalten."

Der Trainer dreht sich zu seinem Co-Trainer und gibt diesem aus der Teilnehmerrolle ein Feedback: *„‚Ich finde toll an Dir, dass Du in den letzten drei Tagen jeden Morgen schon so fit warst und so viel gute*

Kleingruppenfeedback
Ich finde toll an Ihnen ...
Ich würde mir wünschen ...
Ich schätze an Ihnen ...
Nacheinander ist jeder von Ihnen im Fokus, und erhält ein Feedback
10 Minuten pro Person
Zeitwächter
Alles bleibt in der Kleingruppe !

Laune verbreitet hast. Du bringst viel Energie in unsere Arbeit und bereicherst uns sehr damit. Gleichzeitig würde ich mir wünschen, dass Du dem Team mehr Zeit zum Planen geben würdest. Du bist manchmal sehr schnell in der Umsetzung. Zum Beispiel hast Du bei der Übung ‚Stein der Teamweisheit' gleich die Initiative ergriffen. Dadurch waren wir schon bei der Durchführung, obwohl noch keine Klarheit herrschte, wie wir vorgehen. Ich schätze Deine Energie und Deinen Enthusiasmus, diese sind ein Geschenk für unser Team. Ich bin total froh, dass wir zusammenarbeiten, denn durch Deine Impulse kommen die wichtigen Themen voran!'

In dieser Form geben Sie jedem aus Ihrer Kleingruppe ein Feedback. Es ist am sinnvollsten, wenn jeweils eine Person im Fokus steht und von allen aus der Kleingruppe ein Feedback erhält. Sie können dabei im Uhrzeigersinn oder frei vorgehen. Das Teammitglied, das zuerst Feedback erhält, bedankt sich jeweils am Schluss für das Gesagte. Alles in der Kleingruppe Gesagte bleibt in dieser. Abgemacht? ... Gibt es noch Fragen? ... Dann teile ich Sie nun in Ihre Kleingruppen ein."

Hintergründe

Die vorgegebene Formulierung bietet den Teilnehmern Halt und Orientierung. Sie müssen sich nicht überlegen, wie sie etwas sagen, sondern können sich ganz auf den Inhalt konzentrieren. Der Feedbacknehmer kann das Feedback in der Regel gut annehmen, denn es ist durch den gegebenen Rahmen wertschätzend und konkret formuliert.

Die Einteilung in kleine Gruppen sorgt für einen vertrauensvollen Rahmen. Daher ist die Übung auch dann geeignet, wenn ein Feedback in der Gesamtgruppe noch nicht gut durchführbar ist.

Tipps

- Um eine größtmögliche Offenheit zu erreichen, muss ein geschützter Rahmen vorhanden sein. Daher ist es wichtig, dass die Kleingruppen nicht zu nahe beieinander sind. Optimalerweise stehen mehre Gruppenräume zur Verfügung.
- Wenn die Workshopsituation ein gründlicheres Feedback erfordert, kann die Übung so oft wiederholt werden, bis alle Teilnehmer einmal gemeinsam in einer Kleingruppe waren.

1. Gestalten Sie bitte ein Flipchart mit Ihrem Namen und einem Zitat.
2. Schreiben Sie sich gegenseitig ein wertschätzendes Feedback auf Ihre Flipcharts.
Flipchartfeedback

Flipchartfeedback

Aufbau

Für jedes Teammitglied wird ein Flipchartbogen an der Wand befestigt. Nun erhalten die Teilnehmer die Aufgabe, innerhalb von 10 Minuten ihren Namen und ein für sie wichtiges Zitat oder Symbol auf ihr Flipchart zu schreiben. Danach haben sie die Chance, jedem ihrer Kollegen ein schriftliches Feedback auf seinem Flipchart zu hinterlassen. Alle bewegen sich hierbei völlig frei im Workshopraum. Die Zeit sollte nach Gruppengröße bei ca. 2–3 Minuten pro Teilnehmer liegen. Im Anschluss gibt der Trainer noch einmal die Möglichkeit, Verständnisfragen zu stellen. Jeder darf zum Schluss sein Flipchart mit nach Hause nehmen.

Intro

„Wir kommen jetzt in die letzte Phase des Workshops. Bei dieser Übung gibt jeder jedem noch ein abschließendes Feedback mit auf dem Weg. Ich möchte Sie einladen, ein Flipchart mit Ihrem Namen zu gestalten und es mit einem persönlichen Zitat oder einem Symbol zu versehen. Im zweiten Schritt geben Sie jedem ein Feedback auf sein Flipchart. Sie haben nun 10 Minuten, um Ihr Flipchart zu gestalten."

Nachdem alle Flipcharts fertig sind: *„Nun, nachdem alle fertig sind, starten wir mit den Feedbacks. Schauen Sie, welches Flipchart gerade frei ist. Überlegen Sie sich bei jedem Teamkollegen, was Sie ihm noch mit auf den Weg geben möchten. Was war z.B. ein bewegender Moment aus dem Workshop, den Sie miteinander teilen? Wie oder durch was hat derjenige den Workshop bereichert? Was möchten Sie der Person mitgeben, nachdem Sie drei Tage miteinander verbracht und sich besser kennengelernt haben? Achten Sie bitte darauf, dass Ihr Kommentar gut zu lesen ist. Wir nehmen uns für dieses Feedback ca. 20 Minuten Zeit. Wenn es noch etwas gibt, dass Sie im persönlichen Kontakt rückmelden wollen, dann haben Sie anschließend in einer Pause noch Gelegenheit dazu."*

Hintergründe

Das geschriebene Wort bleibt. Gerade nach einem intensiven Workshop ist es für die Teilnehmer schön, etwas „Handfestes" mit nach Hause zu nehmen.

Tipp

- Die Teilnehmer können ihr Flipchart abfotografieren. So können sie es sich im Nachgang zum Workshop leichter anschauen.

Material

- Flipchartpapier, Moderationsstifte

Welches Musikinstrument wäre... und warum?
Trommel
Klavier
Ukulele
Triangel
Dudelsack
Gitarre
Geige
Flöte
Schlagzeug
Harfe
Cello
Kontrabass
E-Gitarre
Trillerpfeife

Musikinstrumente

Aufbau

Das Gesamtteam wird in zwei Gruppen unterteilt. Jede Gruppe bekommt die Aufgabe, für jeden Teilnehmer sowohl aus der eigenen als auch aus der anderen Gruppe ein Musikinstrument zu finden, welches die jeweilige Persönlichkeit widerspiegelt. Die Ergebnisse werden in der Gruppe visualisiert und abschließend im Plenum präsentiert.

Intro

„In unserer nächsten Übung, in der sich alles um Musikinstrumente dreht, geht es um Ihre Wahrnehmung voneinander. Gute Zusammenarbeit funktioniert um so besser, je genauer jeder seinen Platz im Team kennt. Ein Orchester lebt von seiner Vielseitigkeit und braucht unterschiedliche Klangqualitäten, damit es kraftvoll klingt. Für die Übung teile ich Sie gleich in zwei Kleingruppen ein. Ihre Gruppe überlegt sich für jeden Anwesenden ein Musikinstrument, das zur jeweiligen Wirkung passt, die derjenige auf Sie bisher ausgeübt hat. Ebenso überlegen Sie bitte, welche Musikinstrumente in der anderen Gruppe vorhanden sind. Wichtig ist hierbei, dass Sie aufzeigen, was die Hintergründe für die Wahl dieses Instrumentes sind. Wie haben Sie z.B. das Teammitglied bisher wahrgenommen? Welches Musikinstrument passt aufgrund Ihrer gemeinsamen Erfahrungen? Ihre Ergebnisse halten Sie bitte auf einem Flipchart fest. Wir treffen uns in 30 Minuten hier im Plenum wieder und Sie präsentieren Ihre Aufzeichnungen! Bitte besprechen Sie vorher in der Kleingruppe, wer Ihre Ergebnisse vorstellt. Gibt es noch Fragen? Dann los."

Hintergründe

Für jeden Einzelnen ist es erkenntnisreich, die Diskussion um die Zuschreibung des eigenen Musikinstruments zu verfolgen und später im Plenum zu erfahren, wie die andere Gruppe entschieden hat. Für Personen, die Schwierigkeiten haben, im Rahmen eines Feedbacks die richtigen Worte zu finden, kann diese Art des Vorgehens sehr hilfreich sein.

Im Rahmen dieser Metapher ist es einfacher, entsprechende Verhaltensweisen und Eigenschaften des Einzelnen zuzuschreiben. Jedes Musikinstrument ist eine Bereicherung für das Klangvolumen und die Vielseitigkeit eines Orchesters. Daher wird auch das Feedback von der Grundtendenz positiv ausfallen.

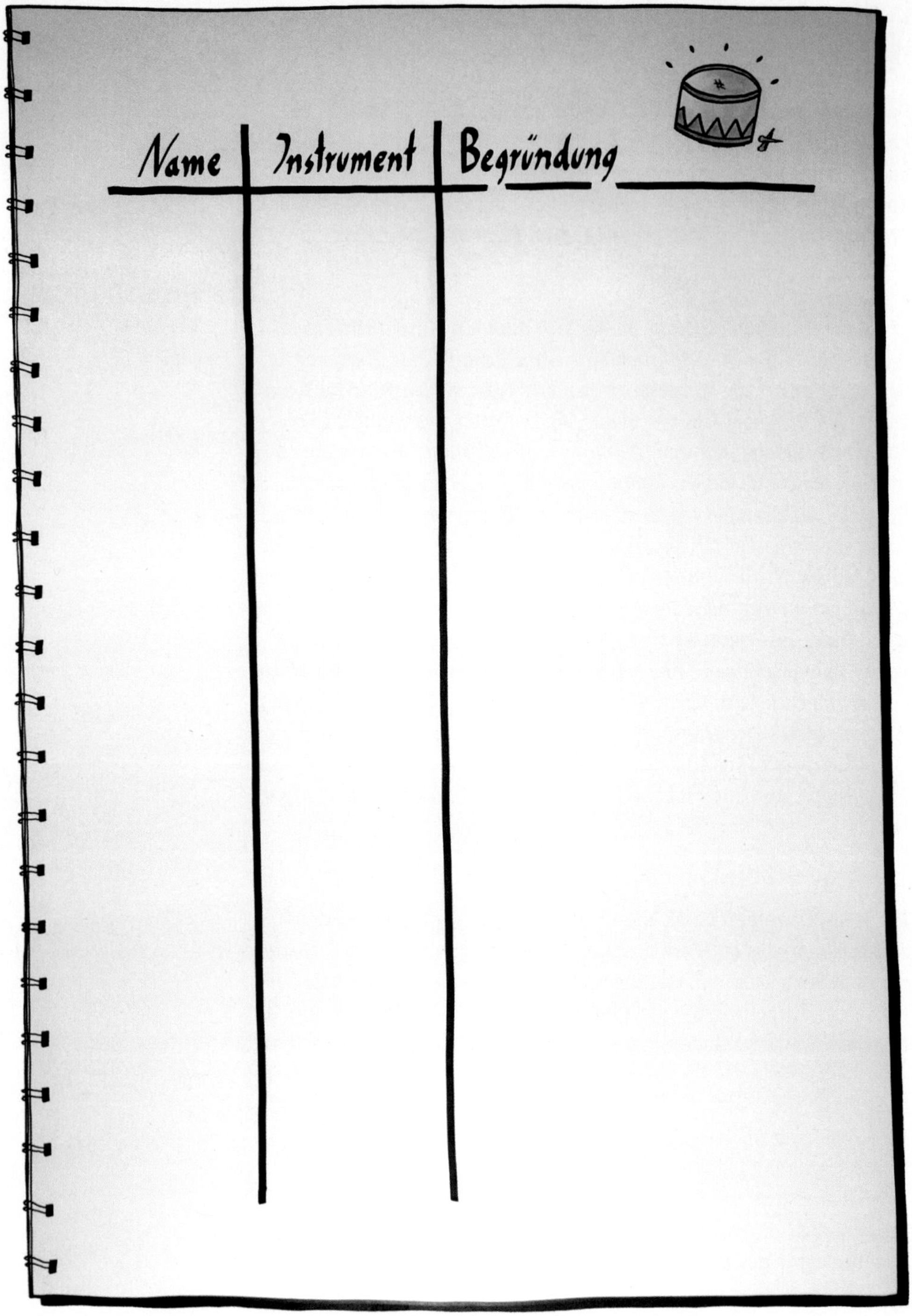
Name
Instrument
Begründung

Tipps

- Es ist sehr sinnvoll, viele Musikinstrumente auf einem Flipchart zu nennen, um den Kleingruppen ein Ideenspektrum zu bieten.
- Da das Workshopprotokoll auch an Personen außerhalb des anwesenden Teilnehmerkreises geht, sollte explizit nachgefragt werden, ob die Ergebnisflipcharts mit aufgenommen werden sollen.
- Das Feedback kann sich auch ausschließlich auf eine Teamaktion beziehen. Und nicht, wie dargestellt, auf das gesamte bisherige Erleben.
- Soll die Übung intensiviert werden, kann folgender Ablauf gewählt werden: Zunächst wählt jeder Teilnehmer für sich selbst ein passendes Musikinstrument aus und schreibt dieses, mit Begründung, auf eine Moderationskarte. Dann erfolgt die Arbeit und der Austausch in der Kleingruppe. Hier teilt die im Fokus stehende Person nach jeder Einigung ihre eigene Wahl mit. Bei der abschließenden Präsentation im Plenum werden dann keine inhaltlichen Aspekte, sondern nur die Feedbackmethode an sich besprochen.

Material

- Flipcharts, ggf. Moderationskarten, Moderationsstifte

Schokoladenfeedback
Geben Sie sich gegenseitig ein wertschätzendes Feedback:
Lieber Bernd,
Liebe Anna,

Schokoladenfeedback

Aufbau

Die Teilnehmer sitzen im Stuhlkreis. Jeder erhält zwei Moderationskarten, zwei Schokoladenbonbons und einen Stift. Die Moderationskarten werden mit dem eigenen Namen versehen, gefaltet und mit einem individuellen Symbol markiert. Der Trainer sammelt die gefalteten Karten ein und lässt jeden Teilnehmer zwei Karten ziehen. Diese achten dabei darauf, nicht ihr eigenes Symbol zu ziehen. Falls dies dennoch passiert, wechselt der Teilnehmer sein Los mit dem rechten Nachbarn.

Als Nächstes stellen sich die Teilnehmer nacheinander in die Kreismitte. Von dieser Position aus schauen sie erst einmal mit einer Drehung jedem Teammitglied in die Augen. Erst im Anschluss folgt das wertschätzende Feedback an diejenigen, deren Karten gezogen wurden. Nach seinen Feedbacks geht der Teilnehmer aus der Mitte heraus auf die Feedbacknehmer zu und übergibt jeweils ein Bonbon. Dies wird wie die Übergabe eines kostbaren Geschenks zelebriert. Der Trainer sollte zu Beginn die einzelnen Aufgaben mit dem Co-Trainer beispielhaft vorführen. Die Übung ist abgeschlossen, wenn alle aus der Kreismitte ihre Rückmeldung gegeben und ihre Schokoladenbonbons verteilt haben.

Intro

„In unserer nächsten Übung geht es um zwei unzertrennliche Dinge: Schokolade und wertschätzendes Feedback. Jeder von Ihnen erhält nun von mir zwei Moderationskarten, zwei Schokobonbons und einen Stift. Ihre Aufgabe ist zunächst, Ihren Namen auf die Karten zu schreiben, diese zusammenzufalten und mit einem individuellen Symbol zu versehen, damit Sie sie wiedererkennen und nicht Ihren eigenen Namen ziehen."

Der Trainer verteilt die genannten Materialien und wartet darauf, dass alle Ihr Symbol skizziert haben. *„So, ich sehe, Sie sind alle fertig. Dann sammele ich nun die zusammengefalteten Moderationskarten ein und gleich im Anschluss zieht jeder von Ihnen zwei. Achten Sie bitte darauf, nicht die Lose mit Ihrem eigenen Symbol zu ziehen.*

Sie ahnen es sicherlich schon: Es geht nun darum, den Personen, die Sie gezogen haben, ein wertschätzendes Feedback und die Schokolade zu geben. Hierfür nutzen wir eine besondere Form. Sie stehen auf, gehen in die Kreismitte und schauen jedem Teammitglied zunächst einmal in die Augen. Dann richten Sie Ihr Wort an die Person, die Sie gezogen haben. Abschließend überreichen Sie ihr das Schokoladenbonbon. Danach geben Sie Ihr zweites Feedback. Damit Sie eine Vorstellung bekommen, wie die Übung funktioniert, werde ich jetzt die Aufgaben einmal vormachen."

Schokoladenfeedback
Geben Sie sich gegenseitig ein
wertschätzendes Feedback!

Der Trainer geht in die Kreismitte, schaut jedem Teilnehmer einmal in die Augen und wendet sich an den Co-Trainer. *„Lieber Herr Müller, in den letzten drei Tagen haben Sie durch Ihre Beiträge und Impulse sehr dazu beigetragen, dass wir uns als Team weiterentwickeln konnten. Besonders dankbar bin ich für unsere Unterhaltung bei der Orientierungstour. Ich hätte nie gedacht, dass wir in so vielen Dingen so nahe beieinander sind. Dafür dieses Schokoladenbonbon."*

Der Trainer geht auf den Co-Trainer zu, verbeugt sich leicht und überreicht das Schokobonbon. Anschließend geht er wieder in die Kreismitte zurück. *„Sie haben gerade live gesehen, wie das Feedback funktioniert. Bitte achten Sie darauf, bei Ihrem Feedback tatsächlich in der Kreismitte zu stehen. Frau Schmidt, würden Sie starten und bitte nach Ihrem Feedback bestimmen, wer weitermacht?"*

Hintergründe

Die Übung eignet sich besonders nach einer Teamaktion oder zum Abrunden des Teamworkshops in der Abschlussphase. Während ein Teilnehmer aus der Kreismitte heraus über die Augen Kontakt aufnimmt, wird seine Beziehung sowohl zum gesamten Team als auch zu jedem Einzelnen deutlich. Der Teilnehmer in der Mitte kommt durch die Methode mit jedem in Kontakt und steht zugleich im Fokus des Teams. Alle Augen und Ohren sind auf diese Person gerichtet. Das gibt dem anschließenden Feedback eine besondere Bedeutung und schafft besonders große Authentizität des Gesagten. Die Methodik bewirkt, dass nicht nur die zwei Personen, die gleich ein Feedback bekommen, in diesen Teil der Übung integriert sind, sondern jedes einzelne Teammitglied.

Tipps

- Diese Übung funktioniert in der Regel wesentlich besser, wenn der Trainer sie einmal vorspielt, wie im Intro beschrieben.
- Die Übung wird weniger intensiv wahrgenommen, wenn die Feedbacks aus der Mitte einer U-Form herausgegeben werden.
- Eine mögliche Variante beinhaltet das Einbeziehen von Naturgegenständen statt der Schokolade. Diese dienen als zusätzliche Metapher für das Feedback. Zum Beispiel: „Ich habe Dir dieses Blatt einer Birke mitgebracht, weil ..." Hierbei gibt der Trainer den Teilnehmern nach dem Ziehen der Lose die Gelegenheit, passende Gegenstände outdoor zu suchen.

Material

- Pro Teilnehmer: Zwei Moderationskarten, zwei Schokoladenbonbons oder -täfelchen, einen Moderationsstift

Mein Geschenk an Sie!
Das nehme ich von Ihnen mit!
Dies hat mich an Ihnen begeistert!
Hier sind Sie mir besonders in Erinnerung geblieben!
Diese Eigenschaft gefällt mir besonders an Ihnen!

Mein Geschenk an Sie

Aufbau

Die Teilnehmer sitzen im Stuhlkreis. Jeder erhält ein Blatt auf einem Klemmbrett und schreibt seinen Namen an den unteren Rand. Danach gibt er es nach rechts weiter. Nun schreibt der Nachbar darauf ein Feedback für die Person, der das Blatt gehört. Anschließend wird der obere Rand des Blattes so weit nach unten gefaltet, dass der Nächste das Feedback nicht lesen kann. Das gefaltete Papier wird wieder an den rechten Nachbarn weitergereicht. Dieser notiert ebenfalls sein Feedback und knickt wieder den oberen Rand über seine Anmerkung. Inhaltliche Orientierung bieten die Flipchartfragen. Die Übung ist beendet, wenn das Papier wieder bei seinem Besitzer angekommen ist und jeder jedem ein Feedback notiert hat. Zeitlich sind ca. 2 Minuten pro Person einzuplanen. Die Teilnehmer lesen die Statements nicht direkt, sondern suchen sich selbst einen passenden Moment aus.

Intro

„In unserer nächsten Übung geht es um persönliche Geschenke. Jeder von Ihnen erhält jetzt ein DIN-A4-Papier auf einem Klemmbrett. Schreiben Sie bitte Ihre Namen ganz unten auf dieses Blatt. Geben Sie es dann mit dem Klemmbrett an Ihren rechten Nachbarn. Jetzt geht es darum, Ihren Kollegen ein Geschenk zu machen. Überlegen Sie bei jeder Person immer wieder neu, was Sie von ihr mitgenommen haben, was Sie an ihr begeistert hat, wo Ihnen diejenige besonders in Erinnerung geblieben ist oder welche Eigenschaft Ihnen besonders an derjenigen gefällt. Wenn Sie noch andere Geschenkideen haben, dann gerne! Nachdem Sie Ihr Feedback geschrieben haben, falten Sie den oberen Rand bitte so, dass der nächste Feedbackgeber es nicht lesen kann. Es hat sich bewährt, von oben nach unten zu schreiben und das gefaltete Papier unter der Klemmbrettklammer zu befestigen. Gibt es noch Fragen? Dann starten wir!“

Hintergründe

Eine schöne Übung am Ende eines Workshops. Sie ermöglicht ein abrundendes, positives Feedback. Die Teilnehmer nehmen ihr Feedback in Schriftform mit nach Hause. Dadurch wird ein nachhaltiger Effekt erzielt.

Tipp

- Das Feedback lohnt sich ebenfalls bei einer mehrtägigen Veranstaltung am Ende des ersten Workshoptages.

Material

- Stifte, DIN-A4-Blätter und Klemmbretter

Was schätzen Sie an Ihrer täglichen Zusammenarbeit? Was läuft sehr gut?
Welche Erwartungen haben Sie an Ihre Zusammenarbeit? Was fehlt Ihnen noch?
ERWARTUNGEN
30 Minuten
auf Flipchart

Erwartungsfeedback

Aufbau

Bei dieser Methode erfolgt die Gruppeneinteilung so, dass die unterschiedlichen Systemteile des Teams repräsentiert werden. Diese Systemteile können z.B. verschiedene Projektteams, Schwerpunktgruppen innerhalb einer Abteilung oder einzelne anwesende Führungskräfte sein.

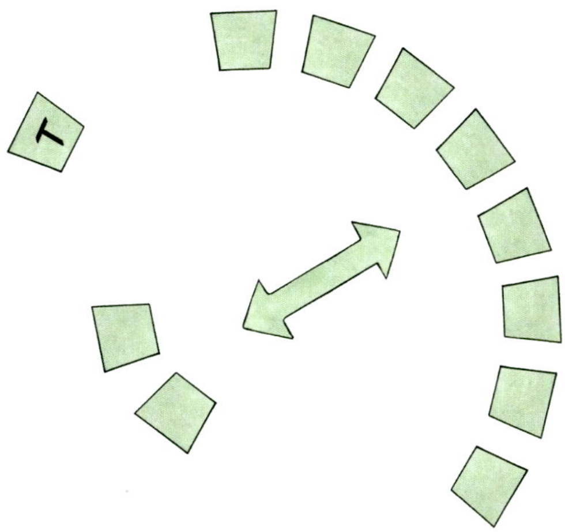

T = Trainer

Zur Vorbereitung positioniert der Trainer die Stühle so im Workshopraum, dass jede Kleingruppe für sich sitzt, ohne sich von den anderen Gruppen abzuschotten. Es soll erkennbar sein, dass alle Gruppen Teil eines Ganzen sind. Hier ein Beispiel für eine Stuhlaufstellung mit zwei Systemteilen. In diesem Fall bestehen die beiden Systemteile aus zwei Führungskräften und dem achtköpfigen Team.

Die beiden Kleingruppen erhalten die Aufgabe, Aspekte und Themen zu sammeln, die sie in der täglichen Zusammenarbeit an den anderen Systemteilen schätzen bzw. die reibungslos funktionieren. Im zweiten Schritt werden Erwartungen erarbeitet, die ihnen für eine gute Zusammenarbeit noch fehlen. Um fokussiert arbeiten zu können, ist es wichtig, die Anzahl der Punkte festzulegen, z.B. auf fünf pro Themenfeld.

Die Ergebnisse notiert jede Gruppe für jeden Systemteil auf einem Flipchart. Für die Kleingruppenarbeit stehen den Teilnehmern insgesamt 30 Minuten Zeit zur Verfügung. Nach der Arbeit in den Kleingruppen erfolgt die Präsentation der Ergebnisse. Um auch hier deutlich zwischen den einzelnen Systemteilen differenzieren zu können, sollte jede Gruppe von ihrem aktuellen Standort die Präsentation halten. Je nach Situation folgen Verabredungen innerhalb des Teams, Themen für die LOP-Liste (vgl. S. 253) etc.

Intro

Im Folgenden ein Beispiel, in dem die Gegenüberstellung von zwei Systemteilen (zwei Führungskräfte und ein achtköpfiges Team) erfolgt. *„Wir kommen nun zu einer Erwartungsübung, die sich bisher immer als sehr wertvoll erwiesen hat. Es geht darum, dass Sie die Möglichkeit bekommen, ihre gegenseitigen Erwartungen innerhalb der täglichen Zusammenarbeit auszudrücken. Sie als Team werden Herrn Müller und Frau Maier mitteilen, was Sie an ihrer täglichen Zusammenarbeit schätzen*

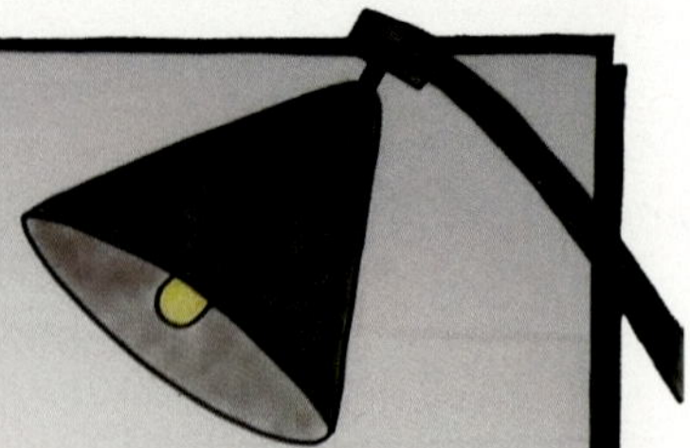

Erwartungen an: ______

Was schätzen Sie an Ihrer täglichen Zusammenarbeit?

Welche Erwartungen haben Sie an Ihre Zusammenarbeit?

und welche Erwartungen Sie noch haben. Herr Müller und Frau Maier werden danach Ihnen als Team ebenfalls mitteilen, was sie an Ihnen schätzen bzw. welche ihrer Erwartungen aus ihrer Sicht noch nicht erfüllt werden. Herr Müller als Abteilungsleiter und Frau Maier als seine Stellvertreterin werden die Übung gemeinsam vorbereiten, dies gilt auch für Sie als Team. Bitte einigen Sie sich jeweils auf maximal fünf Punkte, die Sie in Ihrer Zusammenarbeit mit Herrn Müller und Frau Maier schätzen und fünf Erwartungen, die Sie an Ihre weitere Zusammenarbeit haben. Ihre Ergebnisse halten Sie auf einem Flipchart fest.

Herr Müller und Frau Maier, bitte notieren Sie ebenso maximal fünf Aspekte pro Themenfeld. Wir treffen uns in 30 Minuten wieder im Plenum und starten dann mit der Präsentation. Gibt es von Ihrer Seite noch Fragen?"

Hintergründe

Sowohl im beruflichen als auch privaten Alltag geht man oft davon aus, der Kollege bzw. Partner müsste wissen, was einem selbst wichtig ist. Dies ist leider oft eine falsche Hypothese. Diese Übung ermöglicht, die eigene Erwartungshaltung offen auszusprechen und sich mit den anderen Beteiligten darüber auszutauschen. Nur so können Dinge, die regelmäßig für Frust und Verärgerung sorgen, verändert werden.

Besonders wichtig ist, die räumliche Trennung der Systemteile auch während der Präsentation aufrechtzuerhalten. Dadurch werden die bestehenden Systemunterschiede, die sich in unterschiedlichen Interessen und Denkansätzen widerspiegeln, bewusst hervorgehoben. Durch die offene Aussprache können diese Teile nun mehr und mehr zusammenwachsen.

Tipps

- Oft werden während der Präsentation Punkte genannt, die nicht auf dem Ergebnisflipchart notiert wurden. Der Trainer kann diese Punkte notieren und im weiteren Prozess darauf zurückgreifen.
- Gibt es Spannungen im Team kann die Übung auch dahingehend variiert werden, dass jedes Teammitglied seine Erwartungen an das Team ausspricht.

Material

- Ein Flipchart pro Kleingruppe, Pinnwand (z.B. zur Erstellung der LOP-Liste, s. S. 253)

Lebendisierer nutzen

Das Kapitel stellt verschiedene kurze Methoden vor, die das Ziel verfolgen, „Lebendigkeit, Leichtigkeit und Spaß" in den Workshop zu bringen. Sie können helfen, ein „Mittagstief" zu überwinden und/oder auftretende Spannungen abzubauen. Die beschriebenen Methoden eignen sich besonders bei themenorientierten Prozessen. Da diese in der Regel von den Teilnehmern eine hohe Konzentration fordern, lohnt es sich, das Team zwischendurch mit einem Lebendisierer in Schwung zu bringen.

Für die Durchführung ist es wichtig, die Teilnehmer zu den Übungen positiv einzuladen. Dazu gehört, dass der Trainer die Aufgabe motiviert und energiegeladen vorstellt und ggf. auch praktisch vorführt (z.B. bei der Übung „Tischtennisevent"). Um die gewünschten Effekte zu unterstützen, ist eine passende Musik bei reinen Bewegungsübungen immer sinnvoll.

Bei den meisten Lebendisierern kann der Trainer selbst mitmachen und dadurch den Spaß und die Dynamik besser fördern als von außen.

Die Methoden dauern ca. 3–10 Minuten. Die Intensität und Dauer kann der Trainer flexibel anpassen. Grundsätzlich ist es sinnvoll, den zeitlichen Rahmen anhand der „Gauß'schen Kurve" festzulegen: Um einen möglichst großen Effekt mitzunehmen, ist es ratsam, aufzuhören, wenn es am schönsten ist, also kurz vor dem Scheitelpunkt.

Index

Alle, die ...
Ein Teilnehmer steht in der Mitte eines Stuhlkreises und bestimmt anhand einer „Alle, die ...“-Aussage, welche Personen als Nächstes den Stuhl wechseln müssen. Dabei versucht er, sich selbst einen Sitzplatz zu erobern. .... S. 317

Tischtennisevent
Unter der Zuhilfenahme von Klemmbrettern spielen sich die Teilnehmer paarweise einen Tischtennisball zu. .... S. 319

Bandschlingenrennen
Die Teilnehmer stehen im Kreis und halten sich an den Händen. Aufgabe ist, im Wettbewerb möglichst schnell durch Bandschlingen zu steigen. .... S. 321

Hip hip hurra
Die Teilnehmer stehen jeweils mit einem Tennisball in der Hand im Kreis. Auf die Kommandos „hip“ und „hurra“ folgen unterschiedliche Aktionen. .... S. 323

Alle, die...
Tennis spielen
einmal ein Haustier hatten
BVB-Fans sind
BVB
09
Geschwister haben
Schon mal Kimchi gegessen haben
gerne kreuzworträtseln
schwarze Socken tragen
Steaks lieben
ein Musikinstrument spielen

Alle, die ...

Aufbau

Die Teilnehmer sitzen im Stuhlkreis. Der selbst mitmachende Trainer stellt seinen eigenen Stuhl zur Seite. Anschließend erklärt er die Übung aus der Kreismitte heraus. Die Person, die in der Mitte steht, macht eine „Alle, die ...“-Aussage. Alle Personen, auf die diese Angabe zutrifft, müssen aufstehen und sich so schnell wie möglich einen neuen Platz suchen. Die Person, die übrig bleibt, bestimmt aus der Kreismitte heraus, welche Personen als Nächstes ihren Platz wechseln müssen.

Intro

„Sie sehen, ich stehe hier in der Kreismitte. Ich darf Sie jetzt zu der kreativen, reaktionsintensiven, abwechslungsreichen und bewegungsfreudigen Übung ‚Alle, die ...‘ einladen. Wenn ich jetzt zum Beispiel sage: ‚Alle, die ein Haustier haben ...‘, dann stehen alle Personen auf, auf die diese Aussage zutrifft und suchen sich einen neuen Platz. Ich versuche dann ebenso einen Platz zu finden, sodass eine neue Person übrig bleibt und weitermacht. Diese formuliert so schnell wie möglich einen neuen Satz mit ‚Alle, die ...‘ Die Übung lebt von Spontanität und Schnelligkeit. Um noch ein paar Möglichkeiten zu nennen: ‚Alle, die Frauen sind‘ oder ‚Alle, die Männer sind‘, ‚Alle, die Geschwister haben‘, ‚Alle Steakliebhaber‘, ‚Alle, die gerne Schach spielen‘. Sind Sie bereit? Dann geht es los: ‚Alle, die gerne kochen‘!“

Hintergründe

Die Übung lebt von Spontanität, Kreativität und Schnelligkeit und bringt dadurch viel Dynamik in die Gruppe. Es werden Gemeinsamkeiten innerhalb des Teams sichtbar und die Teilnehmer lernen sich noch besser kennen. Der Trainer gewinnt einen zusätzlichen Eindruck sowohl von einzelnen Teilnehmern als auch von dem gesamten Team. Er sieht beispielsweise, wie kreativ der Einzelne sich zeigt und wie das Team auf Einzelne in der Mitte reagiert.

Tipp

- Damit die Person in der Mitte noch bessere Chancen hat, einen neuen Platz zu finden, kann die Regel eingeführt werden, dass zwei Nebeneinandersitzende nicht die Plätze tauschen dürfen.

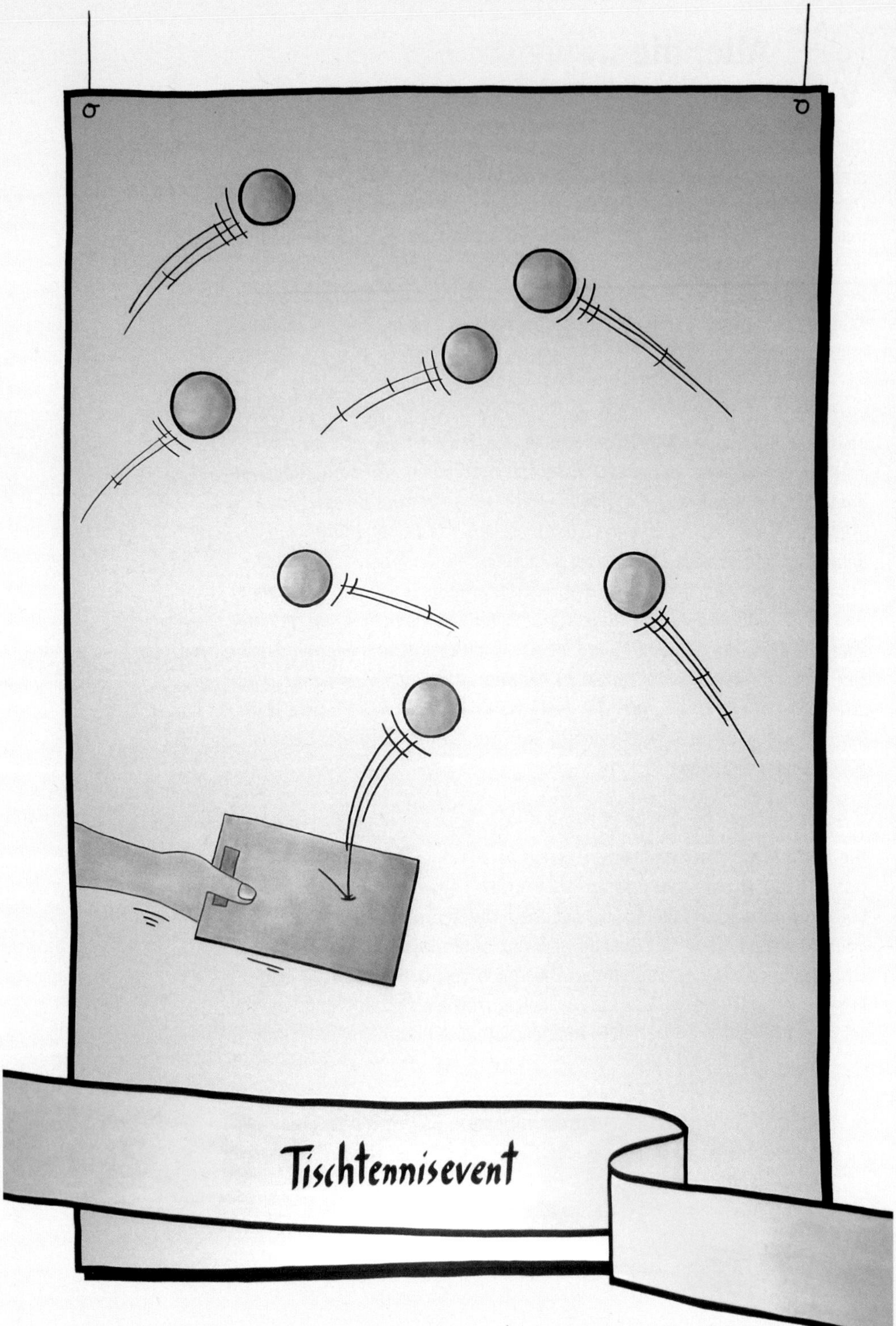
Tischtennisevent

Tischtennisevent

Aufbau

Die Teilnehmer stellen sich in zwei Reihen gegenüber auf. Die Teilnehmer, die sich gegenüberstehen, spielen sich mit Klemmbrettern, die als Tischtennisschläger genutzt werden, einen Tischtennisball zu. Besteht das Team aus einer ungeraden Teilnehmerzahl, gibt es eine Dreiergruppe. Bei dieser Gruppe stehen auf einer Seite zwei Personen.

Intro

„Zum Einstieg in unseren Nachmittag möchte ich gerne ein kleines Tischtennisevent mit Ihnen durchführen. Herr Schmidt, lassen Sie uns mal versuchen, ob wir das Grundprinzip zusammen zeigen können." Der Trainer und ein Teilnehmer spielen sich zu. *„Nach diesem gelungenen Auftakt will ich Sie nicht mehr nur zuschauen lassen. Bitte bilden Sie zwei Reihen, die sich gegenüberstehen und finden Sie einen Spielpartner."*

Jeder Teilnehmer hat einen Partner gefunden. *„Super. Sie erhalten nun von mir Klemmbretter und jeweils einen Tischtennisball. Achten Sie bitte darauf, dass Sie genug Platz haben. Ich wünsche Ihnen viel Spaß – los geht's!"*

Hintergründe

Die Übung „Tischtennisevent" erfordert keine sportlichen Vorkenntnisse. Das Klemmbrett hat eine sehr große Aufschlagfläche und es ist relativ leicht, den Ball damit zu treffen. Erfolgserlebnisse sind vorprogrammiert.

Tipps

- Nach ca. 3 Minuten können aus den Paaren Vierergruppen gebildet werden, die mit einem Ball weiterspielen.
- Eine Variante für kleine Teams ist, sich den Ball im Kreis zuzuspielen. Diese Übungsversion kann in ihrer Intensität gesteigert werden, indem nach ca. 2 Minuten ein weiterer Ball ins Spiel gebracht wird.

Material

- Pro Teilnehmer ein Klemmbrett (am besten aus Holz), pro Paar einen Tischtennisball, evtl. Musik

Bandschlingenrennen

Bandschlingenrennen

Aufbau

Die Teammitglieder stellen sich im Kreis auf und fassen sich an den Händen. Der Trainer stellt sich mit in den Kreis. An seinem Unterarm hängt eine Bandschlinge von ca. 80 cm Durchmesser. Nun versucht er, durch die Schlinge zu steigen, ohne seine Nachbarn loszulassen. Nachdem dies gelungen ist, ist der Nächste an der Reihe, sodass die Seilschlinge einmal im Kreis wandert. Je nach Team kann eine weitere Bandschlinge ins Spiel gebracht werden, mit einem Abstand von vier Personen. Ziel ist es nun, dass die zweite Schlinge die erste überholt.

Intro

„Zum Start nach der Mittagspause möchte ich jetzt mit Ihnen eine ganz besondere Übung machen. Bitte stehen Sie auf und schieben Sie die Stühle weit nach hinten. Nehmen Sie jetzt bitte die Hände Ihrer Nachbarn. Ich habe hier eine Bandschlinge, diese hänge ich hier bei mir ein. Die Aufgabe von uns allen ist, dass diese Bandschlinge so schnell wie möglich einmal im Kreis herumgegeben wird. Dabei dürfen Sie nicht die Hände Ihres Nachbarn loslassen. Ist die Bandschlinge bei Ihrem Nachbarn angekommen, unterstützen Sie ihn gerne. Und los geht's!"

Nach einer Weile kann der Trainer eine zweite Bandschlinge in die Übung hineinbringen. *„Nun kommt eine zweite Schlinge hinzu. Jetzt ist das Ziel, das eine Bandschlinge die andere überholt. Los geht's!"*

Hintergründe

Das Bandschlingenrennen ist ein Lebendisierer, der viel Dynamik in Gruppen bringt. Da die Übung mit Körperkontakt einhergeht, muss der Trainer darauf achten, ob dies bei dem jeweiligen Team passt. Die Übung mit zwei Bandschlingen eignet sich besonders gut bei Teams bis zu 10 Personen. Sind es mehr Teilnehmer, können bis zu zwei weitere Bandschlingen ins Spiel gebracht werden.

Tipps

- Vor der Übung ist darauf zu achten, dass die Teilnehmer keine körperlichen Einschränkungen mitbringen, z.B. Knieprobleme. Ist dies der Fall, eignet sie sich nicht.
- Es können auch zur Schlinge verknotete Seile verwendet werden. Der Vorteil ist, dass der Trainer die Größe des Durchmessers besser anpassen und somit die Intensität flexibler steuern kann.

Material

- Bandschlingen (80 cm), evtl. Seile (300 cm), evtl. Musik

hip hip hurra
hip!
hurra!

Hip hip hurra

Aufbau

Die Teilnehmenden stellen sich im Kreis auf. Dabei hält jede Person einen Abstand von 20 cm zu ihrem Nachbarn ein. Jeder bekommt einen Tennisball in seine ausgestreckte rechte Hand. Bei dem Kommando „hip" wird der Ball in einem möglichst hohen Bogen von der rechten Hand zur linken oder von der linken zur rechten geworfen. Bei dem Ausruf „hurra" wechselt der Ball im Uhrzeigersinn seinen Besitzer. Das heißt, der Ball wird in die rechte Hand des linken Nachbarn weitergeworfen. Ziel ist, dass kein Ball zu Boden fällt. Der Trainer kann bei dieser Übung selbst mitmachen und/oder die Kommandos erteilen.

Intro

„Ich darf Sie bitten, aufzustehen und Ihre Stühle weit nach hinten zu schieben. Nun kommen wir alle in einem Kreis zusammen. Bitte halten Sie zu Ihren Nachbarn einen Abstand von ca. 20 cm. Jeder von Ihnen erhält einen Ball von mir. Der Trainer verteilt die Tennisbälle. Bitte nehmen Sie, wie ich, den Ball in die rechte Hand und strecken Sie diese aus. Bei dieser Übung gebe ich verschiedene Kommandos. Wenn ich den Begriff ‚hip' nenne, wechselt der Ball im Flug von Ihrer rechten in die linke Hand und umgekehrt. Sage ich ‚hurra', wechselt der Ball zur rechten Hand Ihres linken Nachbarn. Sie können es sich schon denken, bei dieser Übung darf der Ball nicht auf den Boden fallen. Am besten wir probieren sie gleich aus! Hip!"

Hintergründe

Die Übung erfordert Konzentration und Koordination von jedem Teilnehmer. Die Teamatmosphäre wird sowohl körperlich als auch mental aufgelockert.

Tipps

- Zum Start sollten die Anweisungen langsam erfolgen, damit die Teilnehmer die Kommandos verinnerlichen können.
- Der Schwierigkeitsgrad wird erhöht, wenn ein weiteres Kommando eingeführt wird, zum Beispiel „hip-hurra" für Richtungswechsel.
- Anstelle von Bällen können auch Holzstäbe oder Tücher verwendet werden.
- Wir benutzen für das Flipchart auch sehr gerne die niederländische Schreibweise „Hiep hiep hoera", das sorgt für Unterhaltung.

Material

- Pro Teilnehmer ein Tennisball (oder ein anderer Ball in dieser Größe), alternativ Holzstäbe oder Tücher

6 Kapitel

Workshopausstieg

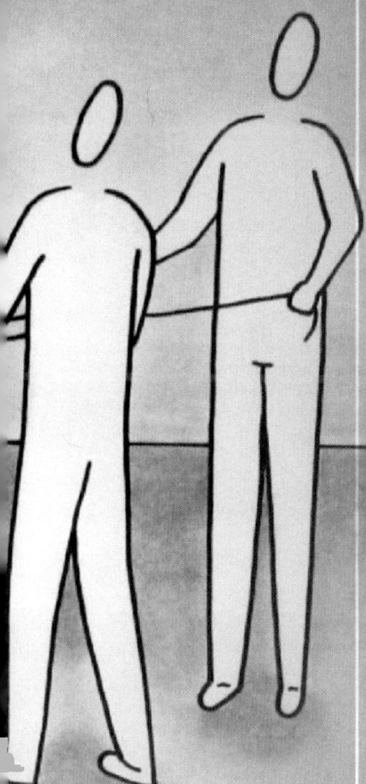

Workshopausstieg
Transfer und Abschluss komponieren
Revue passieren lassen

In diesem Kapitel

Der Abschlussphase genauso viel Aufmerksamkeit geschenkt werden wie dem Workshopeinstieg. Hier stellt sich vor allem die Frage: Was brauchen Teilnehmer und Team, damit sich der Workshop am Ende „rund" anfühlt? Die folgenden drei aufeinander aufbauenden Phasen haben sich für einen gelungenen Abschluss sehr bewährt:

1. **Phase**: Hier steht im Vordergrund, den Workshop Revue passieren zu lassen und in all seinen erlebten Facetten in den Raum zu holen.
2. **Phase**: Nun stehen persönliche Feedbacks, der Austausch über die Workshopinhalte und der Brückenschlag zum Alltag im Mittelpunkt.
3. **Phase**: Zuletzt wird der Workshop in einer gemeinsamen Abschlussrunde im Plenum mit einem Statement durch jeden Teilnehmer komplettiert.

Diese letzte Runde steht am Ende eines jeden Workshops. Das Ziel ist, dass jeder etwas zu seinem persönlichen Erleben im Plenum sagt. Nach dem letzten Teilnehmerstatement folgen immer abschließende Impulse des Trainers an das Team.

Die Auswahl der jeweils passenden Methode/n für die ersten beiden Abschlussphasen richtet sich nach den Schwerpunktthemen des Workshops und der Frage, wie diese nun sinnvoll abgeschlossen werden können. Neben der dargestellten Vorgehensweise und Auswahl geeigneter Methoden spielt für ein gelungenes Workshopende auch der Faktor „Zeit" eine wichtige Rolle. Aufgrund der Vielzahl wichtiger Teamthemen passiert es schnell, dass die Abschlussrunde in den letzten 10 Minuten durchgeführt werden muss. Das fühlt sich weder für die Teilnehmer noch für den Trainer stimmig an und sollte vermieden werden. Falls sich eine solche Situation anbahnt, muss der Trainer einen Weg finden, innerhalb kurzer Zeit einen harmonischen Ausklang zu gestalten. Dies gelingt, indem der Trainer frühzeitig mit den Teilnehmern abstimmt, ob eine Überziehung des Workshops durchführbar ist, von z.B. maximal 15 Minuten. Ist dies nicht möglich eignen sich die Methoden „Abschluss-SMS" (S. 361) und „Erkenntnisse und Highlights" (S. 357), um innerhalb kurzer Zeit den Workshop stimmig zu beenden.

Revue passieren lassen

Gerade bei mehrtägigen Teamworkshops kommt es vor, dass Teilnehmer die ein oder andere Übung des ersten Tages zum Ende des Workshops schon ausgeblendet haben. Es ist daher sinnvoll, dass der Trainer mit einem Überblick über das Erlebte in die Abschlussphase einsteigt. Er fasst hierfür die verschiedenen Bausteine des Teamworkshops zusammen und holt dadurch alle wichtigen Stationen, Ereignisse und Themen wieder in den Vordergrund.

Er kann besondere Erfahrungen aus einer Teamaktion bildhaft darstellen, Verabredungen gezielt hervorheben und Zitate der Teilnehmer aus dem Workshop einfließen lassen. Dabei sollte dem Trainer bewusst sein, dass er mit Form und Inhalt der Präsentation dem Ausstieg eine inhaltliche und emotionale Richtung gibt und damit den „Abschlussprozess" des Workshops stark beeinflussen kann. Die dargestellten Methoden „Unser Workshop" und „Phantasiereise (durch den Workshop)" sind zwei Möglichkeiten, den Weg für einen gelungenen inhaltlichen und persönlichen Ausstieg aus der Veranstaltung zu ebnen.

Index

Unser Workshop
Die wichtigsten Punkte des Workshops werden auf einem Flipchart visualisiert und durchgesprochen. ..... S. 331

Phantasiereise
Die Teilnehmer lassen mit einer Phantasiereise den Teamworkshop Revue passieren. ..... S. 335

Unser Workshop

Unser Workshop

Ablauf

Der Trainer geht gemeinsam mit dem Team die verschiedenen Stationen des Workshops durch. Hierbei nutzt er simultan Bildkarten zur Visualisierung, die er nach und nach anbringt.

Intro

„Nun geht es in die Auswertung unseres Workshops. Hierfür möchte ich mit Ihnen unsere gemeinsame Zeit noch einmal Revue passieren lassen. Danach reflektieren wir, was Sie als Team und was jeder Einzelne von Ihnen im Besonderen mitnimmt. Schauen wir auf den heutigen Morgen. Unser Einstieg bestand aus einer Begrüßung, einem kleinen Blitzlicht und der Agendavorstellung. Anschließend haben wir uns von Ihren gegenseitigen Gemälden (s. „Inspiration", S. 61) *begeistern lassen und Ihre Erfolge aus dem letzten Jahr gesammelt* (s. „Unsere Erfolge", S. 83). *Als Nächstes haben wir darauf geschaut, was Sie seit dem letzten Workshop gut umgesetzt haben und wo noch Potenzial war* (s. „Potenzialreflexion", S. 101). *Ein großes Thema war da der Bereich ‚Öffentlichkeitsarbeit' und das Festlegen von Arbeitspaketen. Die Visualisierungen dazu hängen alle an den Wänden. Unsere letzte Übung war das Feedbackgeben in der Kleingruppe. Fehlt Ihnen noch ein wichtiger Punkt? Perfekt, dann haben wir jetzt unseren vielseitigen Tag präsent und können weitermachen."*

Hintergründe

Die Methode verdeutlicht sehr bildhaft, welche Stationen bisher durchlaufen wurden, insbesondere bei mehrtägigen Workshops, und sie bietet einen guten Überblick. So können sich die Teilnehmer während der darauffolgenden Transferphase durch die Stichworte inspirieren lassen.

Unser Workshop
Einstieg
Potentialreflexion
Inspiration
Unsere Erfolge
Öffentlichkeitsarbeit
Feedback

Tipps

- Damit der Trainer die Flipchartvorlage noch für weitere Workshops verwenden kann, können die Stationen auf Bildkarten im Vorfeld visualisiert und diese dann unter Zuhilfenahme eines removeable Sticks (von Scotch) am Flipchart angebracht werden. Die Bildkarten können durch diesen speziellen Kleber immer wieder verwendet werden. Hierfür lohnt sich das Anlegen eine Mappe, die zum Standard-Trainerequipment gehört.
- Eine spontane Variante beinhaltet, die Workshopstationen auf Moderationskarten zu visualisieren, diese Schritt für Schritt mit den Teilnehmern durchzugehen und als Weg auf den Boden zu legen.

Material

- Bildkarten der einzelnen Übungen, removable Stick (von Scotch)

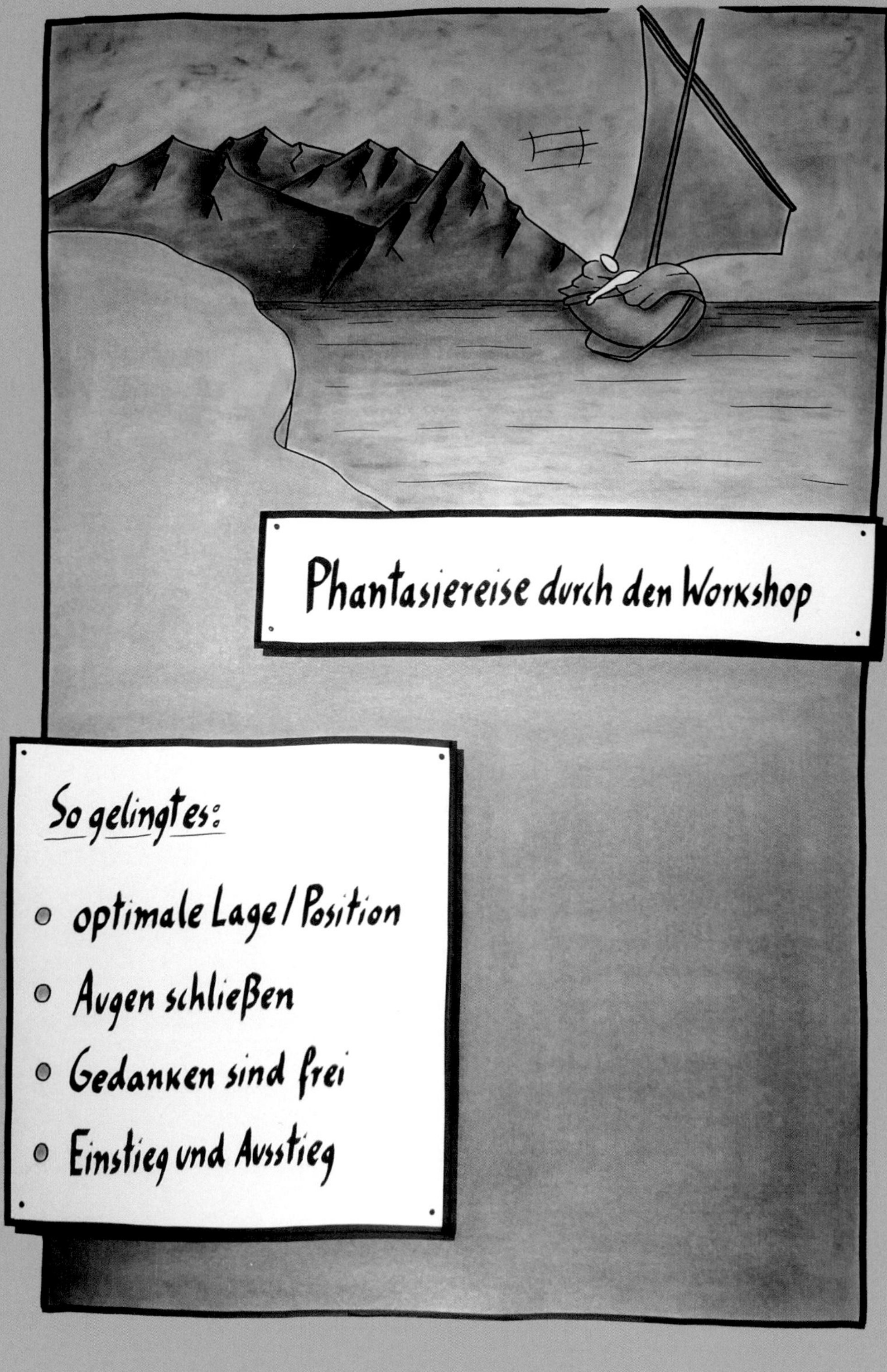
Phantasiereise durch den Workshop
So gelingt es:
optimale Lage / Position
Augen schließen
Gedanken sind frei
Einstieg und Ausstieg

Phantasiereise

Aufbau

Die Teilnehmer wählen die für sie optimale Position auf ihrem Stuhl und werden eingeladen, sich auf eine Phantasiereise zu begeben. In dieser benennt der Trainer nach ein paar einstimmenden Worten alle Stationen des erlebten Workshops. Wichtig ist, dass die Zusammenfassung des Trainers wertungsfrei erfolgt. Danach folgt eine Transfermethode.

Intro

„Wir bewegen uns nun langsam in Richtung Ende unseres Workshops. Bevor wir gemeinsam schauen, was Sie für sich mitnehmen, möchte ich Sie einladen, unser Teamtraining in einer kleinen Phantasiereise noch einmal zu erleben. Die Übung dauert ungefähr 5–8 Minuten. Ich werde gleich, nach einer kleinen Einstimmung, alle Stationen unseres Workshops erwähnen, sodass diese vor Ihrem inneren Auge noch einmal in den Fokus kommen können. Achten Sie hierbei bewusst auf Ihre persönlichen Erlebnisse, Gedanken und Gefühle. Ich lasse bewusst Pausen, um Ihnen hierfür Zeit zu geben. Sollten Sie gedanklich länger abschweifen und es merken, dann folgen Sie einfach wieder meiner Stimme. Am Ende der Phantasiereise kommt die Phase der Lebendisierung, in der Sie wieder durch Bewegung voll und ganz in das Hier und Jetzt zurückkommen. Haben Sie bis hierhin Fragen? Dann lassen Sie uns starten.

Bitte setzen Sie sich nun in einer bequemen Position auf Ihren Stuhl. Probieren Sie gerne mal aus, so weit nach hinten zu rutschen, dass die untere Wirbelsäule an der Rückenlehne anliegt und Sie aufrecht sitzen. Wenn eine andere Position besser für Sie passt, dann gerne. Für die meisten Menschen ist es angenehm, die Hände auf den Schoß zu nehmen. Wenn Sie eine angenehme Sitzposition gefunden haben, dann schließen Sie, wenn Sie mögen, Ihre Augen. […] Sie kommen nun mit Ihrer Aufmerksam langsam zu Ihrer Atmung.

[…] Sie atmen zuerst ganz bewusst ein und aus. […] Lassen Sie Ihre Atmung einfach fließen, ohne sie zu beeinflussen. […] Wir kommen nun zum heutigen Tag. Sie sind heute Morgen in den Workshopraum gekommen. […] Sie haben sich gesetzt. […] Es gab eine Begrüßung und dann ein erstes Blitzlicht. […] Dann haben wir eine kleine Kennenlernrunde mit Überraschungseiern erlebt."

Der Trainer führt in dieser Form die Phantasiereise weiter und schließt folgendermaßen ab: *„Und nun sind wir bei unserer letzten Übung, dem gegenseitigen Feedbackgeben angekommen […] Damit ist unsere kleine*

Phantasiereise durch den Workshop
So gelingt es:
optimale Lage / Position
Augen schließen
Gedanken, Emotionen...
Einstieg und Ausstieg

Phantasiereise beendet. Sie können nun in Ihrem Tempo im Hier und Jetzt ankommen. Öffnen Sie langsam die Augen, recken und strecken Sie sich ein wenig. [...] Stehen Sie jetzt auf und gehen Sie ein paar Schritte durch den Raum."

Hintergründe

Die Methode ermöglicht das intensive nochmalige Durchleben des Workshops. Insbesondere der emotionale Fokus des Einzelnen wird aktiviert und kann in die darauf folgenden Übungen einbezogen werden. Für die Durchführung ist es für den Trainer wichtig zu beachten, das es in der Übung nicht darum geht, eine tiefe Entspannung herzustellen. Insbesondere, wenn die Transfer- und Abschlussphase nicht sehr lang wird, sollten die Teilnehmer auf der Nachhausefahrt nicht „noch in den Wolken schweben". Deshalb sollten nach einer kurzen Einstimmung maximal drei bis vier „Entspannungsformeln" angeführt werden.
Mit der Aufforderung zum Recken und Strecken sollte die Dynamik in der Stimme des Trainers steigen. Es hat sich bewährt, im Anschluss einige sportive Bewegungen anzubieten, um die Energie im Team zu fördern.

Tipp

- Nach dieser Übung eignen sich besonders die Transfermethoden „Glückwunschkarte" oder „Talking by walking" (S. 341 und S. 349).

Transfer und Abschluss komponieren

Mit dem Abschlusseinstieg (s. „Revue passieren lassen", S. 328) wurden die wichtigsten Erlebnisse, Erkenntnisse und Emotionen des Teamworkshops wiederbelebt. Auf dieser Grundlage bauen nun die in diesem Kapitel beschriebenen Methoden auf und dienen dazu,

- dem Einzelnen Raum zu geben, sich mit seinen Erfahrungen und Erkenntnissen auseinanderzusetzen, diese für sich zu reflektieren, in den Alltag zu transferieren und (schriftlich) festzuhalten.
- den Austausch unter den Teilnehmern zum Gesamtverlauf und finalen Ergebnissen des Teamworkshops zu ermöglichen.
- den Rahmen für gegenseitiges Feedback zu bieten.

Bei mehrtägigen Veranstaltungen sollte ein tägliches Abschlussfeedback stattfinden. Dabei kann der Blick auf die inhaltliche Ausrichtung, aber auch auf die Rahmenbedingungen des Teamworkshops gelegt werden. Der Trainer erhält so wichtige Hinweise für die Planung der nächsten Workshop-Einheiten. Hierzu ein paar Fragestellungen:

- Befindet man sich auf dem richtigen inhaltlichen Weg?
- Müssen noch weitere Punkte auf die Agenda gesetzt werden?
- Gibt es neue und weitere Wünsche und Anregungen zum Workshop?

Die in diesem Kapitel dargestellten Methoden nehmen unterschiedlich viel Zeit in Anspruch und eignen sich zum Teil auch für enge Workshopausstiege.

Index

Glückwunschkarte
In Dreiergruppen berichtet jeder von seinen Erlebnissen im Workshop. Die anderen beiden notieren dabei die für sie wichtigsten Punkte auf einer Glückwunschkarte und überreichen diese danach. .... S. 341

Abschlusszeitung
Als Reflexion des Workshops wird in Kleingruppen die Titelseite einer Zeitung erstellt. .... S. 343

Die Briefbrücke
Die Teilnehmer reflektieren und schreiben einen Brief an sich selbst, den sie 6 Monate später vom Trainer zugeschickt bekommen. .... S. 345

Teamschnappschuss
In der Abschlussphase gestalten die Teilnehmer ein Teamfoto. ... S. 347

Talking by Walking
Die Teilnehmer tauschen sich paarweise während eines gemeinsamen Spaziergangs aus und geben sich abschließendes Feedback. .... S. 349

Marktplatzabschluss
Die Teilnehmenden begegnen sich zum Abschluss auf einem fiktiven Marktplatz. Dort besprechen sie ihre gemachten Erfahrungen. ... S. 351

Sweet last words
Reflexionsfragen auf dem Flipchart werden in Kleingruppen bearbeitet und im Plenum präsentiert. .... S. 353

5er-Auswertung
Jeder hält aus der Kreismitte heraus sein Abschlussstatement. ... S. 355

Erkenntnisse und Highlights
Ein fokussierter Austausch über die Erkenntnisse und Highlights des Workshops. .... S. 357

Baum der Erkenntnis
Die Teilnehmenden schreiben eine Erkenntnis, die sie aus dem Workshop mitnehmen, auf eine Moderationskarte, stellen diese vor und positionieren sie auf dem Flipchart. .... S. 359

Abschluss-SMS
Diese Übung dient als abschließendes Blitzlicht am Ende eines Workshoptages. Die Teilnehmer versenden hierbei eine fiktive SMS nach Hause. .... S. 361

Take two
Eine Assoziationsübung, bei der die Teilnehmenden unter Zuhilfename von Bildkarten ein Abschlussfeedback zum Teamworkshop darbieten. .... S. 363

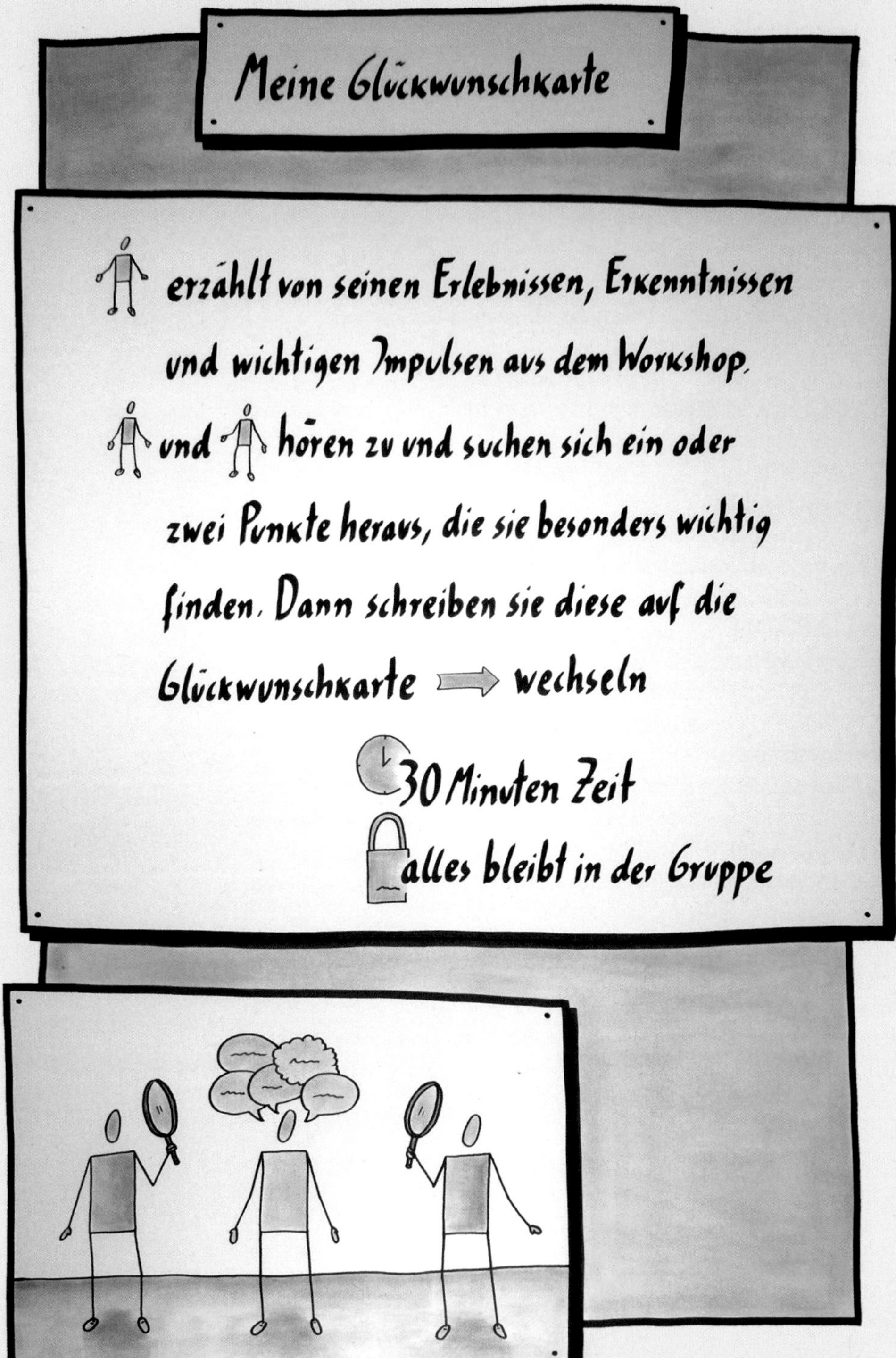
Meine Glückwunschkarte
erzählt von seinen Erlebnissen, Erkenntnissen und wichtigen Impulsen aus dem Workshop.
und hören zu und suchen sich ein oder zwei Punkte heraus, die sie besonders wichtig finden. Dann schreiben sie diese auf die Glückwunschkarte → wechseln
30 Minuten Zeit
alles bleibt in der Gruppe

Glückwunschkarte

Aufbau

Das Team wird in Dreiergruppen eingeteilt. Jeder Teilnehmer erhält zwei Glückwunschkarten, Klemmbrett und Stift. Eine Person aus der Kleingruppe startet mit dem Erzählen von Erlebnissen, Erkenntnissen und ihren wichtigen Impulsen aus dem Workshop. Die anderen beiden hören zu. Sie suchen sich die Punkte heraus, die sie bei der Erzählung als besonders bedeutsam erleben und notieren sie auf einer Glückwunschkarte, die anschließend dem Erzähler übergeben wird. Danach wird innerhalb der Kleingruppe noch zweimal gewechselt. Im Plenum werden die Inhalte der Kleingruppenarbeit nicht besprochen. Die Kleingruppen haben 30 Minuten Zeit.

Intro

„Nun neigt sich unser Workshop dem Ende zu. Es soll jetzt darum gehen, sich in Dreiergruppen darüber auszutauschen, was jeder Einzelne von Ihnen mitnimmt. Jeder von Ihnen steht nacheinander im Fokus und erzählt von seinen Erlebnissen, Erkenntnissen und wichtigen Impulsen aus dem Workshop. Die anderen beiden hören ausschließlich zu und fragen nur nach, wenn sie etwas inhaltlich nicht verstanden haben. Die Zuhörer schreiben auf eine Glückwunschkarte die für sie wichtigsten ein bis zwei Punkte aus der Erzählung. Anschließend überreichen sie ihre Karten. Danach wechseln Sie innerhalb Ihrer Kleingruppe und fahren ebenso fort. Benennen Sie bitte einen Zeitwächter. Was bei der Übung gesagt und überreicht wird, bleibt in Ihrer Kleingruppe. Wir sehen uns in 30 Minuten wieder hier im Raum. Finden Sie sich nun in Dreiergruppen zusammen und suchen Sie sich einen Ort, der für Sie passt. Los geht's!"

Hintergründe

Die Teilnehmer erfahren, welche Punkte aus ihrer Erzählung für ihre Zuhörer besonders wichtig sind und erhalten so wichtiges Feedback. Gleichzeitig erhält jeder Einblick in das Workshoperleben der beiden anderen. Die Kleingruppen sollten für einen möglichst offenen Austausch aus maximal drei Personen bestehen.

Tipps

- Je nach Personenzahl können 2–3 Durchgänge mit neuen Gruppen durchgeführt werden.
- Hochwertige Glückwunschkarten, in Form von festem DIN-A5-Papier mit passenden Motiven, werten die Übung auf.

Material

- Glückwunschkarten (Download-Ressource), Stifte, Klemmbretter

ABSCHLUSS-
ZEITUNG
Werden Sie zu Journalisten!
Gestalten Sie die Titelseite Ihrer Zeitung
mit Erlebnissen, Erkenntnissen, Impulsen
und Highlights aus diesem Workshop!
20 Minuten
auf Flipchart

Abschlusszeitung

Aufbau

Die Teilnehmer erhalten in Kleingruppen die Aufgabe, sich über ihre persönlichen Erlebnisse, Erkenntnisse, Impulse und Highlights aus dem Workshop auszutauschen. Anschließend stellen sie die wichtigsten Punkte in Wort und Bild auf einem Flipchart als Schlagzeile auf dem Titelblatt einer Zeitung dar. Hierfür haben sie 20 Minuten Zeit.

Intro

„Wir kommen nun zum Abschluss unseres gemeinsamen Workshops. Hierzu schlüpfen Sie jetzt in die Rolle von Journalisten. Ihre Aufgabe ist es, Ihre wichtigsten Erlebnisse, Erkenntnisse, Impulse, Highlights, nächsten Schritte oder Anekdoten aus dem Workshop festzuhalten. Und zwar in Form von einer Titelseite einer Zeitung. Finden Sie hierfür griffige Überschriften und Bilder, die Ihre Leser begeistern und diesen einen Einblick in Ihren Workshop ermöglichen. Für die Gestaltung steht Ihnen ein Flipchart zur Verfügung. Abschließend präsentiert jede Gruppe ihre Titelseite im Plenum. Wir sehen uns in 20 Minuten wieder. Bitte finden Sie sich zu dritt zusammen. Ihre Flipcharts, Stifte und Kreide habe ich Ihnen hier bereitgelegt. Viel Erfolg!"

Hintergründe

Die Methode ermöglicht in der Kleingruppenphase einen sehr konzentrierten und kreativen Austausch über den Workshop, der in der Präsentationsphase von sehr viel Dynamik und Heiterkeit abgelöst wird. Für den Trainer ist es sehr spannend zu sehen, welche Methoden, Vorträge oder Rahmenbedingungen es auf die Titelseite schaffen. Diese Informationen sind für die eigene Reflexion des Workshops hilfreich.

Tipp

- Bei einer Teilnehmergröße von bis zu fünf Personen kann die Methode auch als Einzelarbeit genutzt werden. Dies ist zum Beispiel sinnvoll, wenn sich im Workshop bestehende Konflikte und destruktive Dynamiken klären konnten. Jeder Einzelne kann dann zum Abschluss noch einmal sein persönliches Statement abgeben. Der Trainer sollte bei der Anleitung betonen, dass es bei der Übung um einen Abschluss geht und dass keine Themen mehr aufgerollt werden sollen.

Material

- Flipcharts, Moderationsstift, Kreide, Wachsmalstifte

Die Briefbrücke
Das bewegt mich gerade
Daran will oder werde ich noch lange denken
Das lasse ich los
Das werde ich ausprobieren
Das nehme ich mit
Das setze ich um
Das sind meine Ziele für die nächsten sechs Monate

Die Briefbrücke

Aufbau

Jeder Teilnehmer erhält ein Blatt und einen Briefumschlag. Er soll nun einen Brief an sich selbst zu schreiben, in dem er die persönliche Bedeutung des Workshops fokussiert. Die Fragen auf dem Flipchart bieten eine Hilfestellung. Der fertige Brief wird in den Umschlag gesteckt und verschlossen. Nachdem jeder Teilnehmer seine eigene Adresse auf dem Umschlag notiert hat, sammelt der Trainer alle Briefe ein. Nach sechs Monaten werden sie per Post an den jeweiligen Adressaten verschickt.

Intro

„Wir haben in den letzten drei Tagen viel gemeinsam erlebt. Sie haben als Team vieles auf den Weg gebracht, das Ihnen die Arbeit erleichtern wird. Ich hoffe, jeder Einzelne von Ihnen nimmt ebenso viel an persönlichen Erfahrungen mit. An dieser Stelle möchte ich gerne mit der nächsten Übung ansetzen. Dabei ist es mir wichtig, dass Sie den Workshop aus der Ich-Perspektive reflektieren. Das funktioniert besonders gut, wenn Sie Ihre Gedanken aufschreiben. Sie bekommen jetzt einen Brief und einen Umschlag von mir und ich möchte Sie einladen, einen Brief an sich selbst zu schreiben. Notieren Sie alle Ihre Gedanken, Ideen und was Sie in Bezug auf unseren Workshop wichtig finden, hinein. Bitte stecken Sie im Anschluss Ihren Brief in den von Ihnen adressierten Briefumschlag und kleben diesen zu. Ich sammle die Briefe ein und werde Ihnen Ihren Brief im August zusenden. Wichtig ist noch zu betonen, dass alles, was Sie schreiben, nur für Sie persönlich bestimmt ist. Ich habe Ihnen hier auf das Flipchart verschiedene Fragestellungen aufgeschrieben, die Ihnen helfen. Haben Sie Fragen? Bitte suchen Sie sich einen Ort, an dem Sie den Brief schreiben möchten. Wir nehmen uns eine halbe Stunde Zeit und treffen uns dann wieder hier im Workshopraum."

Hintergründe

Das geschriebene Wort hat eine einzigartige Kraft. Es hilft, einmal innezuhalten und sich bewusst zu machen „Was bewegt mich wirklich?". Gleichzeitig werden durch das Schreiben die Gedanken strukturiert. Dies ist eine wichtige Hilfestellung für anstehende Veränderungsschritte.

Tipp

- Geben Sie den Teilnehmern das Flipchart in DIN-A5-Kopie mit. Hierdurch haben diese die Fragen bei ihrer Einzelarbeit dabei.

Material

- Briefpapier, Briefumschläge, Stifte, DIN-A5-Handout des Flipcharts bzw. der Aufgabenstellung

Teamschnappschuss
Finden Sie einen Ort
und eine Darbietung, die
zu Ihnen als Team passt.

Teamschnappschuss

Aufbau

Die Teilnehmer haben die Aufgabe, ein „fototaugliches Teamszenario" zu entwickeln. Dabei sind sie bei der Gestaltung von Form und Hintergrund völlig frei. Der Trainer knipst ein Foto von dieser Darstellung. Ziel ist, dass durch den Schnappschuss der „Teamspirit" deutlich wird.

Intro

„Jetzt kommen wir zu einer der für uns spannendsten Übungen des Workshops. Ihre Aufgabe ist es, ein fototaugliches Teamszenario zu entwickeln. Suchen oder gestalten Sie dazu einen Ort, der zu Ihnen als Team passt. Stellen Sie sich nebeneinander, übereinander oder untereinander auf, je nachdem, wie Sie sich nun sehen. Ich schieße dann einige Fotos, wenn Sie so weit sind.

Wir haben bei dieser Übung schon sehr ungewöhnliche, spannende Ideen erlebt. Deshalb die Regel: Seien Sie kreativ, begeben Sie sich allerdings nicht in Gefahr. Wenn Sie die passende Darstellung gefunden haben, stehe ich zum Fotografieren bereit. In 30 Minuten müssen wir wieder im Workshopraum sein. Gibt es noch Fragen? Los geht's!"

Hintergründe

Der Teamschnappschuss bietet eine spannende Reflexionsgrundlage am Ende des Workshops. Die Teilnehmer reflektieren und konkretisieren die Aspekte, die sie nun als Team ausmachen.

Tipps

- Das Team kann seine wichtigsten Erkenntnisse oder die Teamregeln auf Moderationskarten oder Flipchart schreiben und einbeziehen.
- Der Teamschnappschuss kann zur Gestaltung der Weihnachtskarte für die Kunden verwendet werden.
- Das Foto kann im Büro, Sozialraum oder Konferenzzimmer aufgehängt werden. Somit sind die im Workshop gemachten Erfahrungen, Erkenntnisse und Verabredungen weiter präsent.
- Einige Fotoentwickler bieten eine Retro-Entwicklung in Form von Polaroid an. Diese Darstellung bringt noch mehr den Schnappschuss zur Geltung.

Material

- Digitalkamera

Talking by Walking
Sie haben nun die Gelegenheit, sich während eines gemeinsamen Spaziergangs auszutauschen.
Themen:
Wie war der Workshop für Sie?
Was nehmen Sie mit?
Was möchten Sie sich noch persönlich sagen?

Talking by Walking

Aufbau

Die Teilnehmer finden sich outdoor zu zweit zusammen und erhalten die Aufgabe, 10 Minuten im Laufen über die Fragestellungen zu sprechen (siehe Flipchart). Der Trainer geht voraus und gibt den Weg vor. Nach 10 Minuten findet ein Partnerwechsel statt und die Teilnehmer tauschen sich erneut aus. Danach können je nach Gruppengröße und Situation noch weitere Durchläufe stattfinden. Der Workshop wird mit einer Abschlussrunde im Seminarraum beendet. Hierfür können die ersten beiden Fragestellungen des Flipcharts herangezogen werden.

Intro

„Ich möchte Sie jetzt zu einem gemeinsamen Spaziergang in der Natur einladen. Wir gehen gleich gemeinsam nach draußen. Dort finden Sie sich bitte zu zweit zusammen. Ich werde dann vorangehen und einen Weg vorgeben. Folgen Sie mir mit Ihrem Partner. Während des Gehens haben Sie die Möglichkeit, sich über folgende Fragen auszutauschen:

- *Wie war der Workshop für Sie?*
- *Was nehmen Sie mit?*
- *Was möchten Sie sich noch persönlich sagen?*

Nach 10 Minuten wechseln Sie den Partner. Ich gebe dann ein Signal. Wir werden ca. 30 Minuten unterwegs sein. Bitte achten Sie darauf, dass wir zusammenbleiben. Im Anschluss kommen wir wieder hier im Workshopraum zusammen."

Hintergründe

Durch die Durchführung in die Natur wird der Rahmen für einen intensiven Austausch geschaffen. Dank der Anzahl der Wechsel kann der zeitliche Umfang der Übung sehr gut gesteuert werden. Dies ist insbesondere am Ende des Workshops sehr hilfreich. Es sollten mindestens zwei Gespräche stattfinden. Bei kleinen Teams kann der Wechsel auch so lange durchgeführt werden, bis sich alle Teilnehmer gegenseitig ausgetauscht haben.

Tipp

- Umfasst das Team mehr als sechs Teilnehmer, werden die Abstände zwischen den Paaren schnell sehr groß. Durch ein Seil, in dem ca. alle 3 Meter ein Knoten ist, an dem sich jeweils ein Paar positioniert, bleiben alle zusammen und können unkompliziert wechseln.

Material

- Evtl. ein Seil

Marktplatzabschluss
Sie begegnen sich auf dem Marktplatz und
unterhalten sich über den Workshop!
wie war's?
was nehme ich mit?

Marktplatzabschluss

Aufbau

Der Workshopraum verwandelt sich in einen Markplatz. Die Teilnehmer haben die Aufgabe, sich spontan einen Partner zu suchen und sich maximal zu dritt über den Workshop zu unterhalten. Die Übung ist nach 15 bis 30 Minuten beendet. Nach dem Marktplatz kommen alle Teilnehmer im Plenum zusammen. Wer möchte, kann in der großen Runde seine abschließenden Gedanken mitteilen.

Intro

„Zum Abschluss unseres Workshops möchte ich Sie nun einladen, über den Koblenzer Marktplatz zu gehen. Auf dem Marktplatz treffen Sie spontan andere Workshopteilnehmer und unterhalten sich zu zweit oder zu dritt über unseren Workshop. Hierbei stehen die Themen: ‚Wie war der Workshop für mich?' und ‚Was nehme ich mit?' im Vordergrund. Sie bestimmen selbst Ihre jeweiligen Partner und wie lange Ihr Gespräch dauert. In 15 Minuten kommen wir wieder im Plenum zusammen. Ich wünsche Ihnen anregende Gespräche."

Hintergründe

Bei dieser Übung haben die Teilnehmer freie Wahl, mit wem sie sich noch einmal am Schluss intensiver austauschen wollen. Sie wählen ihre Gesprächspartner und die Dauer des Gespräches selbst. Vonseiten des Trainers gibt es keine Vorgabe. Durch die Frage „Was nehme ich mit?" werden die Teilnehmer angeregt, ihre eigenen Erfahrungen zu reflektieren. Durch den Austausch entdecken sie weitere Sichtweisen und profitieren von den Erkenntnissen anderer Teilnehmer.

Tipp

- Bei dieser Übung hat der Trainer die Chance, seiner Kreativität freien Lauf zu lassen und den Workshopraum atmosphärisch aufzuwerten. Er kann z.B. Bistro-Stehtische aufstellen, Stühle zum Verweilen verteilen, Getränke oder etwas zum Knabbern anbieten.

Material

- Bistro-Stehtische, Getränke, ggf. Snacks

Sweet last words
Was habe ich Interessantes und Neues gehört?
Was hat gut funktioniert?
Was möchte ich dem Team sagen?
Was hat mich herausgefordert?
Was gehe ich mit Begeisterung an?

Sweet last words

Aufbau

Die Teilnehmer erhalten eine kleine Tüte Gummibärchen vom Trainer. Im Anschluss werden in Dreiergruppen die auf dem Flipchart aufgeführten Fragen besprochen. Nach 15 Minuten präsentieren die Kleingruppen ihre Ansichten und Erkenntnisse im Plenum.

Intro

„In unserer letzten Übung ‚Sweet last words' liegt der Schwerpunkt darin, den Workshop in Kleingruppen zu reflektieren und dann in der großen Runde abzuschließen. Um dem Namen der Übung die Ehre zu machen und Ihre ‚letzten Energiereserven' zu mobilisieren, bekommen Sie nun als kleines süßes Geschenk ein Tütchen Gummibärchen." Der Trainer verteilt die Gummibärchen.

„Wir haben in den letzten drei Tagen sehr intensiv gemeinsam gearbeitet und erste Verabredungen für zukünftige Veränderungen getroffen. Ich möchte Sie jetzt einladen, sich zu dritt zusammenzufinden und gemeinsam noch einmal die letzten zwei Tage Revue passieren zu lassen und gleichzeitig einen Blick in die Zukunft zu werfen.

Folgende Fragen unterstützen Sie dabei." Der Trainer liest die Fragen des Flipcharts vor. *„Für die Diskussion stehen Ihnen 15 Minuten zur Verfügung. In der abschließenden gemeinsamen Runde präsentiert jeder von Ihnen seine Einsichten. Haben Sie noch Fragen? Ansonsten wünsche ich Ihnen ein anregendes Gespräch und bin schon sehr gespannt auf Ihre ‚sweet last words' in der Plenumsrunde."*

Hintergründe

Die Gummibärchen versüßen sowohl im wörtlichen als auch übertragenen Sinn die Stimmung während der Abschlussrunde. Die vorgestellten Fragen zielen auf die wesentlichsten Aspekte des Workshops ab, die durch die abschließende Betrachtung noch besser verankert werden.

Tipps

- Die Erkenntnisse können vom Trainer in der Präsentationsphase mitvisualisiert und im Anschluss an die Pinnwand gepinnt werden.
- Bei größeren Teams wählen die Teilnehmer zwei Fragen aus, zu denen sie ein Statement abgeben möchten.

Material

- Pro Teilnehmer eine kleine Tüte Gummibärchen

5er - Auswertung
Was fand ich verbindend?
Was kam mir zu kurz?
Worauf möchte ich nochmal hinweisen?
Was fand ich besonders gut?
Was hat mich stark bewegt?

5er-Auswertung

Aufbau

Zum Abschluss des Workshops bekommen die Teilnehmer die Aufgabe, aus der Mitte des Stuhlkreises heraus einige letzte Worte zu sagen. Hierfür stehen ihnen fünf Inspirationsfragen zur Verfügung, aus denen sie sich eine bis zwei heraussuchen. Anschließend startet der Trainer als „Vorreiter". Er stellt sich in die Kreismitte, nimmt im Drehen Augenkontakt zu allen auf, hält dann seine Abschlussrede und übergibt das Wort an einen Teilnehmer.

Intro

„Nun würde ich gerne unseren gemeinsamen Workshop mit einer besonderen Übung abschließen. Hier auf dem Flipchart sehen Sie fünf Inspirationsfragen." Der Trainer liest die Fragen vor. *„Suchen Sie sich nun ein oder zwei Fragen heraus, zu denen Sie in unserer Schlussrunde etwas sagen möchten.*

Ich möchte jeden von Ihnen zum Abschluss gerne in die Kreismitte einladen." Der Trainer geht in die Kreismitte. *„Bevor Sie mit Ihrem Statement anfangen, drehen Sie sich einmal auf der Stelle im Kreis und schauen jedem Ihrer Kollegen in die Augen."* Der Trainer macht es vor. *„Nun kommt Ihr Statement, bei dem wichtig ist, dass Sie ebenfalls jeden ansprechen!"* Der Trainer hält nun seine Abschlussrede und lädt dann den ersten Teilnehmer ein, das Gleiche zu tun.

Hintergründe

Die Methode bietet den Teilnehmern ein Spektrum an Themen für eine Abschlussrunde. Durch die Ausgangsposition in der Kreismitte bekommt der Schlussteil eine besondere Intensität und Bedeutung. Die Teilnehmer stehen zu ihren letzten Worten und jeder bekommt zum Ende Applaus. Diesen muss der Trainer einbringen.

Tipp

- Steht noch ausreichend Zeit zur Verfügung, können sich die Teilnehmer vorher in Seitengesprächen austauschen. Hierdurch bekommen die Teilnehmer mehr Sicherheit für ihr Abschlussstatement aus der Kreismitte.

Unsere Abschlussrunde
Erkenntnisse
Highlights

Erkenntnisse und Highlights

Aufbau

Die Teilnehmer tauschen sich paarweise über persönliche Erkenntnisse und Highlights des Workshops aus und schreiben diese auf Moderationskarten. Anschließend werden die Ergebnisse durch den Trainer an einer Pinnwand angepinnt und in einer Plenumsrunde von jedem Teilnehmer vorgestellt.

Intro

„Wir kommen jetzt in die Schlussphase unseres Workshops. Ich möchte Sie nun einladen, auf die letzten zwei Tage zurückzublicken. Wir haben gemeinsam viele spannende Erfahrungen in der Natur erlebt, intensive Diskussionen geführt und auch viel gelacht. In unserer Abschlussrunde möchte ich mit Ihnen Ihre wichtigsten Erkenntnisse und Highlights herausarbeiten. Jeder von Ihnen erhält nun Moderationskarten. Es sind gelbe dabei für Ihre Erkenntnisse und blaue für Ihre Highlights. Tauschen Sie sich bitte zu zweit aus und schreiben Sie diese gleichzeitig auf Ihre Moderationskarten. In 15 Minuten treffen wir uns wieder hier im Plenum für unsere Abschlussrunde, in der Sie diese vorstellen. Gibt es von Ihrer Seite noch Fragen? Dann zur Einteilung …“

Hintergründe

Die beiden Begriffe „Erkenntnis“ und „Highlight“ bringen ohne Umschweife den Teamworkshop wertschätzend auf den Punkt. Jeder Teilnehmer verbindet schnell etwas mit der Aufgabenstellung und durch den klaren positiven Fokus wird die Teamentwicklungsmaßnahme stimmig abgerundet.

Insbesondere, wenn der zeitliche Rahmen gegen Ende knapp ist, bietet diese Methode eine schnelle und dennoch adäquate Möglichkeit des Ausstiegs.

Tipp

- Die Plenumsrunde kann dynamischer gestaltet werden, wenn der Person, die als Nächstes ihre Ergebnisse präsentiert, ein Ball zugeworfen wird.

Material

- Gelbe und blaue Moderationskarten, Moderationsstifte, evtl. ein Ball

Baum der Erkenntnis

Baum der Erkenntnis

Aufbau

Die Methode „Baum der Erkenntnis" bietet die Möglichkeit einer abschließenden, individuellen Reflexion über die im Workshop gewonnenen Erfahrungen und Impulse. Je nach zeitlichen Ressourcen tauschen sich die Teilnehmer hierfür zu zweit, zu dritt oder zu viert über ihre größte Workshoperkenntnis aus und notieren sie auf einer Moderationskarte. Abschließend präsentiert jeder seine Erkenntnis im Plenum und klebt die Karte auf das Flipchart. Es entsteht ein Baum der Erkenntnisse.

Intro

„Mit Blick auf Ihre Erfahrungen und Eindrücke, die Sie im Workshop gesammelt haben, möchte ich Sie nun einladen, sich über Ihre größten Erkenntnisse aus dem Workshop auszutauschen. Wir haben in den beiden Tagen viel gemeinsam erlebt." Der Trainer nennt hier die Hauptagendapunkte des Workshops. *„Wenn Sie nun an alle diese Erlebnisse, Erfahrungen und Impulse zurückdenken, was ist Ihr wichtigster Punkt? Nutzen Sie bitte das Gespräch zu zweit, um dies herauszufinden. Schreiben Sie dann Ihre Erkenntnis auf Ihre Moderationskarte und stellen Sie diese im Plenum vor. Gerne können Sie auch ein Symbol oder Zitat verwenden."*

Hintergründe

Durch den Austausch mit einem Partner und das Notieren der Erkenntnis auf einer Moderationskarte wird der Transfer in den Alltag verstärkt. Die abschließende Präsentation führt dazu, dass der Einzelne von den Erkenntnissen der anderen Teilnehmer erfährt und ggf. noch mehr Anregungen für sich selbst erhält.

Tipp

- Je nach zeitlicher Ressource können die Teilnehmer sich bei einem Spaziergang austauschen. Der Ortswechsel, raus aus dem Workshopraum, rein in die Natur und in die Bewegung, wirkt sich positiv auf das Gespräch aus.

Material

- Moderationskarten, Moderationsstifte

Quelle

- Rachow, A.: Sichtbar. managerSeminare, 2016.

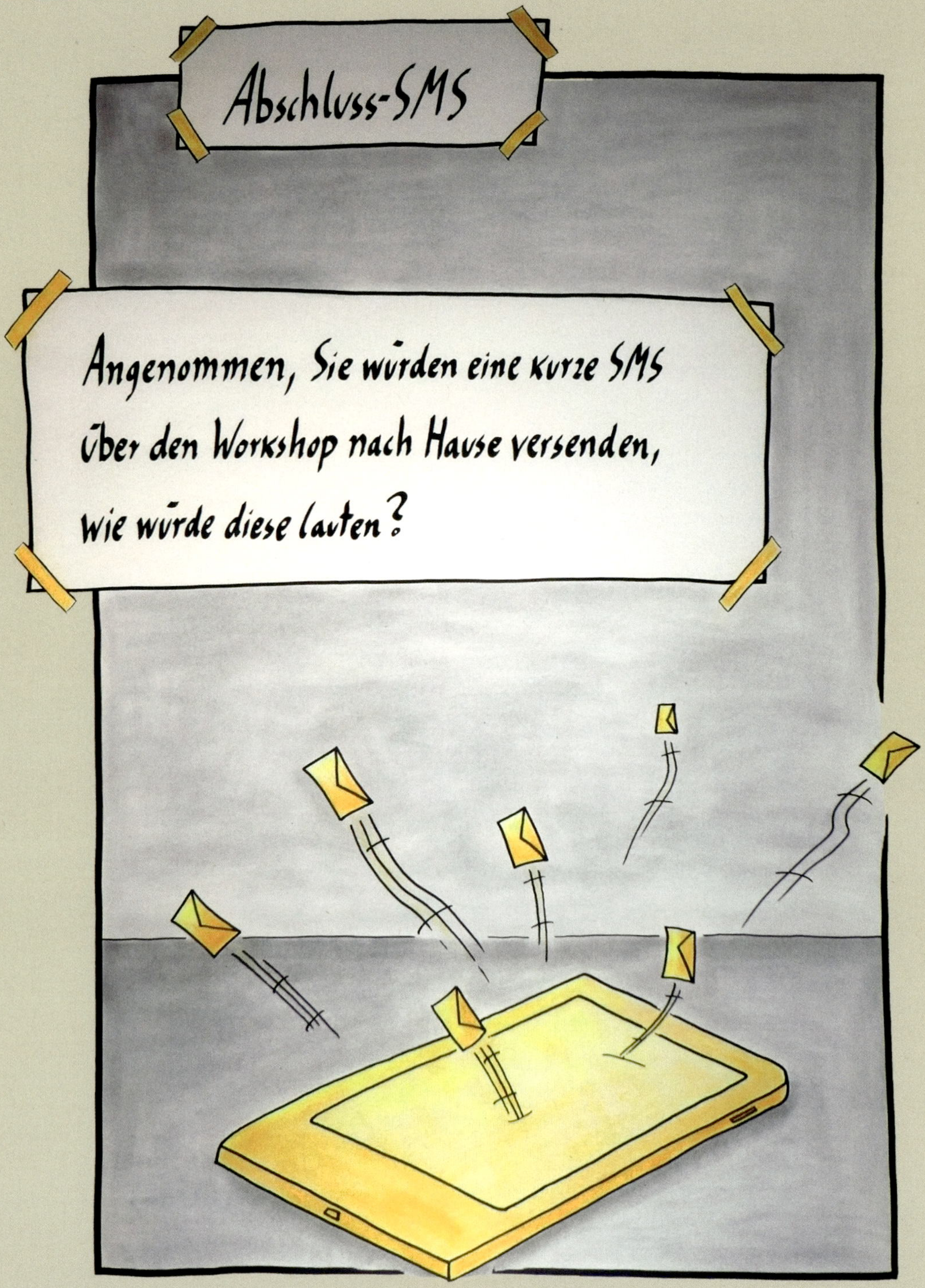
Abschluss-SMS
Angenommen, Sie würden eine kurze SMS über den Workshop nach Hause versenden, wie würde diese lauten?

Abschluss-SMS

Aufbau

Die Teilnehmer bekommen die Aufgabe, ihr Abschlussfeedback über den Workshoptag in Form einer fiktiven SMS zu formulieren. Das Feedback kann im Uhrzeigersinn hintereinander abgegeben werden oder unstrukturiert erfolgen.

Intro

„Wir haben einen intensiven Workshoptag hinter uns und unterschiedliche Erfahrungen und Erkenntnisse gesammelt. Stellen Sie sich nun vor, Sie schreiben Ihrem Partner, einem Freund oder einem Kollegen eine SMS über den heutigen Workshoptag. Wie würde die SMS lauten? Denken Sie bitte daran, dass eine SMS immer kurz und auf dem Punkt ist! Wie lautet Ihre? Wer möchte beginnen?"

Hintergründe

Die Methode „Abschluss-SMS" ermöglicht eine stimmige Abschlusssequenz unter knappen zeitlichen Ressourcen. Des Weiteren üben sich die Teilnehmenden darin, ihre Aussage präzise zu formulieren.

Tipps

- Je nach Gruppensituation kann der Trainer selbst eine SMS formulieren, um den Teilnehmenden ein Beispiel zu geben.
- Wenig Bedenkzeit ermöglicht spontane Statements.
- Die Methode eignet sich ebenso für ein Zwischenfazit am ersten Workshopabend.
- Um die Abschlussstatements „protokolltauglich" zur Verfügung zu haben, können die Teilnehmenden ihre Ergebnisse auf Moderationskarten schreiben. Der Trainer pinnt diese mit dem Start der Statements an einer Pinnwand an.

Material

- Moderationskarten, Moderationsstifte

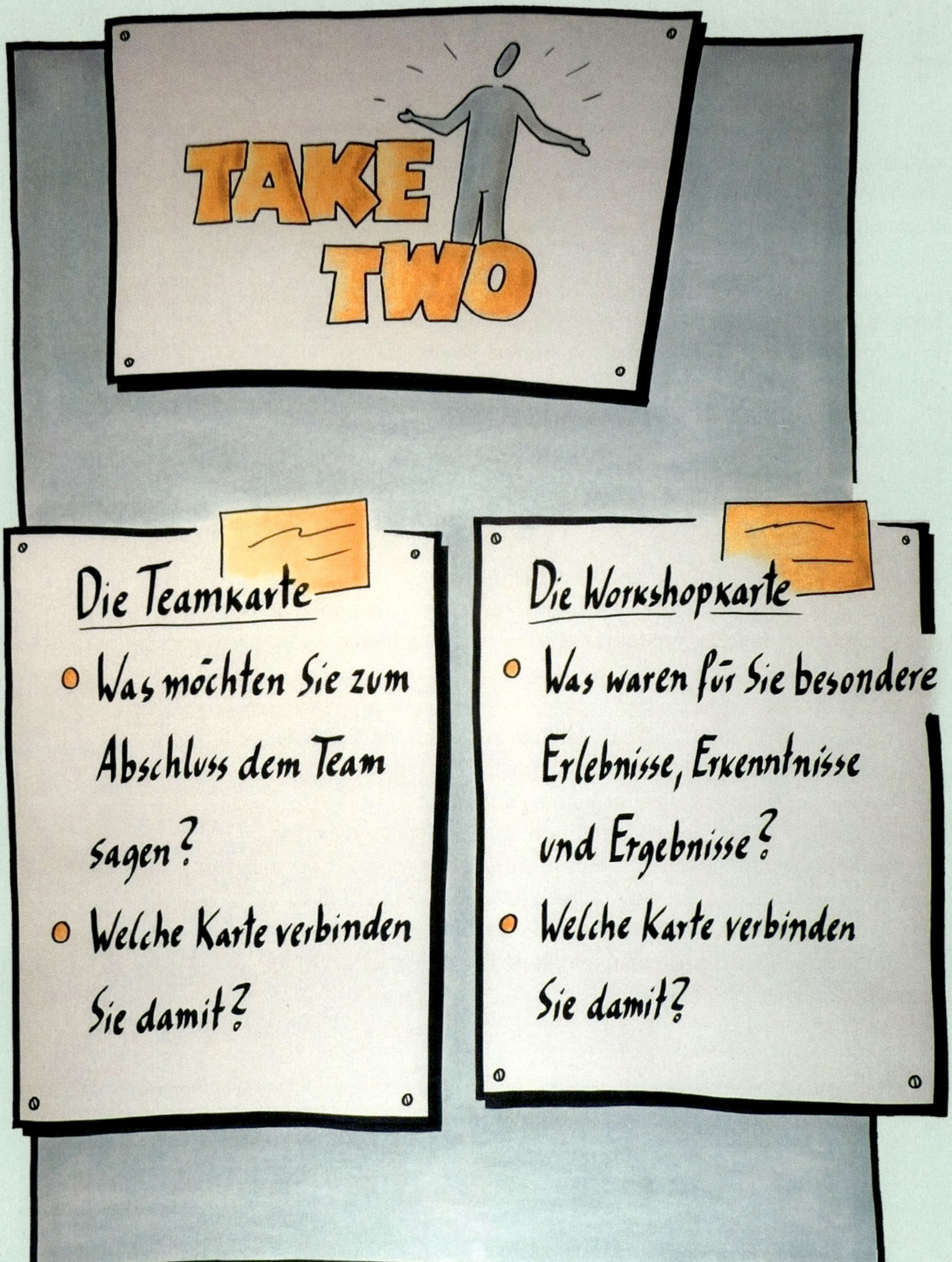
TAKE TWO
Die Teamkarte
Was möchten Sie zum Abschluss dem Team sagen?
Welche Karte verbinden Sie damit?
Die Workshopkarte
Was waren für Sie besondere Erlebnisse, Erkenntnisse und Ergebnisse?
Welche Karte verbinden Sie damit?

Take two

Aufbau

Der Trainer verteilt Karten (z.B. Postkarten) mit unterschiedlichen Motiven auf dem Fußboden in der Mitte des Stuhlkreises. Nun bekommen die Teilnehmer die Aufgabe, sich zwei Bilder unter Berücksichtigung folgender Kriterien herauszusuchen: Die eine Karte soll widerspiegeln, was ein Teilnehmer zum Abschluss dem Team sagen möchte. Die andere Karte soll symbolisch für ein oder mehrere besondere Erlebnisse, Erkenntnisse oder Ergebnisse stehen. Anschließend folgt die Runde im Plenum, bei der jeder Teilnehmer seine Karten und Gedanken dem gesamten Team mitteilt.

Intro

„Ich habe hier in der Kreismitte verschiedene Motive ausgelegt. Bitte wählen Sie zwei dieser Bildkarten aus. Eine, die Sie damit verbinden, was Sie dem Team zum Abschluss sagen möchten und eine zweite, die Sie mit einem oder mehreren besonderen Erlebnisse, Erkenntnissen und Ergebnissen assoziieren. Lassen Sie sich Zeit und schauen Sie sich die Karten genau an. Gerne können Sie dazu aufstehen, damit Sie alle Motive sehen können. Es ist durchaus möglich, dass ein anderer Teilnehmer die gleiche Karte verwenden möchte. Sie können sich diese in der Abschlussrunde auch gerne teilen ... Ich sehe, jeder hat sich seine Bildkarten herausgesucht. Würden Sie starten, Frau Maier?"

Hintergründe

Ein Bild sagt mehr als 1.000 Worte. Die Motivkarten tragen dazu bei, dass der einzelne Teilnehmer zusätzliche Impulse für seine Eindrücke, Erkenntnisse und Gedanken bekommt. Gleichzeitig kann er die Karten als zusätzliches Medium nutzen, um seine Sichtweisen darzustellen. Die eigentlichen Botschaften, die jeder mitteilen möchte, lassen sich auf diese Weise leichter vermitteln.

Tipps

- Die Methode kann sowohl als Tageseinstieg (z.B. um am zweiten Tag einer mehrtägigen Veranstaltung eine Bilanz des ersten Tages zu ziehen) als auch als Zwischen- oder Abschlussrunde eingesetzt werden.
- Die Teilnehmer freuen sich, wenn sie ihre Karte mit nach Hause nehmen dürfen.

Material

- Karten mit verschiedenen Motiven (z.B. Postkarten)

DANKE

Dankeschön

An diesem Buch waren sehr viele Menschen beteiligt. Zuerst möchten wir die wichtigsten nennen: die Teilnehmerinnen und Teilnehmer unserer Workshops. Diese waren und sind unsere nachhaltigsten Lehrer. Viele herzliche, spannende und herausfordernde Begegnungen mit ihnen haben uns zu denen gemacht, die wir heute sind.

Dem folgen viele Menschen, die uns und unsere Arbeit geprägt haben. Während unserer Studienzeit hat uns Prof. Dr. Armin Poggendorf begleitet, geleitet und gefördert. Wir sagen Danke für diese prägenden Jahre.

Prof. Dr. Michael Wolf hat uns die Möglichkeit gegeben, zehn Jahre lang mit Studenten der Hochschule Fulda – University of Applied Sciences zu arbeiten. In einem Bergdorf am Lago Maggiore haben wir viele intensive teamdynamische Workshops geleitet, gemütliche Abende verbracht und viele Freundschaften geschlossen.

Ein großer Dank gilt unseren Familien. Ohne ihr Verständnis und ihre Unterstützung wäre dieses Buchprojekt nicht möglich gewesen. Insbesondere möchten wir uns bei Astrid Seibel bedanken, die mit ihrem Sprachtalent und dem „Blick von außen“ dieses Buch stetig mit uns weiterentwickelt hat.

Zu guter Letzt bedanken wir uns bei dem Team von managerSeminare, insbesondere Ralf Muskatewitz und Vera Sleeking für die sehr gute Zusammenarbeit.

Dieses Buch ist unseren Söhnen Finn, Leopold und Jakob gewidmet.
Ihr seid für uns die größte TEAMdynamik, die wir haben!

Stichwortverzeichnis

Symbole

5 Dinge, die mich ausmachen 67
5er-Auswertung 355
7 x ICH 73

A

Abschlussfeedback 338
Abschluss-SMS 361
Abschlusszeitung 343
Acid River 157
Agenda 47
Alle, die ... 317
Altersspanne 77
Arbeitsorganisation 215
Aufbau eines Teamworkshops 13
Auftragsklärung 16, 233, 235
Auswertungsgespräch 17

B

Bandschlingenrennen 321
Basisinteraktionen 24
Baum der Erkenntnis 359
Beobachtungshilfe 126, 145, 161
Berge und Täler 191
Beziehungsebene 24, 31, 51, 69, 81, 87, 125, 197, 215
Bildkarten 331, 333, 363
Blickwinkel 193, 275
Blind Walk 131
Briefbrücke 345

D

Der heiße Draht 149
Download-Ressourcen 6, 19, 23, 81, 97, 133, 201, 223, 239, 247, 251, 259, 341

E

Einladungsschreiben 49
Elementereflexion 183
Entscheidungscheck 279
Entscheidungsprozess 173
Entwicklungsthema 275
Erfahrungsorientierter Prozess 14, 109, 111
Erfahrungsräume 126
Erickson, Milton H. 78
Erkenntnisse und Highlights 357
Erwartungen 13, 43, 47, 51, 88, 91, 93, 97, 201, 311
Erwartungsfeedback 311
Erwartungshaltung 313

F

Feedback geben 290
Feedbackkultur 65
Feedbackübungen 292
Fehlerkultur 149
Fishbowl-Format 33
Flipchartfeedback 299
Fokussierung ermöglichen 88
Folgeworkshop 43, 125, 215
Follow-up 17
Führungsrolle 126, 135, 175

G

Gestaltwerkstatt 221
Glückwunschkarte 341
Gruppeneinteilung 119, 231, 311

H

Handlungsorientierung 18
Hierarchiebildung 135

Hip hip hurra 323
Hypothetisieren 65

I

Ideenwerkstatt 233
Inspiration 61
Interaktionsform 24
Interventionen 127

K

Kartenrennen 95
Katapult 167
Kennenlernen arrangieren 58
Klarheit 237
Kleingruppen 24, 31, 216
Kleingruppenfeedback 295
Kommunikationsformen 24
Konflikte 16, 19, 33, 114, 155, 175, 201, 245, 343
Kontroverse Meinungen 103
Konzentration 139, 159, 314, 323
Konzentrische Kreise 37
Kraft und Vertrauen 155
Kreativität 75, 163, 183, 271, 317
Kugelbahnlabyrinth 163

L

Lebendisierer nutzen 314
Liste offener Punkte/LOP 17, 88, 107, 179, 203, 253, 265

M

Marktplatzabschluss 351
Meilensteingespräch 16
Meine Apps 77
Mein Geschenk an Sie 309
Mein Lebensfaden 69
Metapher 241, 113, 301
Methoden 22, 126
Methodenkartei 9
Musikinstrumente 301

N

Naturkunst 199
Nonverbale Kommunikation 161

O

Orientierung geben 44
Outdoor 131, 135, 137, 147, 149, 151, 157, 167, 173, 199, 229, 349

P

Pausen 179
Perspektivencheck 281
Perspektivenwechsel 79, 93, 185, 187, 252, 275
Phantasiereise 335
Positive Erfahrungen 229
Potenzialreflexion 101
Prioritäten setzen 19, 95, 101, 215, 216, 223, 231, 233, 241
Prozessorientierung 15
Prozessunterstützer 14, 287

R

Rahmenbedingungen 17
Reflexion 111, 125, 126, 171, 179, 195
Reflexion gestalten – Transfer ermöglichen 176
Reflexionsfragen 177
Responsibility for success 257
Ressourcen aktivieren 78
Revue passieren lassen 328
Rolle des Trainers 125
Rollen 67, 179, 185
Rollenfindung 175
Rotationsdynamo 261
Runde 27

S

Satir, Virginia 78
SAVI-Ansatz 18
Schokoladenfeedback 305
Schwierigkeiten in der Zusammenarbeit 121
Schwierigkeitsgrad 127, 143, 171, 173
Seit dem letzten Workshop ... 105
Seitengespräche 29, 75
Skalierung 39
SOFT-Analyse 243
Spaziergang 99, 107, 229
Spekulieren Sie 81
Stärken – auf den Punkt gebracht 205
Stein der Teamweisheit 137
Steine auf dem Weg 241
Stern-Projekt 135
Straße der Ressourcen 85
Strategieaufstellung 265
Sweet last words 353
Systemische Erwartungsabfrage 93

T

Tagebuch 179
Take two 363
Talking by Walking 349
Teamaktionen 111, 124, 126
Teamgeist 195
Teamhaus 161
Teamkommunikation 113, 135
Teamrad 249
Teamregeln 121, 179
Teamwege 173
Theaterreflexion 187
The last bottle of water 145
Themenauswahl 88, 233
Themen besprechen, konkretisieren und entscheiden 252
Themenorientierter Prozess 213
Themen sammeln, strukturieren und priorisieren 216
Themenschwerpunkt 112, 114
Themenspeicher 16, 88, 179, 203, 217
Themen überprüfen und abschließen 276
The Walk 141
Tischtennisevent 319
Transferfragen 177
Transferphase 125
Transfer und Abschluss komponieren 338
Turning-up 111, 112, 114

U

Ü-Ei-Vorstellung 75
Umgangsformen 124
Umsetzbarkeitsscheck 285
Unerfahrene Teams 119
UNO-Kennenlernen 71
Unsere Erfolge 83
Unsere Zusammenarbeit 209
Unser Workshop 331
Unterschiedliche Standorte 65

V

Veränderungsprozesse 227, 245, 281
Veranstaltungsort 17
Vertrauen 126, 133, 139, 149, 155
Visualisierung 9, 19, 126, 179

W

Walt-Disney-Methode 269
Wandplakate 57
Was brauchen Sie 97
Was ist mir heute wichtig 91
Was macht ein gutes Team aus 117
Watzlawick, Paul 78
Wolfspfad 151
Workshopatmosphäre 43
Workshopausstieg 14, 325
Workshopeinstieg 13, 41
Workshopgedanken 99
Workshophauptteil 14
Workshopkultur 53
Workshopzeiten 49

Z

Zeitungsanzeige 63
Zeitvorgaben 23
Zielperspektive 197
Zielvertrag 51, 88